통일독일의 국토개발과

한반도 국토전략

통일독일의 국토개발과
한반도 국토전략

1판 1쇄 인쇄 2025년 9월 10일
1판 1쇄 발행 2025년 9월 15일

지은이 | 통일한반도건설전략연구소
발행인 | 김병계
발행처 | 도서출판 보문당
등록 | 1990년 6월 5일(제1-1066호)
주소 | 서울시 마포구 토정로 222 한국출판콘텐츠센터 417호
전화 | 02) 704-7025
팩스 | 02) 704-2324
홈페이지 | http;//www.bomoondang.co.kr
전자우편 | bmdpub@naver.com

값 18,000 원

ISBN 978-89-8413-252-8 (93530)

통일독일의 국토개발과

한반도 국토전략

통일한반도건설전략연구소 펴냄

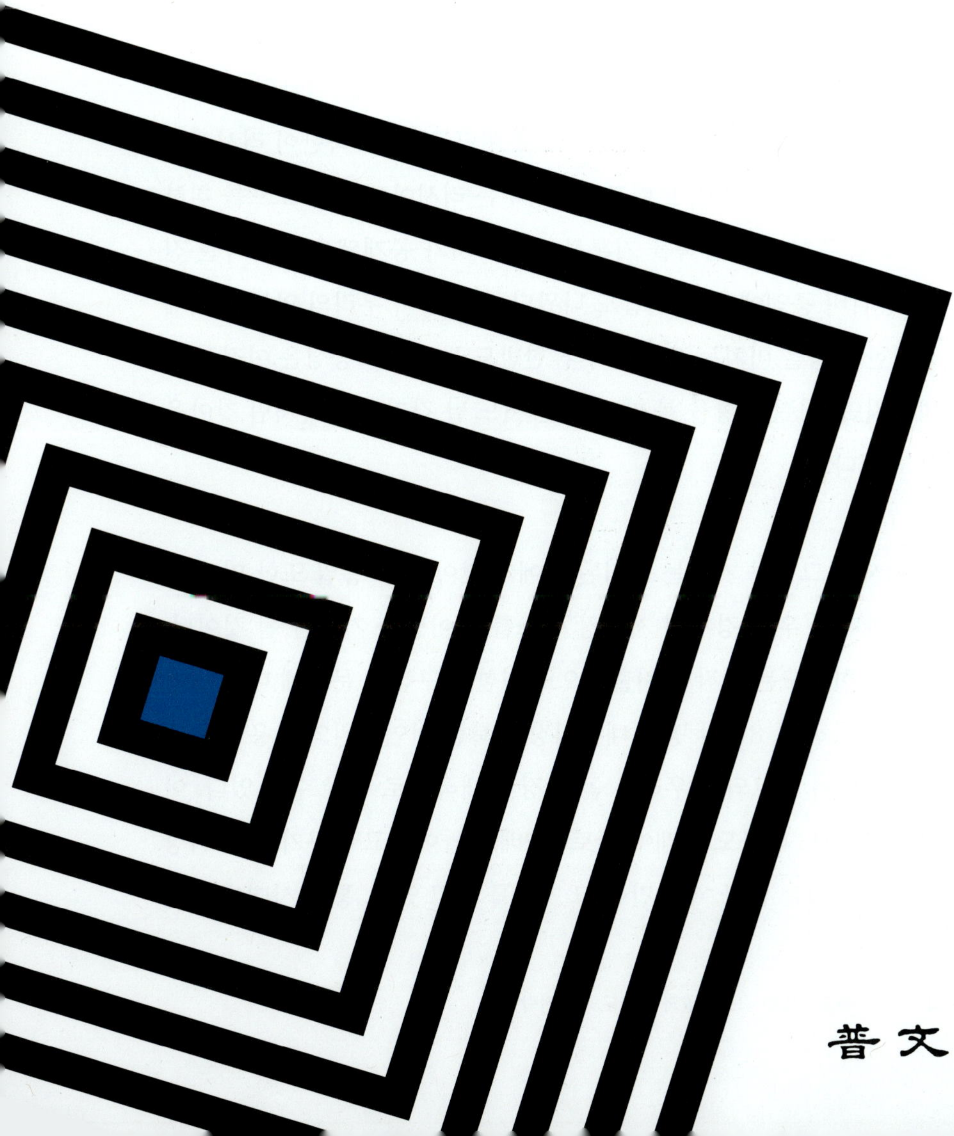

普文堂

3년 전 발발한 러시아와 우크라이나 전쟁이 지금도 이어지고 있고, 이스라엘과 이란의 충돌로 중동이 화마에 휩싸이는 등 작금의 세계 정세는 누구도 예측할 수 없는 방향으로 치닫고 있다. 북한이 러시아를 지원하는 파병을 했고, 트럼프 2기 정부는 러시아에 강경 모드를 취하고 있다. 주한미군 감축을 거론하는 보고서가 공개됐으며 전작권 전환, 방위비 증액에 대한 언급도 나왔다. 하나같이 우리의 안보 태세에 심각한 영향을 미치는 요인들이다. 한반도 통일의 가능성은 여전히 희박하지만, 이런 상황을 볼 때 통일은 어느 날 갑자기 도둑처럼 찾아올 수도 있다.

매사에 그렇듯 기회는 준비된 자에게 찾아온다. 통일 또한 미리 잘 준비한다면 우리 경제의 저성장 구조를 뛰어넘을 기회가 될 것이다. 통일된 한반도는 심각한 저출산으로 인한 인구감소 문제에 대한 해결책이기도 하며, 8천만 명의 내수시장과 북한 천연자원의 활용으로 국가경쟁력이 제고되어 우리를 곧장 경제 대국으로 이끌 수도 있다. 이 세계 그 어느 나라도 미래에 국토가 2배로 늘어나고 인구가 절반 이상 증가할 나라는 없다. 우리만이 그 기회를 얻고 있다. 통일 시대에는 건설산업이 가장 큰 수혜를 얻을 수 있고 이 역시 사전에 준비하고 전략을 수립하는 것이 미래를 준비하는 것이다.

이 책은 2020년에 설립한 통일한반도건설전략연구소에서 한반도 통일 전문가들이 각고의 노력과 연구 끝에 발간한 세 번째 도서로 독일의 통일 준비와 과정, 통일의 성과와 교훈을 담고 있다. 주지하다시피 독일은 많은 어려움 속에서 통일을 이룩한 국가이자 현재 유럽의 최강국이다. 독일 통일은 국민의 열망 위에 지속적인 대화와 교류, 정치 지도자의 뛰어난 판단과 일관된 추진력, 통일 비용을 포함한 철저한 준비의 결과라고 할 수 있다.

우리는 특히 이 책에 언급된 동서독 균형발전을 위한 기본 방침과 통일 조약, 통일 이후 추진된 화폐통합, 토지소유권 재편, 수도 이전, 이주민 최소화 방안과 통일 부작용을 최소화하기 위한 특별법 등의 제도에 주목해야 한다. 또한 동독지역의 경제 고도화를 위한 정책과 금융, 유럽 최강국으로 거듭나기 위한 인프라 투자 등도 통일 한반도를 위해 반드시 참고해야 할 부분이다.

미처 예상치 못한 통일로 인해 독일도 많은 시행착오를 겪었다. 공공투자를 보다 효율적으로 추진해서 통일 비용을 절약할 여지가 있었음을 그들도 반성하고 있다. 통일된 지 35년이 지나고 있는 지금도 독일은 동서독 지역간의 균형발전이라는 오래된 숙제를 안고 있다. 독일인들은 한국이 자신들의 전철을 밟지 말고 더 나은 통일 정책을 추진하라고 말하고 있다.

1990년의 동·서독과 지금의 남·북한을 둘러싼 국제 환경은 분명 다르지만, 통일한반도 국토개발 원칙은 (1)국토 균형발전, (2)지속 가능하고 혁신적인 국토개발을 통한 경쟁력 있는 스마트 시티(Smart City) 개발, (3)통일 이후의 기후 및 인구구조 변화, 생태 문제 등을 고려한 친환경 개발 등이 되어야 할 것이다. 이러한 원칙을 고려해서 한반도 국토개발을 준비해야 할 것이다. 우리는 통일 독일보다 시간과 비용을 줄여야만 한다. 그러기 위해서는 미리 통일시대 한반도 국토개발의 밑그림을 수없이 그려보아야 한다. 이러한 작업은 정부와 민간의 의지와 역량을 모두 결집할 때 그 성과가 제대로 나올 수 있을 것이다.

오래전부터 우리는 통일을 염원한다고 말해왔다. 그러나 오랫동안 분단이 고착화되며 통일에 대한 논의가 점점 자취를 감춰가고 있으며, 대신 안정적인 한반도 관리를 내세우는 목소리가 커졌다. 남북 간 적대적 기류도 여전하다. 그러나 한민족의 생존을 위해, 그리고 후손들에게 번영과 기회의 유산을 남겨주기 위해 통일은 반드시 이루어져야 한다. 아직 오지 않은 그날을 위해 민간 부문에서도 부단히 준비를 해 나가야 한다. 지속가능한 통일 국토개발을 위한 혁신적 아이디어를 만들어 공론화하고 정책으로 다듬어가는 노력을 우리 모두 해 가야 할 것이다. 특별한 사명감으로 오랜 기간 연구에 전념하여 이 책 집필을 주관한 통일한반도건설전략연구소의 이상준 박사와 국토연구원의 김민아 박사 그리고 귀중한 조언을 해 주신 자문위원분들께 진심으로 존경과 감사의 말씀을 드린다.

한미글로벌 회장

김종훈

| 추천사 |

평생을 분단 상태에서 살아온 국민의 마음에서 통일은 점차 멀어져 가고 있고, 북한은 2024년 초 한국을 별개의 주권국가라며 통일을 공식적으로 포기하는 '2국가론'을 내세우기 시작했다. 이에 호응하여 한국 내 일각에서도 통일을 포기하고 북한을 주권국가로 인정해 2개 국가간 평화공존을 대북정책의 목표로 삼자는 주장이 등장하고 있다. 심지어 이재명 정부의 초대 통일부장관은 통일부의 명칭을 바꾸어 부처 이름에서 '통일'을 삭제하고 그 대신 '평화'를 넣자는 주장도 펴고 있다. 이렇듯 '통일'은 정부 내에서도 기피의 대상으로 전락해가고 있고, '통일 회의주의', '통일 부정주의'가 통일 담론을 지배하는 형국이 펼쳐지고 있다.

그러나 남북 당국이 통일을 최우선 국가목표로 삼아 이를 적극적으로 추진한다고 해서 통일이 앞당겨진다는 보장이 없듯이, 우리 정부와 국민이 통일을 피하고 싶다고 해서 통일이 한반도를 삼키려고 할 때 이를 막을 수 있는 것도 아니다. 통일을 막으려고 온갖 수단과 방법을 동원하더라도 통일이 도둑처럼 찾아올 날에 대비하고 연구하는 사람은 있어야 하는 이유가 바로 여기에 있다. 프러시아의 재상 비스마르크의 말을 원용하자면 통일은 "역사 속을 지나가는 신의 옷자락을 잡는 것"이다. 신의 옷자락을 놓치지 않는 방법은 가능성이 아무리 희박하더라도 한반도의 운명을 바꿀 기적에 철저히 대비하는 것이다. 준비된 통일은 축복이지만 준비 없이 맞는 통일은 재앙이 될 수도 있다. 정부가 통일이 오지 않을 것이라는 확신에 사로잡혀 대비를 기피하더라도 민간연구소나 기업이라도 연구하고 대비하면 한반도의 미래에는 희망이 살아있다.

통일한반도를 준비하는데 가장 유용한 지침서가 바로 독일 통일의 경험과 교훈이다. 그 중에서도 통일독일의 국토개발 정책과 시행착오는 통일한반도의 국토개발 계획을 수립하는데 귀중한 참고와 반면교사 역할을 한다.

이 저서를 저술하고 발표한 이상준 통일한반도건설전략연구소장은 평생을 독일 통일을 연구하는데 헌신해왔다. 통일독일의 국토개발 정책 연구에 대가로 인정받는 이상준 박사의 이 저서는 그가 천착해오던 독일통일 연구와 한반도 국토개발 전략 연구의 결정판이라 할 수 있다. 김민아 부연구위원도 통일 이후 국토개발 연구의 맥을 이어가고 있는 유망한 신진학자이다. 한반도통일에 대한 관심이 식어가고 있고 연구풍토마저 척박해지는 가운데서도 통일에 대한 관심을 잃지 않고 통일에 대비한 연구에 대한 의욕과 열정을 간직한 학자들이 건재하다는 사실 자체가 희망적이다. 이상준 박사와 김민아 박사의 열정에 경의를 표하면서 이번 연구가 통일한반도의 국토개발 전략에 대한 후속 연구에 소중한 밑거름이 되기를 기대한다.

끝으로, 정부와 학계에서 조차 점차 외면하고 있는 통일한반도의 국토개발 연구에 비상한 개인적 관심을 갖고 물심 양면으로 지원을 아끼지 않으시는 한미글로벌의 김종훈 회장님께도 깊은 존경과 감사를 드린다.

한반도미래포럼 이사장

천영우

| 목차 |

제1장

한반도 통일 준비와 독일통일

우리에게 통일이라는 단어만큼 다양한 느낌으로 다가오는 단어도 드물다. 어떤 이들은 이 단어 속에서 희망을 느낄 수도 있고, 어떤 이들은 막연한 두려움을 느낄 수도 있다. 통일이 자기 삶에 도움이 되리라 생각하는 이들도 있고 부담으로 느끼는 이들도 있다. 고향을 떠나온 탈북민들에게 통일은 고향에 돌아갈 기회일 수도 있다.

언제가 될지 모르는 통일에 대해서 사람들은 궁금한 것이 많다. 정책 당국자들은 통일 이후 남북한의 제도통합 방식과 통일비용 조달에 대해서 궁금할 것이다. 기업인들은 통일 후 북한지역에서 어떠한 사업의 기회가 열릴 것인지 궁금할 것이다. 통일 후 자신들의 삶이 과연 나아질 것인지 아니면 더 어려워질 것인지 궁금할 것이다.

그 가운데 많은 이들의 공통된 궁금증은 언제 통일이 될 것인지이다. 이러한 많은 궁금증에 대한 답을 찾는 것은 쉽지 않은 일이다. 혹시 우리보다 먼저 이러한 통일을 경험한 나라들로부터 해답의 어떤 단초라도 찾을 수 있지 않을까? 하는 생각도 해 볼 수 있다.

베트남처럼 공산주의 체제로의 통일(1976년)이나 예멘처럼 전쟁에 의한 통일(1994년)을 상정하지 않는다면 우리가 자유민주주의에 기초한 평화 통일의 사례로 찾아볼 수 있는 국가는 독일(1990년)이 유일하다. 그러나 통일 이전까지 독일 내에서 통일에 대비한 논의나 연구는 거의 없었다. 그만큼 통일의 가능성을 그 누구도 높게 보지 않았기 때문이었다.[1] 신동방정책을 이끈 빌리 브란트Willy Brandt 전 서독 총리도 베를린장벽 붕괴를 예견하지 못할 정도였다.

일각에서는 독일의 사례가 동독이 서독에 병합된 흡수통일이라서 우리가 지향할 통일 방식이 아니라는 주장을 하기도 한다. 그러나 베트남이나 예멘과 달리 피 한 방울 흘리지 않고 평화적으로 통일을 이룩한 사례는 지금까지 독일이 유일하다. 서독으로의 병합을 통한 독일의 통일은 무엇보다도 동독인들의 간절한 소망이었다는 점에서 강제적인 흡수통일이 아니라는 점은 분명히 할 필요가 있다. 독일의 통일 방식은 평화적 합의통일이다.

독일통일의 단초는 1989년 헝가리와 체크, 폴란드 등에서 이어진 동독 여행객들의 서독 탈출과 개혁을 요구하는 동독 국민의 민주화 시위 등 동독 내부의 모순 심화와 소련의 개혁·개방 등 국제 여건 변화로부터 찾을 수 있다. 하지만 통일의 씨앗은 이미 오래전에 뿌려졌다. 1945년 제2차 세계대전 패전 이후 분단되었던 동서독은 1972년의 기본조약 체결 이후 상호 교류 협력을 꾸준히 해 왔고, 이것이 평화적 통일의 탄탄한 기반이 되었다. 독일의 통일은 형식적으로는 급진적이었지만, 내용상으로는 점진적 통일이었다고 할 수 있다.

통일 상황에 독일 사람들은 어떻게 대처했으며, 그것이 어떠한 성과와 문제를 가져왔는지를 살펴보면, 우리가 통일을 대비하는 데 도움이 될 것이라는 생각에 이 글을 시작한다. 지금까지 국내에는 통일독일의 사례에 대한 많은 연구가 있었다. 독일의 화폐통합, 금융통합, 사회복지통합 등 주로 거시경제적 관점에서 많은 연구와 논의가 있었다. 정치적인 통합 과정과 제도통합에 관한 연구도 많았다.

반면에 통일 후 국토와 도시의 개발에 관한 연구는 그리 많지 않았다. 독일통일 후 동독지역 주민들이 서독지역으로 이주했던 주요 원인 가운데 하나가 열악한 동독지역의 주거환경이었다고 한다. 역설적으로 대규모 투자가 진행된 이후 동독지역 주민들의 생활 만족도가 가장 높았던 것 가운데 하나도 주택 등 주거환경의 개선이었다고 한다. 이처럼 주거환경의 개선은 통일의 성패를 좌우할 수 있는 중요한 과제 가운데 하나인 것이다. 따라서 통일 독일의 국토와 도시개발 분야 성과를 살펴보고 시사점을 도출하는 것은 통일 준비 측면에서 큰 의미가 있다.

한국전쟁이 끝나고 강산이 일곱 번이나 바뀌는 동안 남북한의 국토와 도시들은 서로 다른 모습으로 변해왔다. 오랜 시간 누적된 양측의 격차를 줄이고 괴리를 해소해 가는 것이 남북이 함께 해결해야 할 커다란 과제일 것이다. 이러한 측면에서 우리보다 먼저 통일을 이룩하고 격차를 줄여가고 있는 독일은 우리가 주목해야 할 사례라고 할 수 있다.

통일 후 동독지역의 개발은 동서독 간의 격차축소가 핵심 목표 가운데 하나였다. 국토정책은 격차의 양적, 질적 해소를 위한 정책 수단이다. 독일의 국토정책이 이러한 목적을 달성했는지를 살펴보는 것은 우리가 통일을 준비하는 데에 중요한 의미가 있다.

통일은 많은 도전과 기회를 가져온다. 독일은 통일 후 한정된 재원과 인력 부족 등의 많은 도전을 마주하였다. 비슷한 도전을 우리도 예상해 볼 수 있다. 통일은 도전만 가져온 것이 아니라 기회도 가져왔다. 서독지역 기업에는 동독지역 개발의 기회와 더불어서 동유럽 진출의 교두보가 확보되었기 때문이다. 비슷한 기회를 우리 기업들도 가질 수 있다. 이러한 통일의 도전과 기회를 살펴보는 것은 통일을 준비하는 이들에게 의미 있는 일이 될 것이다.

이 글에서는 통일 독일의 국토정책과 동독지역 개발 사례에서 다음과 같은 질문의 답을 찾아보려고 한다. 첫째, 통일 이후 독일 연방정부의 국토정책은 무엇을 목표로 하였고 목표 달성을 위해 어떤 정책 수단을 동원했나? 둘째, 정책 수단은 어떠한 성과를 가져왔으며, 부작용은 무엇이었나? 셋째, 독일 사람들이 뼈아프게 느끼는 정책 실수는 무엇이었나?

이 글에서는 통일 독일의 사례 검토에 대한 시간적 범위를 통일 후 20년(1990~2010)으로 설정하였다.[2] 국토개발과 관련한 주요 건설사업은 통일 후 10년 동안 진행되었지만, 통일 관련 동독지역 개발은 2000

년대 초반까지 지속되었다. 따라서 국토개발의 성과와 과제는 통일 후 20년이 되는 2010년 전후를 중심으로 살펴보았다.[3] 통일 이후의 동독 지역 개발에 대한 이해를 돕기 위해 분단 기간 40년(1949~1989) 동안의 동독 국토개발 흐름과 동서독 교류 협력 사례도 살펴보았다.

독일 사례 검토 과정에서 통일 전후의 지명을 구분하기 위해 통일 이전의 경우에는 동독과 서독으로, 통일 이후에는 동독을 구동독 또는 동독지역으로 명명하였고, 서독은 구서독 또는 서독지역으로 명명하였다.[4] 이 글의 주요 내용은 국토연구원의 연구보고서와 독일연방건설·지역계획청Bundesamt fuer Bauwesen und Raumordnung[5]의 관련 연구 결과물을 중심으로 구성되었고, 최근 학계의 연구 성과도 반영하였다.

통일 이전의 서독과 동독

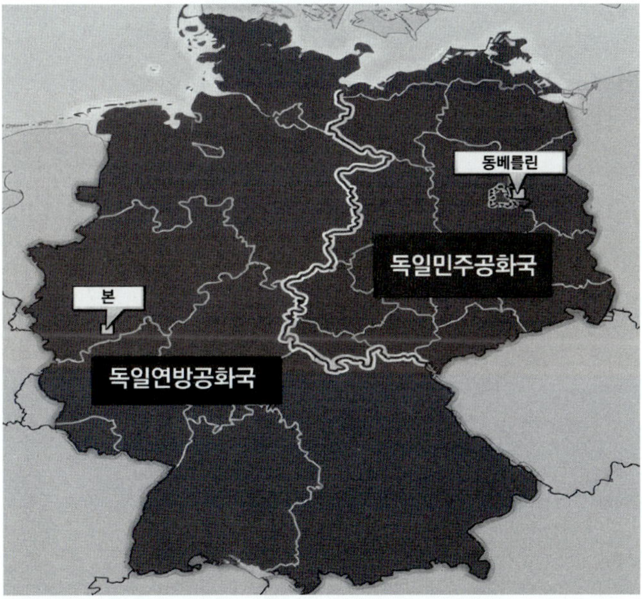

자료: : Manfred Kühn. 2014. "Urban Changes n the former GDR after reunification". KRIHS workshop.

제2장

동독 체제와 동서독 교류

분단 기간 사회주의 동독의 국토발전 과정

40년의 분단 기간에 동독이 어떠한 국토발전을 해왔는가를 살펴보는 것은 통일 당시의 동독지역 국토 실태를 이해하는 데 도움이 될 것이다.

분단 시기 동독의 경제 발전 과정[6]

1945년 제2차 세계대전 종전과 함께 독일은 영국, 프랑스, 미국, 소련에 의해 분할 점령되었다. 1949년에는 각각 서독 정부와 동독 정부가 수립되었고, 이 시점부터 서독과 동독은 자본주의 시장경제와 사회주의 계획경제라는 서로 다른 경제 체제하에서 발전을 도모하게 되었다. 당시 서독은 면적도 동독의 2.3배로 훨씬 더 넓고 특히 인구가 동독의 2.8배에 달하여 동독을 압도하였다.[7]

시장경제를 기반으로 한 서독의 경제 발전은 산업의 특화, 사회간접자본시설 등 생산 지향적 서비스의 확대, 국제화 등으로 특징지어지는데 반해 계획경제를 기반으로 한 동독의 경제 발전은 대규모 공업생산

구조(콤비나트), 자급 경제 지향, 세계 시장과의 단절 등의 특징을 나타내었다. 이미 19세기 중반부터 베를린 대도시권과 작센 등 동독 남부 공업지대는 독일제국의 공업 중심 지대였다.[8]

제2차 세계대전의 종전과 동서독의 분단 이후 동독은 다음과 같은 경제적 어려움에 직면하게 되었다. 대소련 전쟁배상에 따라 공업 기반이 황폐해졌다. 20세기 중반까지 베를린을 중심으로 한 독일의 동남부 지역은 공업중심지였지만, 패전과 함께 기존 생산설비들이 전쟁배상에 따라 소련으로 이전되었다.

분단으로 인해 동독은 기존 상품 판매시장을 상실하고 해운 통로를 봉쇄당했다. 분단과 함께 서유럽 시장으로의 상품판로가 제약받게 된 것이 경제침체를 가져오게 된 한 원인이었다. 제2차 세계대전 이전까지 독일 북부의 함부르크Hamburg는 독일 최대의 무역항이었다. 그러나 분단과 함께 서독 쪽에 위치한 함부르크로의 접근이 단절되면서 해상을 통한 교역 여건이 크게 악화하였다. 동독 북부의 로스토크Rostock는 이러한 배경하에 새롭게 성장한 항구도시였다.

동독 정부는 1950년대와 1960년대에 사회주의 계획경제의 기반을 강화하기 위해 행정체계를 중앙집중형으로 재편하였다. 기존의 5개 주Länder인 브란덴부르크Brandenburg, 튜링겐Thüringen, 작센Sachsen, 작센-안할트Sachsen-Anhalt, 메클렌부르그-포어포메른Mecklenburg-Vorpommern 등을 15개 관구Bezirk로 변경하고 지방정부의 자치 기능을 상당 부분 제거하였다. 통일 이전인 1989년에 동독의 행정체계는 15개의 관구Bezirke와 7,563개의 기초지방자치단체(게마인데Gemeinde)로 구성되어 있었다.

이러한 행정체계는 레닌주의에 기초한 '민주적 집중주의'를 이념적 토대로 한 것이었다. 그리고 지역의 '경제적 구획화'를 위해 관구별로 산업특화를 추진하였으며, 자원생산지와 상품생산지를 최대한 가까이 배치함으로써 운송경로의 단축을 도모하였다. 그 결과 철강, 석탄, 가스, 석유화학 등 중화학공업을 중심으로 한 단일 산업구조 지역들이 등장하게 되었다.

농촌지역에서는 농업생산의 집단화를 위해 농업생산협동조합Landwirtschaftliche Produktionsgenossenschaf(LPG)이 조직되었다.[9] 1970년대에는 공업화가 미약한 농촌지역에 대한 집중적 투자를 통해 주요 도시의 공업지역과 나머지 지역간의 경제적 불균형을 해소하려는 정책이 추진되었다. 현재 북한이 추진 중인 '20×10 지방 발전 정책'[10]도 이와 유사한 성격의 정책이라 할 수 있다. 동부의 콧부스Cottbus(석탄 및 에너지 개발), 아이젠휘텐슈타트Eisenhuettenstadt(제철), 북부의 로스토크Rostock(무역항) 등에 대한 투자가 불균형 해소를 위한 투자의 대표적 사례이다.

그 결과 사회주의 정권 수립 이전부터 농업 중심의 낙후 지역이었던 메클렌부르그-포어포메른Mecklenburg- Vorpommern과 노이브란덴부르그Neubrandenburg 일부 지역의 공업생산이 1975년까지 증가하였다. 그러나 이러한 투자 방식이 국가 경제적 측면에서 비효율적이라는 비판 속에 '동독식' 지역 균형발전 정책은 더 이상 지속되지 못하였다.

동독 체제 후반기인 1980년대에는 특정프로그램 형태로 베를린Berlin 등 기존 대도시지역에 대한 집중적 투자가 진행되었다. 이 과정에서 지방 중소도시의 경제가 침체하는 문제가 나타났다. 특히 대도시지역에서 추진된 대규모 주거단지 건설은 상대적으로 주변 중소도시에 있는 주거지의 낙후를 초래하였다. 이 시기에 농촌지역에서는 기존 농업생산협동조합들의 통폐합을 통한 조합의 대형화가 추진되기도 하였다.

분단 시기의 동서독 국토발전 과정

통일 이전에 서독은 이미 유럽의 다른 국가들에 비해 '다핵적 정주체계Polyzentrales Siedlungssystem'를 기반으로 비교적 균형 있는 국토 공간구조를 갖고 있었다.[11] 중세 이후 독일의 국토 공간구조는 지방 영주들을 중심으로 일정한 규모의 정주체계가 형성되어 비교적 균형적인 국토발전이 가능했다. 서독의 경우 지역별로 북부의 함부르크Hamburg, 남부의 뮌헨Muenchen, 중부의 프랑크푸르트Frankfurt/M 등의 대도시들이 균형 발전을 주도하였다.

1970년대까지는 석탄산업을 중심으로 한 북서부지역이 서독경제의 성장을 주도했다면, 그 이후에는 자동차와 전기·전자를 중심으로 한 남부지역이 성장을 주도하였다. 하지만 지역적인 측면에서의 경제력 격차는 그리 크지 않았고 이것이 연방제의 중요한 토대가 되었다.

반면에 동독의 경우에는 사회주의 시절에 수도인 동베를린East-Berlin을 중심으로 한 '일극 중심적' 국토발전이 이루어졌다고 할 수 있다. 수도 중심의 국토발전은 소련, 폴란드, 체코슬로바키아, 헝가리 등 사회주의 체제 국가들의 특징 가운데 하나였다. 동독 남부에는 드레스덴Dresden, 라이프치히Leipzig 등 대도시들이 있었지만, 베를린에 비해 그 경제적 위상과 역량은 부족하였다.[12]

무계급사회와 균형발전을 지향한다는 사회주의 체제하에서 역설적으로 동독이 수도 중심의 불균형 발전을 해 온 것이다. 이와 같은 모습은 현재의 북한에서도 찾아볼 수 있다. 현재 북한의 국토는 동독과 마찬가지로 수도인 평양 중심으로 불균형적인 발전을 해왔다.[13]

서독의 도시들에서는 1970년대부터 이른바 교외화Suburbanization 현상이 나타났다. 도시 외곽지역에 새로운 단독 주택 중심의 주거단지가 형성되면서 통근자들이 증가하는 등 교외화가 나타난 것이다. 서독과는 달리 계획경제의 틀 하에서 주민들의 주거이전 자유도 통제되었던 동독의 도시들에서는 교외화가 나타날 수 없었다. 동독 도시들의 외곽에는 주로 대규모 공장들이나 집단농장들이 자리 잡았고 인근에 대규모 주거지가 형성되기도 하였다.

동독의 사회주의적 주거 특성을 잘 보여주고 있는 것이 대규모 주거단지였다. 동독 정부는 1960년대 중반부터 1980년대 말까지 대규모 주거단지를 적극적으로 건설하였다. 이 가운데 가장 대표적인 것이 베를린의 마르잔Berlin-Marzahn이다. 이 신시가지는 독일 최대 규모로서(총 5만 8,200호, 16만 명 거주) 동독 체제 아래인 1970년대 후반에 건설되었다. 이러한 대규모 주거단지는 북한의 평양에서도 쉽게 찾아볼 수 있다. 4만 호의 주택건설을 목표로 조성된 평양 화성지구는 중심 시가지 외곽에 조성된 대규모 아파트단지이다.

동독에서는 사회주의 체제하에서 새로운 대규모 주거단지가 주로 도시 외곽에 조성되는 바람에 구도심이 낙후되었고, 이것이 통일 이후 대규모 도심 재개발 수요로 이어지게 되었다. 사회주의 체제하에서는 역사성이 있는 구도심의 관리와 발전에는 큰 관심을 기울이지 않고, 사회주의 체제의 상징처럼 내세우는 대규모 아파트단지 건설에 도시개발의 중점을 두었다. 물론 이것은 구도심의 재개발보다는 도시 외곽의 신개발이 비용 측면에서 유리하다는 점이 작용한 결과이기도 하다.

하지만 사회주의 시기에 부실하게 급조된 대규모 주거단지들은 통일 이후 대규모 정비 수요를 불러왔다. 이른바 '판형건축방식 Plattenbauweise'이라고 하는 조립식 공법으로 탄생한 대규모 주거단지는 당시에 부실한 시공과 내부 설비 노후로 전면적인 보수를 필요로 하게 되었다. 사회주의 시절 외형적 성과주의에 집착한 나머지 대규모 부실이 발생한 것이다. 이러한 문제는 미래에 북한의 대규모 아파트단

동독의 개발 과정(1949~1989)

구분	1950~60년대	1970년대	1980년대
특 징	사회주의 경제 기반 강화	지역균형개발 추진	특정 지역 개발집중
지역 개발 주요 과제	• 자원 및 상품생산의 집약화	• 낙후 농업지역의 경제 활성화를 통한 도시-농촌 균형발전 • 북부·남부지역의 균형발전	• 자원개발 • 사회간접자본 개발
주요 지역 개발 정책	• 도별 지역경제의 특성화 • 섬 계획(Inselplanung) • 농업 부문의 집단생산화	• 낙후 농촌지역에 공업생산기지 확충	• 베를린 등 일부 지역에 대한 투자집중 • 특정프로그램 추진 - 석탄.에너지 프로그램 - 전자공업 프로그램 - 주택건설 프로그램
지역 개발 결과	• 기존 공업지역의 개발	• 일부 농촌지역의 인구 증가 및 생산 활성화	• 지역간 불균형 발전 심화 (베를린과 기타 지역간)
건축 및 도시개발 특징	• 소련 모델에 따른 스탈린주의 건축 및 도시개발 - 이데올로기 강조 - 60년대 중반 이후 기능주의 태동	• 기능주의적 건축 및 도시개발 - 토지의 효율적 이용 - 집합 주택건설 확대	• 자원 및 에너지 절약적 도시개발 - 기존 도시의 재개발 (개보수) 강조

지들에서도 발생할 가능성이 높다.

시장경제와 지방자치제도에 기초한 서독과는 달리 동독은 '민주적 집중주의demokratisches Zentralismus'의 원칙에 따라 중앙정부가 개발을 주도하였다. 동독에서는 지방자치제도가 실시되지 않았고, 이러한 자치 경험 부재가 통일 이후 많은 부작용을 일으켰다.

분단 동안 서독과 동독에서 각각 수립되고 시행된 국토 및 지역 개발 관련 계획들은 '모든 영역에서 동등한 생활 여건을 창출한다'라는 공통적 상위 목표를 갖고 있었다. 그러나 동독의 국토계획은 지역 균형발전을 위한 수단으로서 제대로 기능하지 못하였다. 정부가 정책적으로 정치·행정의 중심이 되는 일부 도시에만 투자를 집중함으로써 지역 불균형이 심화하였다.

동독 시절에 나타난 이러한 지역 불균형은 정부에 의한 불균형이라는 사회주의 체제의 공통적 특징 가운데 하나이다. 전체적으로 분단 시기 동독은 사회주의 체제의 특성이 반영된 지역 개발을 추진한 결과 공업 중심의 남부지역과 농업 중심의 북부지역 간 격차가 심화하였다.[14] 반면에 서독은 연방 체제하에서 지역 균형발전이 일정 수준 달성되었다. 서독 내에서도 부분적으로는 지역 불균형이 존재하였지만, 동독에 비해서 균형적인 국토발전을 이룩하였다.

동서독 국토계획체계의 특징[15]

동서독의 국토개발은 기본적으로 다른 계획체계를 기반으로 진행되었다. 동독의 '국토계획Territorialplanung'은 서독의 국토계획인 '공간정비계획Raumordnung'과 비슷한 위상을 갖는 계획 수단이었지만 그 역할은 달랐다. 동독의 '국토계획'은 내각회의의 위탁을 받아 국가계획위원회Staatliche Plankommission에서 수립한 국가계획이었다. 이 계획의 부문별 내용들은 생산력의 입지 배분(중·단기계획 및 예측), 5천만 마르크 이상의 대규모 투자에 대한 공간적 배분, 관구별 경제 발전의 평가, 중앙 조직체들과 관구 위원회 간의 협조 등이다. 주정부들이 자율적인 국토계획을 수립했던 서독과는 달리 전국 단위의 산업입지계획 등을 수립한 것도 특징이라 할 수 있다.

동독의 '국토계획Territorialplanung'은 '경제 발전 수준과 생활 기준의 균형'이라는 목표를 설정하였지만, 진정한 의미의 균형발전을 추진하지는 못하였다.[16] 동독의 계획체계에서는 서독의 공간체계에서 중요한 요소를 이루는 '상호보완원칙Gegenstromprinzip'에 따른 상하위 계획 간의 상호 조정도 존재하지 않았다. 중앙정부의 일방적인 결정과 집행만이 있을 뿐이었다.

동독 시절에 국토계획은 기본적으로 중앙정부의 일방적인 지시에 따라 수립되었기 때문에 지역 간 격차와 같은 문제들에 대해서 능동적으로 대처할 수 없었다.[17] 동독 시절에 지역 개발을 위한 결정은 '사회주의통일당SED'과 관구 및 군 위원회 등의 결정에 따라 이루어졌다. 지역의 행정조직은 중앙정부의 경제정책과제를 우선으로 수행하여야 했기 때문에 지역의 균형발전을 위한 자체적인 개발 과제들을 수행할 수 없었다.

또한, 계획 및 지휘체계에 있어서 지방의 행정조직들은 행정구역 내에 있는 주요 기업들에 대해 영향력을 행사할 수 없었다. '국토계획'은 이른바 위로부터 아래로 진행Top-Down되는 '민주적 집중주의'의 구도 하에서 지방의 이익을 대변할 수 없었다. 여기에 더하여 1960년대 중반에는 '국토계획'에서 군Kreis이 지방 행정 단위로서 어떠한 자치적 역할도 할 수 없도록 하는 규정이 제정되어 계획체계의 비민주성은 더욱 심화하였다.

이와 함께 여러 개의 군을 포괄하는 61개의 '경제 지역'이 설정되어 '국토계획'은 철저하게 경제계획에 종속되었다. 중앙정부에 의해 '경제 지역'을 위한 국토계획이 추진되었는데, 경제정책에 치우친 정책과제들이 '국토계획'에 부과됨에 따라 '국토계획'의 고유기능이 크게 약화 될 수밖에 없었다.

동독과 유사하게 북한도 중앙집중적 계획과 집행 체계를 갖고 있다. 북한의 국토개발 및 관리와 관련된 제도 가운데 주요 계획 법제로서는 국토계획법과 도시계획법이 있는데, 국토계획법에서는 국토계획을 전국국토건설총계획과 중요지구국토건설총계획, 도(직할시), 시(구역), 군국토건설총계획으로 구분하고 있다. 동독과 마찬가지로 북한도 사실상 중앙의 노동당이 모든 주요 계획을 결정하고 지방정부는 이것을 따르고 집행하는 역할만 하고 있다.[18]

동서독 간 교류의 의미

많은 사람은 독일의 통일이 미처 예상치 못한 급진적 방식으로 이루어졌고, 이 때문에 많은 문제가 발생했다고 알고 있다. 표면적으로는 동서독 그 어느 쪽도 예상치 못한 시기와 방식으로 통일이 된 것은 사실이다. 그러나 우리는 그들이 분단 동안 꾸준히 교류와 협력을 진행해 왔다는 점을 간과해서는 안 된다.

1949년부터 1989년까지 40년 동안 동서독의 교류 협력 과정에서 서독은 정치·사회협력과 경제협력의 균형을 도모해 왔다. 서독 정부는 경제차관 제공, 도로, 철도 등의 인프라 확충 사업 지원을 통해 동독 정부로부터 주민들의 상호방문 확대와 같은 개방 조치를 끌어냈다.

이렇게 경제협력과 정치·사회 협력이 병행됨으로써 동서독 주민들 간의 상호 이해를 높이고 이질감을 많이 줄일 수 있었다. 이러한 정경 연계 방식의 교류 협력이 가능하였던 것은 무엇보다도 서독이 동독에 비해 안정적인 정치·경제적 역량을 가지고 있었기 때문이다. 세계 최고 수준의 경제력과 민주주의 역량을 갖고 있던 서독이었기에 동독의 협력을 끌어낼 수 있었다.

제2차 세계대전 종전 이후 분단되었던 동서독은 여러 가지 형태의 교류와 협력을 해 왔다. 물론 분단 초기에 동서독 간에 긴장이 고조되었던 시기도 있었지만 1970년대 초반 이후부터는 큰 틀에서 교류 협력의 흐름이 변함없이 이어졌다. 1970년대부터 뿌려졌던 교류 협력의 씨앗들이 있었기에 갑작스러운 통일에도 불구하고 지금까지 비교적 성공적인 통합을 이룩할 수 있었다. 이러한 측면에서 동서독이 분단 기간 진행했던 교류의 경험을 돌아보는 것은 우리에게 큰 의미가 있다.

동서독 간 교류의 진행 과정

분단 기간 동서독 관계의 주요 변화

동서독은 제2차 세계대전 종전과 1949년 동서독 정부수립[19] 이후 1989년 베를린장벽의 붕괴 이전까지 꾸준한 관계 발전을 이룩하여 왔다. 동서독 정부수립 이후 베를린장벽 등장 이전까지(1949-1961) 동서독 양 지역간 인적 교류는 비교적 순조롭게 이루어졌다. 그러나 동독 주민들의 서베를린 탈출이 늘어나자, 동독 정부는 1961년 8월 13일 베를린장벽을 구축하였고, 이때부터 동서독 간에 긴장 관계가 형성되었다.

장벽 설치 이후 동서독 간 인적 교류는 크게 위축되었는데, 1966년부터 1971년까지는 서베를린 주민들의 동베를린방문이 중단되기도 하였다.[20] 따라서 현재의 남북한과 같은 동서독 간 분단 상황은 바로 1961년 베를린장벽의 구축이 시발점이라 할 수 있다.

1972년 동서독 기본조약이[21] 체결되기 이전까지 동서독 간의 교류는 서독의 강경한 대동독 정책에 따라 별다른 진전을 보이지 않았다. 적대적 대치에서 상호 공존 관계로의 전환점은 1969년 서독 사민당

분단 기간 동서독 간의 주요 관계 변화

년도	주요 내용
1949	• 서독(BRD) 정권 및 동독(DDR) 정권 수립
1951	• 베를린협정
1961	• 동독에 의한 베를린장벽, 동서독장벽 설치 (장벽 설치 이전까지 동서독 간 및 동서 베를린 간 경계선은 개방되어 있었음)
1970	• 서독 정부의 신동방정책: 소련(1970), 폴란드(1970) 등과의 수교, 동독 정부 인정 • 분단 이후 첫 번째 동서독 정상회담(3.19 에어푸르트)
1971	• 베를린조약을 통해서 서베를린의 지위 인정, 교통 및 우편 교류에 대한 합의 (1971년 서독의 빌리 브란트 총리 노벨평화상 수상)
1972	• 동서독 기본조약체결
1973	• 동서독 UN 동시 가입
1974	• 상주대표부 교환

(SPD)자민당(FDP) 연립정부의 등장과 함께 시작된 신동방정책이었다. 당시 서독은 소련, 폴란드, 체코슬로바키아공화국과의 조약을 통해 동독을 사실상 국가로 인정하였다. 서독의 연방 총리인 빌리 브란트Willy Brandt는 1971년 신동방정책을 통한 긴장 완화의 공로로 노벨평화상을 수상하였다.[22] 1972년의 동서독 기본조약체결과 양국 간의 관계 개선을 토대로 교역 등 경제교류도 활성화되었다.

동서독 간 경제교류 협력의 추진 과정

동서독 간의 경제교류는 주로 교역을 중심으로 이루어졌는데, 이를 위한 최초의 제도적 기반은 1951년 9월 베를린협정을 통해 마련되었다. 서독 정부는 1966년 12월 대동독 경제교류 확대 방안을 제시하면서 금융지원의 확대를 통해 교역 활성화를 유도하였다. 1970년 이후부터는 연불금융지원을 통해 동독기업의 가용자금이 풍부해지면서 경제교류가 활성화되었다. 1972년 동서독 기본조약 체결 이후 동서독 간의 경제교류는 교역 외에도 산업 분야의 협력 등으로 확대되었다.

동서독 간의 경제교류가 중단 없이 계속 확대될 수 있었던 데에는 쌍방 간에 합의한 청산계정 및 스윙Swing제도[23]가 중요한 역할을 하였다. 유동성 위기를 겪던 동독에 대해 서독의 은행 컨소시엄은 금융차관을 제공하였는데, 그 대가로 동독은 동서독 간의 여행에 대한 제한 완화, 국경에서의 여권 검사 및 우편과 소화물 검색의 완화, 전화 통신 기회의 확대, 인도주의적 지원 확대 등의 조처를 하였다.[24] 동서독 간의 경제교류가 활성화됨에 따라 동독의 대서독 경제의존도가 점차 높아졌는데, 통일 직전 서독의 동독에 대한 무역의존도가 1.5%였던 반면, 동독의 서독에 대한 무역의존도는 65% 이상이었다.

분단 기간 서독기업의 대동독 직접투자의 대표적 사례는 폭스바겐

동서독 간의 사회·경제 교류 협력 형태 발전

년 도	주요 협력 형태
1961	• 내독 무역 시작
1970	• 통신, 교통 교류
1972	• 인적 교류
1975	• 환경문제 공동 해결
1976	• 광물 채광
1979	• 문화교류
1982	• 민간 단체 교류
1983	• 차관 공여
1987~1989	• 과학 기술 협력, 환경보존 협력, 문화교류 협력

자료: 박성조, "동서독 간 교류 및 협력 형태와 남북한교류에 주는 시사점" 통일원, 통일문제연구, 제1권 4호, 1989, p.34.

Volkswagen사의 투자이다. 서독의 볼프스부르크Wolfsburg에 본사가 있는 폭스바겐은 동독 작센Sachsen주의 켐니츠Chemnitz, 츠비카우Zwickau에 대한 자동차 부품산업 지원과 도로 등 인프라 지원 명목으로 5억 마르크를 지원하였다. 이 회사는 1972년 최초로 자동차 부품 기계 및 공구들을 동독으로부터 구매하기 시작하였다.[25] 이것은 분단 기간 이루어진 거의 유일한 산업 협력 사례라 할 수 있다. 이러한 협력에 기반해서 동독의 켐니츠와 츠비카우는 산업 발전의 중요한 토대를 마련하였다.[26]

동서독 간 교통 협력

동서독 국경(1,393km)에는 철도 40개 노선, 고속국도 및 국도 30개 노선, 지방도로 140개 노선이 지나고 있었다. 그러나 1961년 베를린 봉쇄와 국경 봉쇄로 이 가운데 10개의 통과도로(4개 고속도로, 6개 국도), 8개의 통과 철도, 2개의 내륙운하 그리고 3개의 항공로만이 사용되었다. 동서독 간의 도로와 철도는 국경 봉쇄 후 동독 내에 섬처럼 남게 된 서베를린과 서독을 연결하는 차원에서 확보되었다.[27]

이러한 통행로의 유지는 양국 정부수립 당시부터 이루어졌다. 1949년 5월 11일에 동서독은 양측 철도회사들이 맺은 '헬름슈테트 협정Helmstedter Abkommen'을 통해 양국 철도간 통행을 보장하였다.[28] 동서독은 1970년대부터 교통과 관련한 주요 협정을 본격적으로 체결하였다. 1971년 12월 17일 '서독과 서베를린 간의 민간인과 재화의 통과에 관한 동서독 정부간 협정(일명 통과교통협정)Transitabkommen'을[29] 시작으로, '양국의 인적 물적 통행 전반에 관한 조약(일명 교통조약)Vertrag zwischen der BRD und der DDR ueber Fragen des Verkehrs', '교통로 개선에 관한 협정(1975, 1977, 1978, 1980)' 등이 차례로 체결되었다.

통과교통협정이 서독과 서베를린 간의 교통연결에 초점을 맞추었

통과교통협정의 주요 내용

주요 항목	내 용
통행 보장 및 조건	동독지역 통과 시 비자, 허가서 · 내용증명서 제시, 세관의 검사 실시 서독 본토와 서베를린 간의 민간 통행 보장(특정 교통로, 검문소 이용)
개인 차량에 의한 수송 및 물품 수색	개인 차량에 의한 통행 보장, 원칙적으로 개인물품 수색 및 압류 금지
보험 및 통과 기준	모든 통과교통 이용 차량은 보험에 가입 운송수단이 동독 통행 기준을 넘는 경우(고중량 화물 등) 특별한 허가 득 해야 함
버스를 이용한 교통	동독 당국이 지정한 운행경로를 따라 운행하고 지정한 휴게소를 이용
철도교통과 열차 운행계획	열차 운행계획은 양국 관할 중앙기관 간 합의로 결정
사고 처리 및 구조 의무	동독 당국은 통과 운행 교통편이 재난을 당하면 필요한 지원을 해줄 의무를 부여받음
정보제공 의무	동독의 관할 기관은 서독의 관련 관청에 통행 과정에 필요 정보를 제공, 동독의 관할 기관은 서독의 관련 관청에 통행 과정에 필요 정보를 제공
규정 위반	통과로를 이용하는 자가 동독의 공공안전 관련 규칙을 위반하는 경우 체포, 조사, 처벌, 진입 거부, 추방 등의 조치 명시
통행료 정산	통과 차량에 부과되는 부과금, 수수료는 도로 건설, 정비, 유지에만 사용 통행 비용은 매년 총액 형식으로 상호합의하여 결정

자료: 박훈민. 2015. 분단국가의 철도교통 협력법제 연구. 한국법제연구원. pp37-46.

교통조약의 주요 내용

주요 항목	내 용
조약의 대상 및 적용 범위	동서독 상호 간의 교통과 통과교통 상대방 주민을 차별 없이 편리하게 통행할 수 있도록 보장
이용가능한 교통로	상대측이 공공교통을 위해 허가한 교통시설을 이용 경계를 통과할 때 사전에 정해진 통과 지점 이용
증명서류의 상호인정	교통과 관련하여 일방이 발행한 문서(운전면허증 등)는 원칙적으로 상호 승인한 것으로 인정
비용 부담	교통과 관련하여 발생한 부담금 및 수수료는 총액으로 보상 여행자와 교통참여자는 비용과 수수료를 부담하지 않고 양측 정부간 정산(단, 연료 등은 여행자 및 교통참여자가 부담)
사고 시 구호 지원 의무	사고 시 구조, 의료서비스, 긴급 수리 등을 지원해 줄 의무
정보제공 의무	교통 노선에 관하여 도로 상태 등 관련 정보제공 의무
교통계획	상호교통과 통과교통을 원활히 하기 위해 당사국들은 교통 관련 건설계획의 수립과 집행에 협력

자료: 박훈민. 2015. 전게서. pp48-50.

다면, 교통조약은 동서독 간의 직접적인 인적, 물적 교류를 위한 제도적 기반으로서 그 의미가 크다고 할 수 있다. 이 조약은 베를린장벽 붕괴 이후 1990년 9월 통일조약이 발효될 때까지 유효하였다.

교통조약을 토대로 동독 정부는 1974년 12월 서독과 베를린 간의 왕복 철도 및 도로의 확장을 제안했으며, 서독 정부가 이를 수용하였다. 그리고 베를린지역의 고속도로 보수사업에 대해서도 서독 정부가 전체 공사비의 64%인 2억 5,950만 마르크를 부담하는 조건으로 사업에 참여하였다. 이러한 교통망의 확충을 통해 서독은 서베를린과의 연결 교통로를 확보할 수 있었고, 동독 측은 노후 교통망의 현대화라는 성과를 거둘 수 있었다.

서독 정부는 동독과의 경제협력을 정치 관계의 개선과 연계하여 추진하였다. 서독 정부는 동독과의 경제협력에 있어서 동독에 1983년과 1984년 두 차례 차관보증을 제공하는 반대급부로서 민간인 상호방문 인원의 확대와 동독입국 제한 요건의 완화, 국경 검문 완화, 편지 및 소포검열의 대폭 완화, 전화 소통의 대폭 개선, 인권 문제 개선 등의 정치적 요구를 관철했다.[30]

동서독 간 주요 교통로 협력 사업

통일 직전인 1985년부터 1989년 사이 동서독 교역은 주로 도로를 통해 이루어졌다. 전체 교역에서 도로의 분담률이 64.3%로 가장 높았고 철도가 29.6%를 차지하였다.[31] 1972년 교통조약에 기반해서 함부르크Hamburg와 베를린 간의 고속도로 개보수가 1978년 추진되었고, 베를린과 니더작센Niedersachsen주 헬름슈테트Helmstedt 간의 고속도로 및 철도 복선화 사업 등이 1975년부터 1980년까지 추진되었다.

이 과정에서 서독 정부는 상호방문 증진 차원에서 교통로의 건설,

동서독 분단 당시의 주요 연결 통로

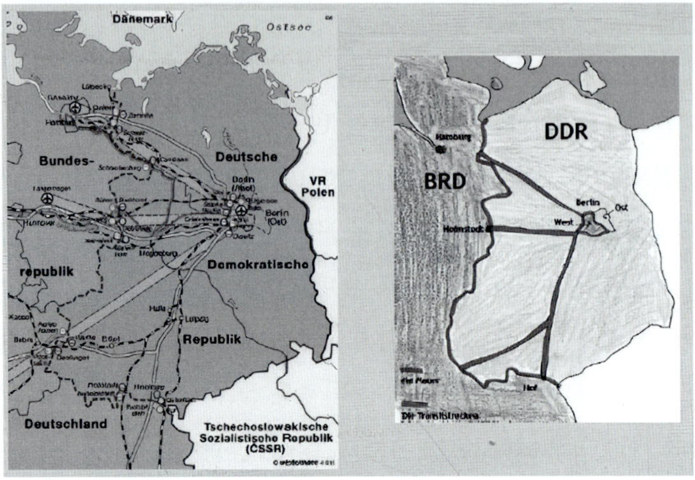

자료: Karl-Peter Schoen. 2019. "Cross-border cooperation cases in Germany and Europe". DMZ International Forum.

유지, 보수비용 등을 지원하였다.[32] 이러한 협력은 통일 이후 신속한 동서독연결 교통망 구축의 기반이 되었다. 이러한 교통부문의 상호 협력에 대해서 서독 정부는 섬과 같은 상태의 서베를린과 서독 간의 통과 교통로 확보에 가장 커다란 의미를 두었다.

① 베를린과 헬름슈테트 고속도로 개보수

이 고속도로는 서독의 뒤셀도르프Düsseldorf에서부터 베를린까지 연결되는 독일의 주요 고속도로(A2, 총연장 486km)의 일부로서 1975년 150km의 베를린과 헬름슈테트 구간 고속도로 개보수 및 확장공사가 추진되었다. 서독은 총공사비 4억 500만 마르크의 약 2/3인 2억 5,950만 마르크를 부담하였다.[33] 이 고속도로는 분단 기간 방치되어 차량 운행에 어려움이 많았지만, 통일 이후 현대화되었다.

② 베를린과 함부르크 고속도로 연결

베를린과 함부르크 간의 고속도로(A24)는 제2차 세계대전 이전에 건설이 추진되다가 중단된 고속도로였다. 동서독은 1978년 11월 이 고속도로의 연결을 합의한 후 1979년부터 1982년까지 총연장 239km의 고속도로를 완공하였다. 이 프로젝트에는 12억 마르크가 소요되었다.

③ 미텔란트Mittelland 운하 확장

미텔란트 운하는 동독의 막데부르그Magdeburg에서 베를린으로 연결되는 운하로서 서베를린의 기업들이 폴란드와 동독으로부터의 자재공급을 원활히 하기 위해 운하 확장을 추진하였다. 이를 위해 서독 정부는 1억 5,000만 마르크를 지원하였다.

분단 기간 동서독 교류 협력 과정에서 가장 긍정적인 평가를 받았던 것은 동독 내 도로, 철도 등 교통인프라에 대한 서독 측의 지원사업이

분단 기간 동서독 간의 방문자 추이

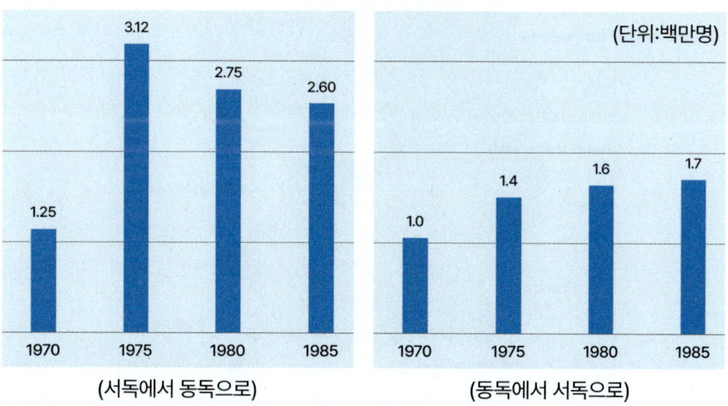

자료: Dr. Peter Gay. 2003.

었다. 교류 협력 과정에서 확충된 도로와 철도는 통일 이후에도 동독 지역 개발을 위한 중요한 토대가 되었기 때문이다. 동서독 교통망 연결을 통해 양 지역 간의 인적, 물적 교류가 가능해졌는데, 교통망 연결 이전에 연간 125만 명에 그쳤던 서독인들의 동독방문이 1975년에는 312만 명에 이르는 등 인적 교류가 크게 증가하였다.

동서독 접경지역 협력

동서독 간의 접경지역은 남북한의 접경지역과 같은 군사적 대치가 심각하지 않았다. 이것은 동서독이 4대 강국에 분할 점령되었던 특수한 상황 때문이기도 하다. 소련과 서방 국가 간의 대치만이 있을 뿐이지 동서독은 서로 군사적 충돌의 경험이 없었다. 그렇기에 지금의 남

동서독 국경의 서독 측 접경지역

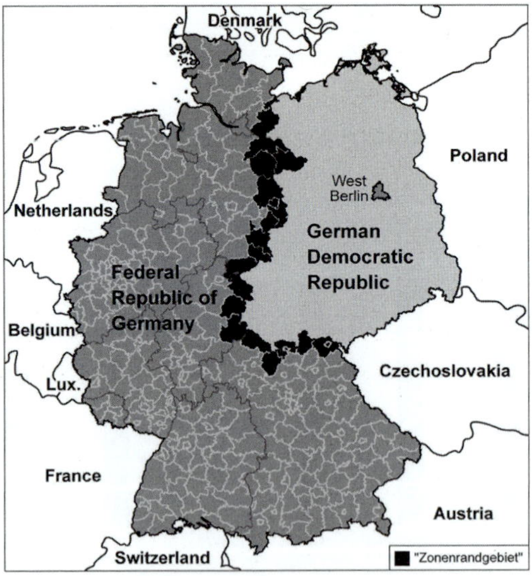

자료: Peter Jurczek. 2009. " National and Regional Strategies of Germany Focusing on its Eastern Part".

북 관계와 당시의 동서독 관계는 큰 차이가 있었다.

남북한과는 달리 동서독의 경우에는 접경지역의 지자체들이 상호 방문 등 교류 협력을 할 수 있는 기본적인 여건을 갖고 있었다.[34] 분단 기간 이루어진 접경지역에서의 주요 협력 사업으로는 재난 대비 협력과 자원의 공동개발 등이 있다. 동서독 양측은 기본조약에 따라 '국경위원회'를 설치하여 분단에 따른 접경지역의 문제를 함께 해결하고자 협력하였다.

1973년 9월 동서독 양측은 국경 지역에서의 홍수, 화재, 산사태, 전염병, 병충해 발생, 환경오염 등에 대해 서로 긴밀한 정보교환 체계를 구축하여 공동 대응하고, 수자원을 공동관리하기로 합의하였다.[35] 또한, 접경지역에서 지하자원(갈탄, 천연가스, 칼리)의 공동개발 사업도 추진하였는데, 대표적 사례가 서독 헬름슈테트Helmstedt와 동독 하르브케Harbke의 갈탄 및 에너지 협력 사업이었다.[36] 이렇게 1970년대부터 접경지역을 중심으로 진행된 다양한 교류와 협력은 동서독 주민들 간의 상호 신뢰 확대에 이바지하였고 도시정부 간 교류를 위한 우호적인 분위기도 형성하였다.

동서독
도시교류 협력

동서독 도시 간의 자매결연은 통일 이전부터 시작되었으며 통일 직후 대규모로 확대됨으로써 신속한 체제통합에 기여하였다. 독일은 이미 19세기 말부터 도시 간 자매결연의 경험이 있었다. 하지만, 제2차 세계대전 이후 동서독으로 분단되면서 도시 간의 교류도 단절될 수밖에 없었다. 동서독 도시 간의 협력 분위기는 동구 사회주의권과의 화해를 추구한 서독의 신동방정책 이후부터 고조되기 시작하였다.

1986년 5월 동서독 간 문화협정이 발표된 이후부터 통일 이전까지의 3년 동안 동서독 도시 간에는 총 98건의 자매결연이 체결되었는데,[37] 자매도시 간에는 도시 전문가들의 상호 교류, 체육 교류, 청소년 교류, 문화행사 교환개최 등이 이루어졌다.

이러한 교류 활동 가운데에서도 지방 행정의 경험을 교환하기 위한 도시전문가 회의가 가장 활발하게 개최되었다.

분단 기간 동서독 도시 자매결연을 통한 분야별 교류

분 야	교류 형태	주요 내용
행 정	전문가 회의	• 도시계획, 주택 정비, 기반 시설 정비 분야의 전문가 회의 교환개최 (예: 1988년 할레와 칼스루헤간 '도시계획, 건축, 도심 개발, 유적 보존에 대한 경험 교환'을 위한 회의 개최)
체육/문화	교환경기	• 축구, 탁구, 볼링 등의 종목 개최
	문화행사	• 전시회, 음악회, 영화 상영, 작가들의 초청 강연
	신문교환	• 16개 도시에서 지방신문 상호 교환
청 소 년	청소년 상호방문	• 15~30세 사이의 청소년 상호방문
기 타	평화운동 활동	• 주민들이 참여하는 평화운동(주로 동독 측 도시들이 요구)

자료: 통일원. 1993. 동서독교류협력 사례집.

동서독 도시 간 교류 협력의 배경

독일에서 도시 간 교류 협력의 역사는 오래되었다. 유럽 최초의 도시 간 우호 협정 체결은 836년 독일지역의 파더본Paderborn과 프랑스지역의 르망Le Mans 간에 이루어졌다.[38] 제2차 세계대전 이후 재건 과정에서 유럽의 도시들은 자매결연을 통해 서로 협력하였는데, 대표적인 사례가 독일의 본Bonn과 영국의 옥스퍼드Oxford였다.[39]

분단 기간 동서독 간의 자매결연에 있어서는 시기별로 주도하는 측이 달랐다. 1950년대에는 동독 측이 서독 측과 도시 자매결연을 적극 추진하려고 하였다. 하지만 동독 체제를 인정하지 않으려는 서독에 의해 이러한 시도는 무산되었다. 1980년대 초반에는 서독 측이 도시 자매결연을 적극 추진하였으나 동독 측이 거부하였다.[40] 동독 국가평의회 의장 에리히 호네커Erich Honecker는 서독 측의 이러한 시도를 동독의 체제 불안을 획책하려는 의도로 보았기 때문이다.

분단 기간에 이루어진 동서독 도시 협력은 앞에서 언급한 서독 정부의 신동방정책 등 정치 외교적 협력 분위기가 있었기에 가능했다. 동서독은 1980년대 중반에 들어서 국내외적인 협력 여건이 성숙 되는 분위기 속에서 도시 자매결연을 통한 협력을 확대하였다.

동서독 도시 자매결연의 추진 경과

동서독 도시 간 최초의 공식적인 자매결연은 1986년 9월 서독의 잘루이스Saarlouis(인구 약 4만 명)와 동독의 아이젠휴텐슈타트Eisenhuettenstadt(인구 약 5만 명) 간에 체결되었다. 이러한 자매결연에는 잘루이스가 위치한 자를란트Saarland 출신 동독 국가평의회 의장 에리히 호네커의 역할이 컸다. 이후 서독의 부퍼탈Wuppertal과 동독의 슈베린Schwerin 간에도 1987년 2월 자매결연이 체결되었다.

동독이 이러한 도시 자매결연을 수용하게 된 것은 긴장 완화 노력에 대한 대내외 압박때문이기도 하다. 그리고 에리히 호네커의 고향에 대한 향수 등 감성적인 요인도 작용하였다. 동독의 드레스덴Dresden과 서독의 함부르크Hamburg가 자매결연을 하게 된 것은 드레스덴 출신 서독 사회민주당 연방하원 원내대표인 헤르베르트 베너Herbert Wehner의 영향이 컸다.

하지만 전체적으로 볼 때, 대부분의 동서독 도시 자매결연 관련 활동은 시장 등 양측 수뇌부들의 의지보다는 다수 시민의 요구와 참여가 중심 동력이었다고 할 수 있다. 독일의 시사주간지 <디 자이트DIE ZEIT>는 이것을 '아래로부터의 외교'라고 묘사하였다.[41] 1985년부터 동독 도시와의 자매결연을 추진했던 아헨Aachen은 1988년 5월 동독의 나움부르그Naumburg와 자매결연을 체결하였다. 이 외에도 서독의 본Bonn과 동독의 포츠담Potsdam, 서독의 뒤셀도르프Duesseldorf와 동독의 켐니츠Chemnitz, 서독의 칼스루헤Karlsruhe와 동독의 할레Halle, 서독의 브레멘Bremen과 동독의 로스토크Rostock 등이 자매결연을 하였다.

동서독 도시 간의 자매도시 결정은 대부분 정치적 고려하에 이루어졌지만, 비슷한 도시 특성이 고려된 자매결연의 경우도 있었다. 그 대표적인 사례가 항구도시이자 상업 도시인 동독 로스토크와 서독 브레멘의 자매결연[42], 동독 슈트랄준트Stralsund와 서독 키일Kiel의 자매결연이었다. 정치 및 행정도시로서의 성격이 강한 동독의 포츠담Potsdam과 서독의 본Bonn의 자매결연도 비슷한 경우이다.

1986년 잘루이스와 아이젠휴텐슈타트의 자매결연 체결 이후 1989년 베를린장벽의 붕괴 이전까지 총 98건의 도시 간 자매결연이 있었는데, 동독 체제 붕괴 직전인 1989년 3월까지 서독의 도시들은 총 800여 건의 자매결연 신청을 동독 측에 할 정도로 도시 자매결연에 적극적이었다.

동독 측은 도시 자매결연을 정치적 수단으로 활용하려는 의도가 있었다. 도시 자매결연을 동독에 대한 체제 인정의 수단으로 활용하려고 한 것이다. 동서독 간 자매도시의 선정은 주로 동독의 고위층들이 서독 측의 자매도시들을 일방적으로 선정하는 방식으로 이루어졌다. 상호주의에 어긋나는 측면이 있었음에도 이것이 성사된 것은 기본적으로 상호 교류를 유지하려는 서독 측의 인내와 포용적 자세가 있었기 때문이었다.

자매결연 도시 간 교류 협력

동서독 자매도시들은 각종 도시행정 관련 전문가 회의 개최, 체육행사, 청소년 교류, 문화행사, 신문교환, 평화운동 등의 교류를 했다.[43] 자매결연 초기에는 일반 시민 간의 접촉은 제한되었고 주로 공무원 중심의 교류가 이루어졌다. 자매결연 도시 간의 상호방문에서도 서독 시민

동서독 유사 특성 도시의 자매결연 사례

도시 특성	동독 도시	서독 도시
정치적, 역사적 연관성이 높은 도시	예나 콧부스 라이프치히 비스마르 포츠담 데싸우 드레스덴 나우엔 퀘닉스 부스터하우젠	에어랑엔 자부르켄 하노버 뤼벡 본 루드빅스하펜 함부르크 베를린 슈판다우 베를린 첼렌도르프
항구도시/상업 도시	로스토크 슈트랄준트	브레멘 키일
종교적 관계(8세기부터 같은 교구)	에어푸르트	마인츠
제2차 세계대전의 심한 전화	게라	노이엔베르그
접경 도시	플라우엔	호프
철강/석탄의 중공업 도시	호이어스베르다	딜링엔
철강산업	아이젠휴텐슈타트	잘루이스
대학도시(대학 간 교류)	할레	칼스루헤
고성 등 관광도시	발렌슈타트	크론베르그

자료: 통일원. 1993. 동서독 교류 협력 사례집. pp.720-721을 수정 보완.

들의 동독방문에 비해 동독 시민들의 서독방문에는 제약이 많았다.[44]

교류 초기 동독 정부는 서독 도시를 방문할 인원을 선발하는 과정에서 관련분야의 전문성이나 관련성보다는 정치적 측면을 우선 고려하였다. 서독 도시 방문 후 확실하게 귀환할 것으로 예상되는 사람들만 보내려 한 것이다. 정치적 고려 때문에 교류가 중단된 사례도 있었다. 1988년 7월에 예정되었던 동독 글라이프스발트Grefswald 청소년 방문단의 서독 오스나부뤼크Osnabrück 여행 계획이 동독 측 국영여행사의 일방적인 취소로 무산된 사례가 있었다.

분단 기간 가장 빈번한 교류가 이루어졌던 분야로는 도시행정 경험 교환을 위한 전문가 회의를 들 수 있다. 1988년 동독 할레와 서독 칼스

서독의 호프시와 동독의 플라우엔시 간의 자매결연 합의문 내용

항목	내용
자매결연의 목적	- 양 도시는 주민들의 생활을 서로 이해하기 위해 모든 사회계층 및 사회집단에 속한 주민들의 우호적인 접촉과 만남, 관계를 조직화하고 지원한다. 특히 양 도시 청소년들 간의 접촉에 중점을 둔다.
주요 협력 사업	- 양측은 아래와 같은 주제에 대해 정기적인 정보 및 의견교환에 합의한다. - 도시개혁, 도시 정비, 주택문제, 유적관리 - 상 하수 처리시설, 근거리 교통, 보건.사회 분야를 포함한 도시 서비스 행정 - 여가 활동, 휴양, 스포츠 - 청소년 지원 - 예술과 문화 - 환경 및 자연보호
실천 계획 및 사례	- 이 합의서에 의해 연간 실행계획을 작성 - 플라우엔시에서 평화와 안보를 위한 세미나 개최 - 호프시의 도시 발전사에 관한 전시회를 플라우엔시에서 개최 - 플라우엔시의 사회문화 발전상을 소개하기 위한 전시회를 호프시에서 개최 - 호프시 교향악단 연주회를 플라우엔시 시립극장에서 개최 - 플라우엔시립극단교향악단 공연을 호프시에서 개최 - 호프시 노동자들이 노동문제 토론회에 플라우엔시 대표단을 초청 - 30명 규모의 청소년 여행단을 조직하여 상호방문 - 호프시와 플라우엔시에서 각각 한 종목의 체육 경기를 개최
비용 문제	- 양측이 합의한 사업은 상호주의 원칙에 의해 추진 - 행사 비용(교통비 포함)과 사례금 등은 방문단을 보내는 측에서 부담 - 방문단과 그 일원의 체제 비용은 초청자 측이 부담 - 양측의 도시 활동과 발전상에 관한 정보는 무료로 제공

자료: 통일원. 전게서. pp.711-713.

루헤간에 개최되었던 '도시계획, 건축, 도심 개발, 유적 보존에 대한 경험 교환을 위한 회의'가 그 대표적 사례이다. 이러한 도시행정에 대한 교류 경험은 통일 이후 동독지역에서 지방자치제도가 정착하는 데에 큰 역할을 하였다.

분단 시기 동서독 도시교류의 성과

전체적으로 볼 때, 통일 이전의 도시교류는 동서독 간의 본격적인 사회문화 교류를 위한 토대를 마련했다는 점에서 그 의의를 찾을 수 있을 것이다. 하지만 통일 이전까지 진행된 도시교류 협력은 전체적으로 형식적인 측면이 강했다고 할 수 있다. 동독 정부의 소극적인 자세 때문에 교류의 실질적인 성과를 거두지는 못하였고 상징적인 교류에 만족할 수밖에 없었다.

동독은 도시 자매결연을 정치적 목적으로 활용하려는 의도가 강했기 때문에 서독 측이 원하던 실질적인 교류는 어려울 수밖에 없었다. 동독의 이러한 소극적 자세 때문에 도시교류에 대한 서독 측의 평가도 냉담한 편이었다. 1986년부터 시작된 도시 자매결연 성과에 대한 1988년도 설문조사에서 서독의 32개 도시 가운데 14개 도시만이 긍정적인 응답을 하였다. 하지만 이러한 부정적 평가에도 불구하고 도시교류를 통해 양측 주민들이 서로의 삶에 대한 이해의 폭이 넓어졌다는 것은 분명한 성과로 볼 수 있다.

분단 상황 속에서도 도시 간 협력을 시도하고 부분적이나마 교류를 실행한 것은 그 자체만으로도 가치가 있다. 이것이 통일 직후 신속한 체제통합의 중요한 토대가 되었기 때문이다. 동독 정권 말기에 이루어진 도시교류에 있어서 서독 도시들을 방문했던 동독 시민들이 귀환을 거부함으로써 동독 정권의 붕괴를 촉진한 측면도 있었다. 1989년 여름에 동독의 비스마르Wismar, 슈베린Schwerin, 그라이프스발트Greifswald 방문단들은 서독 자매도시 방문 이후 동독으로 귀환하지 않았다.

통일 직전의 동서독 도시 전문가 공동회의

1989년 11월 베를린장벽이 붕괴한 이후 1990년 1월 동베를린에서 동독 건축아카데미의 초청으로 동서독 건축 및 도시계획가들이 처음으로 '사회의 개념과 도시발전'이라는 주제의 토론회를 개최하였다. 이것은 동독 시절 동독 전문가들이 갖고 있던 열악한 동독 주거환

1990년 6월 제1회 베를린 도시 회의 전경

자료: Das Land Berlin. 1990. Kongressbericht –Erste Stadtkonferenz Berlin Planen, Bauen, Wohnen-.

경의 문제에 대한 비판의식과 새로운 도시건설에 대한 요구를 반영한 것이었다. 1990년 6월 25일 베를린에서는 'Berlin – Planen, Bauen, Wohnen(베를린 - 계획, 건설, 주거)'이라는 주제의 제1회 베를린 도시 회의가 개최되었다. 공무원, 전문가 등 1,056명이 참가하였고 이 가운데 487명이 동베를린 측 인사들이었다.

이 회의에서는 새로운 베를린 대도시권의 도시 및 지역발전 전망과 동베를린의 주택 실태, 도시재개발(재생), 지방자치행정의 조직과 업무분담 등 통일에 따른 새로운 건설 및 계획 행정조직의 구축과 관련한 다양한 논의가 있었다.[45] 공식적인 통일 이전부터 도시발전을 위한 전문가들의 활발한 논의가 시작된 것이다.

통일 이후 동서독 도시 간 교류

통일 이전의 경험 전수와 더불어서 통일 이후 이루어진 도시교류도 동독지역 도시 자치행정 기반 구축에 매우 큰 기여를 하였다. 접경 도시들인 서독의 호프Hof시와 동독의 플라우엔Plauen시 간의 교류에서는 주택, 기반 시설 정비 등 전문 분야의 자문과 함께 스포츠, 청소년 교환 방문, 예술단체 교환공연 등 다양한 교류가 추진되기도 하였다.

분단 기간 동독 내부에서는 부실한 도시개발과 낙후된 생활환경에 대한 비판이 제기되기도 하였다. TV 등 미디어를 통해 서독 시민들의 쾌적한 주거환경을 간접 경험하게 되면서 동독 주민들의 불만이 증대되기도 하였다.[46] 동베를린이나 라이프치히와 같은 대도시뿐만이 아니라 많은 중소도시에서도 낙후된 도시환경에 대해서 비판적인 여론이 형성되었다. 특히 당시 도시계획 및 도시사회 분야 전문가들이 내부적으로 문제를 제기하였다는 점을 주목할 필요가 있다. 이러한 비판이 통일 이후의 동서독 도시 자매결연 확대에도 영향을 미쳤을 것으로 보인다.

1990년 10월 3일 통일 이후 동서독지역 도시들은 긴밀하고 전면적인 협력을 추진하였다. 통일과 동시에 서독지역의 건축 및 도시계획 제도를 도입하게 된 동독지역의 도시들은 개발에 필요한 계획을 수립할 행정인력과 전문인력이 없었다. 이것이 시급하게 도시 자매결연을 서두르게 된 요인이 되었다. 베를린장벽 이전에 100건에도 미치지 못했던 동서독 도시 자매결연은 통일과 함께 1,000건이 넘게 되었다.[47]

1992년 독일도시회의Deutscher Staedtetag의 조사에 따르면, 937개의 서독지역 도시가 823개의 동독지역 도시와 1,084건의 자매결연을 하였다고 한다.[48] 연방정부로서는 모든 지원을 감당할 수 없기에 주정부나 도시정부 차원의 협력을 장려하였고, 동독지역 도시들은 가능한 한 많은 지원을 서독지역으로부터 받기 위해 도시 간 교류에 적극적이었다.

통일 이후 동독지역의 도시들이 새로운 체제에 적응하는 과정에서 서독지역 자매도시들의 협조와 지원은 매우 중요한 역할을 하였다. 통일 이후 도시교류는 세 가지 목적을 갖고 진행되었는데, 동독지역 도시들에서 민주적인 자치행정 체계를 구축하고, 되도록 이른 시일 안에 동독지역 도시들에서 서독지역과 비슷한 수준의 생활 여건을 창출하며, 양 지역 도시 간의 관계를 개선하는 것이 바로 그것이었다.[49]

통일 직후 동독지역의 도시들에 있어서 무엇보다도 시급한 과제는 새로운 자치행정 체계에 적응하는 일이었다. 통일 이후 즉각 시행된 자치행정 체계에 적응하기에 기존 공무원들의 역량은 크게 부족할 수밖에 없었다.[50] 동독지역 지자체들이 과다한 인건비 지출을 하고 있었던 점도 문제였다.

통일 당시 동독지역 도시들은 행정에 있어서 불필요한 인력은 많고 필요한 인력은 부족한 상황이었다. 동독지역 도시들의 재정적 역량은 서독지역에 비해 극히 취약하였기 때문에, 주민들을 위한 사회복지 부문의 지출은 낮을 수밖에 없었다. 이 때문에 서독지역 자매도시들의 물질적인 지원은 동독지역 도시들에게 큰 도움이 되었다. 1987년에 자매결연을 맺었던 동독의 로스토크와 서독의 브레멘은 자금과 물자, 인적 지원, 지식과 정보 등 세 가지 영역에서 긴밀한 협력을 하였다, 물론 이것을 주도한 것은 서독지역 브레멘이었다. 브레멘은 1990년에 협력 및 지원프로그램을 통해 5백만 마르크(약 25억 원)를 로스토크에 지원하였고 1991년에는 3백만 마르크(약 15억 원) 규모의 지원프로그램을 시행하였다.[51] 브레멘의 시민들은 통일 초기에 도시를 방문한 로스토크 시민들의 임시 체류를 지원하는 조직을 구성하기도 하였는데, 이것은 사회통합 측면에서도 그 의미가 크다고 할 수 있다.

2015년에 많은 동독지역 지자체는 통일 25주년 기념과 함께 자치행정 25주년 그리고 도시 자매결연 25주년을 기념하는 행사를 하였다. 통일 이전부터 자매결연을 맺었던 지자체들은 자매결연의 연혁이 25

년을 넘지만, 대다수의 동독지역 도시는 통일 직후에 도시 자매결연을 시작하였다.[52]

통일 이후 전개된 도시 간 협력에 있어서 중요한 구심체가 되었던 것은 도시들의 연합체인 '독일도시회의Deutscher Staedtetag'였다. 이 기관은 베를린장벽이 붕괴한 지 7개월 만인 1990년 6월 13일 전 독일 도시 회의를 개최하였다. 이 회의에서는 동서독 도시 간에 구체적인 협력 사업을 체결하고, 도시 간 교류 협력의 경험을 회원 도시들에게 전파하자는 제안이 채택되었다. 이것을 계기로 도시 간 협력이 크게 활성화되었다.

그리고 '독일도시회의'는 서독지역의 주정부들이 동독지역을 적극적으로 지원하도록 권고하였는데, 11개의 서독지역 연방 주들 가운데 노르트라인-베스트팔렌Nordrhein-Westfalen, 헤센Hessen, 바덴-뷰르템베르크Baden-Württemberg, 바이에른Bayern, 라인란트-팔츠Rheinland-Pfalz 등 5개 주가 가장 활발한 지원사업을 추진하였다. 특히 서독지역 노르트라인-베스트팔렌주와 동독지역 브란덴부르크Brandenburg주 간의 교류와 지원이 가장 활발하게 이루어졌다.

동독지역의 도시정부에 대한 인력지원 측면에서 연방정부는 동독지역으로 파견되는 공무원들의 이사비용과 별거 수당, 여비 보조금 등을 1993년 말까지 전액 부담하였고, 1994년 말까지 동독지역 도시정부에 대한 행정인력 지원 보조금으로 총 4억 6,000만 마르크를 지출하였다. 연방 차원의 지원 외에도 지방자치단체장연합회 등이 '동독지역의 자치행정 구축을 위한 지원프로그램'을 통해 1,400명의 서독 출신 자문역들을 동독지역에 파견하였고 정기세미나의 개최 등도 지원하였다. 로젠Rosen에 따르면 1992년 말과 1993년 초 사이에 약 1만 명의 서독인들이 동독지역의 지방행정기관에 장기간 파견되어 근무한 것으로 추산되었다.

통일 이후 동독지역이 동유럽 체제전환 국가들보다 비교적 빠르게 자치행정 체계를 구축할 수 있었던 것은 바로 이러한 서독지역으로부터의 인적, 물적 지원 때문이었다. 다만 서독지역으로부터 경험이 적은 젊은 공무원들이 파견되어 여러 가지 시행착오가 발생하기도 하였다. 하지만 이것은 성과에 비하면 큰 문제는 아니었다. 현재는 독일 내 도시 자매결연 활동은 통일 당시보다 많이 줄어들었다. 지금은 독일 내부의 자매결연 활동보다는 국제적인 도시 자매결연이 더 활발하다고 할 수 있다.

정책적 시사점

분단 기간 동서독 교류처럼 남북한도 꾸준한 교류를 이어왔다. 2000년 이후 다섯 차례의 남북정상회담을 통해 군사, 경제, 사회문화 분야의 합의와 협력 사업을 진행해 왔다. 경제 분야에서는 동·서해선 철도 및 도로 연결, 개성공단과 금강산 사업 등이 진행되었으며, 서해 경제공동특구 및 동해관광공동특구 조성 등이 2018년 9월 평양공동선언에서 발표되었나.

서독이 섬과 같은 서베를린을 유지하기 위해 철도와 도로 등의 통행로를 확보하고 교류 협력을 지속하였던 것처럼 우리도 개성공단, 금강산관광과 같은 경제협력 사업의 추진을 위해 경의선과 동해선 철도 도로 등 통행로를 확보하였던 경험이 있다.

우리의 남북 교류 협력은 동서독의 교류협력과 많은 유사점을 갖고 있다. 가장 큰 유사점은 양 지역간 통행 관련 협력이다. 상호 간의 인적, 물적 이동을 보장하기 위한 교통망 연결은 가장 기본적인 교류의 토대가 되었다. 또 하나는 접경지역 협력이었다. 동서독이 접경지역에

역대 남북정상회담 개최 현황

<table>
<tr><th>구분</th><th>남한</th><th>북한</th><th>장소</th><th>결과</th></tr>
<tr><td>2000. 6.13~15
(2박 3일)</td><td>김대중 대통령</td><td rowspan="2">김정일 국방위원장</td><td rowspan="2">평양</td><td>6.15 공동선언
(5개 기본조항)</td></tr>
<tr><td>2007.10.2~4
(2박 3일)</td><td>노무현 대통령</td><td>10.4 공동선언
(8개 기본조항)</td></tr>
<tr><td>2018. 4.27
(1일)</td><td rowspan="3">문재인 대통령</td><td rowspan="3">김정은 국방위원장</td><td>판문점 남측
'평화의 집'</td><td>한반도의 평화와
번영, 통일을 위한
판문점 선언
(전문 및 3조
13개 항)</td></tr>
<tr><td>2018.5.26
(1일)</td><td>판문점 북측
'통일각'</td><td>5.26 남북정상회담
발표문</td></tr>
<tr><td>2018.9.18~20
(2박 3일)</td><td>평양</td><td>평양공동선언
(전문 및 6조
14개 항)</td></tr>
</table>

자료: 현대경제연구원.

서 환경, 수자원 관련 협력을 한 것과 마찬가지로 남북한도 경기도와 강원도 접경지역에서 유사한 협력을 진행했다.

지자체 간 협력도 유사점 가운데 하나이다. 우리는 경기도나 강원도, 서울시 등 광역지자체 차원에서 남북 협력을 추진한 경험이 있다. 남북 관계의 유동적 상황과 북한 측의 소극적 자세로 인해 큰 성과는 없었지만 인도적 지원과 사회문화 교류 측면에서 부분적인 성과도 거둔 바 있다. 서울의 경우 용천역 폭발 사고 의료품 지원, 의료 기자재 지원, 고구려 유물 전시회나 공동 발굴, 금강산 윤이상 음악회 지원 등 대북 지원사업을 추진한 바 있다.

서독은 동독과의 교류 과정에서 경제지원에 대한 정치적 대가를 받아냈지만 우리는 그러지 못한 측면이 있다. 서독은 인도적 지원에 있어서는 우리와 마찬가지로 조건 없는 지원을 하였지만, 경제협력은 분명한 정치적 대가를 요구하였다.

역대 남북정상회담에서 합의된 남북경협 관련 조항

구 분	주요 내용
남북기본합의서 (1991.12.13)	제15조 남과 북은 민족경제의 통일적이며 균형적인 발전과 민족 전체의 복리 향상을 도모하기 위하여 자원의 공동개발, 민족 내부 교류로서의 물자교류, 합작투자 등 경제교류와 협력을 한다.
6.15 남북공동선언 (2000.6.15)	제4항 남과 북은 경제협력을 통하여 민족경제를 균형적으로 발전시키고 사회·문화·체육·보건·환경 등 제반 분야의 협력과 교류를 활성화하여 서로의 신뢰를 다져 나가기로 하였다.
남북 관계 발전과 평화 번영을 위한 선언 (2007.10.4)	제5항 남과 북은 민족경제의 균형적 발전과 공동의 번영을 위해 경제협력 사업을 공리 공영과 유무상통의 원칙에서 적극 활성화하고 지속해서 확대 발전시켜 나가기로 하였다.
판문점 선언 (2018.4.27)	제1조 제6항 남과 북은 민족경제의 균형적 발전과 공동 번영을 이룩하기 위하여 10.4 선언에서 합의된 사업들을 적극 추진해 나가며 일차적으로 동해선 및 경의선 철도와 도로들을 연결하고 현대화하여 활용하기 위한 실천적 대책들을 취해나가기로 하였다.
평양공동선언 (2018.9.19)	제2조 남과 북은 상호 호혜와 공리 공영의 바탕 위에서 교류와 협력을 더욱 증대시키고, 민족경제를 균형적으로 발전시키기 위한 실질적인 대책들을 세워나가기로 하였다. 제1항 남과 북은 올해 내 동서해선 철도 및 도로 연결을 위한 착공식을 하기로 하였다. 제2항 남과 북은 조건이 마련되는 데 따라 개성공단과 금강산관광사업을 우선 정상화하고 서해경제공동특구 및 동해관광공동특구를 조성하는 문제를 협의해 나가기로 하였다. 제3항 남과 북은 자연생태계의 보호 및 복원을 위한 남북 환경 협력을 적극 추진하기로 하였으며, 우선으로 현재 진행 중인 산림 협력의 실천적 성과를 위해 노력하기로 하였다. 제4항 남과 북은 전염성 질병의 유입 및 확산 방지를 위한 긴급조치를 비롯한 방역 및 보건의료 분야의 협력을 강화하기로 하였다.

자료: 현대경제연구원.

분단 당시의 동서독과 다른 현재 남북한의 특별한 여건을 고려할 때, 이러한 차이점은 불가피한 측면도 있다. 하지만 남북 교류 협력이 더 호혜적인 방향으로 추진될 필요가 있음을 동서독의 사례는 분명하게 보여주고 있다.

제3장

통일 당시 동독지역 실태

독일의 통일 과정

1989년 가을 라이프치히에서 시작된 시민 봉기에서부터 1990년 10월 3일 법적 통일의 완성까지 독일은 격동의 1년을 보냈다.[53] 독재를 자행한 동독의 호네커Erich Paul Honecker 정권에 대해서 동독 시민들은 서독으로 탈출하거나 동독을 개혁하기 위한 시위를 통해 저항하였다. 1989년 10월 9일 동독 남부의 중심도시인 라이프치히에서 대규모 민주화 시위가 발생하였다.[54] 시위 여파로 호네커 서기장이 10월18일 사임하였다. 11월 9일 베를린장벽의 붕괴로 동서독 국경개방이 이루어졌다. 이것은 동독 정부의 여행 자유화 조치 시점 발표 실수가 계기가 되었지만, 민주화에 대한 국민의 요구가 장벽의 붕괴를 가져온 것이다.

서독 정부는 베를린장벽 붕괴 이후 새로 등장한 동독의 한스 모드로우Hans Modrow 정부를 대화와 협상의 동반자로 인정했고 1989년 12월 19일 드레스덴에서 동독 정부와 합의한 사항들을 지키기 위해 노력했다. 동서독 간 조약공동체에 대한 준비 및 경제, 우편, 환경, 교통, 문화, 관광, 지역 간 협력, 사법공조, 재산 문제, 학문과 기술 등의 영역에서

공동위원회 설립 준비가 이어졌다.[55]

1990년 3월 18일 동독지역에서 최초의 자유 총선이 있었으며, 1990년 5월 18일 '동 서독 간의 통화 경제 사회통합의 창출에 관한 조약Vertrag über die Schaffung einer Währungs-, Wirtschafts-und Sozialunion zwischen der Deutschen Demokratischen Republik und der Bundesrepublik Deutschland vom 18. Mai 1990,(이하 통화·경제·사회 통합조약)'이 동서독 간에 체결되었다. 이 조약에서는 1:1 통화 통합비율[56]이 결정되었고, 사회적 시장경제에 의한 경제통합과 이에 상응한 사회보장제도의 실시가 명시되었다.

1990년 7월 1일부터 서독의 마르크DM화가 동독지역에서 공식적으로 유통되기 시작하였다. 1990년 8월 23일 동독이 10월 3일에 서독으로 편입되는 것에 대한 동독 의회의 승인이 있었다. 1990년 8월 31일에는 통일조약이 체결되었다. 1990년 9월 12일 전체 독일의 완전한 주권 인정을 위한 모스크바에서의 2+4 조약이 체결되었고,[57] 1990년 10월 3

독일의 통일 과정

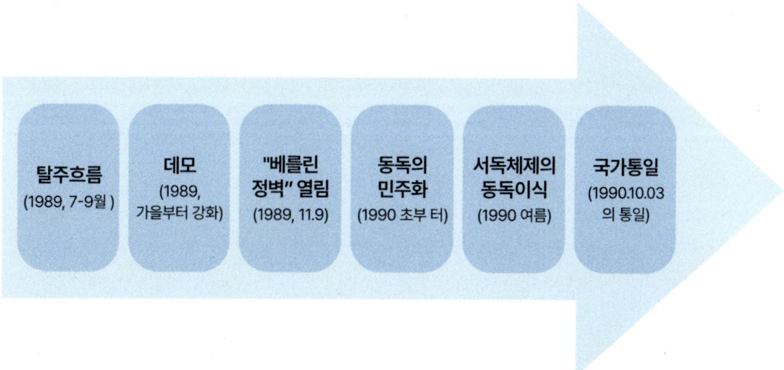

자료: 통일부. 2011. 독일통일 20년 계기-독일의 통일.통합 정책 연구. 제2권 부처.지방정부 연구. 서울. p20.

일 독일은 통일이 되었다.[58] 1990년 12월 2일에는 통일독일의 첫 번째 총선이 열렸다. 이러한 통일 과정에서 서독 내 일부 정치가와 학자들이 점진적인 통일을 주장하기도 하였지만, 동독 주민들의 즉각적인 통일 요구가 이러한 주장을 압도하였다.

통일 당시 동독지역 국토 실태

통일 직전인 1989년을 기준으로 할 때 동서독 전체 인구는 약 7천868만 명, 면적은 35만 6,840km²이었고, 동독의 인구는 1천660만 명으로 서독의 약 27%, 면적은 10만 8,600km²로 서독의 약 44% 수준이었다. 1인당 국내총생산은 동독이 서독의 30% 수준에 머무는 등 동독의 경제력이 서독에 비해 양적, 질적으로 크게 미약한 상태였다. 인구대비 고용 인구의 비율이 53.5%로 서독의 44.7%보다 높았던 것은 사회주의국가 특유의 고용구조 때문이었다.

동독의 산업구조는 농림업 및 중공업 등 1, 2차산업 중심으로, 서독이 서비스업 등 3차산업 중심의 구조를 가졌던 것과 큰 차이를 보였다. 통일 당시 동독의 산업구조는 서독의 1970년대 산업구조와 비슷하였다. 약 20년의 격차를 보인 것이다. 동독에서 서비스업이 미약했던 원인 가운데 하나는 사유재산권과 시장이 거의 존재하지 않았고 대부분의 주민 생활 서비스시설을 국영기업이 운영하였기 때문이다.

통일 이전까지 동독은 사회주의권에서 가장 선진적인 공업국으로

통일 당시 동·서독의 주요 지표 비교(1989)

구분		서독	동독
인구(천명)		62,063	16,614
면적(km²)		248,252	108,588
인구밀도(인/km²)		250	153
전체 취업자 수 (만 명)		2,774.2	888.6
고용구조	1차산업 비율(%)	3.9	10.8
	2차산업 비율(%)	39.7	50.4
	3차산업 비율(%)	56.4	38.8
1인당 GDP($)		19,283	5,840
1인당 주거 면적(m²)		36	28
제2차 세계대전 이전 건축된 주택 비율(%)		99	65
가구 소비재 수준	전화 보유 비율(%)	96	17
	자동차 보유 비율(%)	99	54
	TV 보유 비율(%)	99	96
전철화율(%)		42	25

자료: Statistisches Bundesamt.1991, FAZ-Informationsdienste. 1990.
배진영. 1994. 통일이 동서독의 산업입지와 산업구조에 미친 영향. p85에서 재인용. 독일 경제사회통합 연구를 위한 단기조사단. 1990. 서울. p322에서 재인용.
통계청. 1996. 통독 전후의 경제사회상 비교. 서울. p143.
Karin Wessel. 1997. "The German Unification and Its Influence on the Economic and Regional Development in Eastern Germany". 국토연구 제26권. p181.

알려져 있었지만, 통일 후 실사 결과 동독의 산업시설은 질적인 측면에서 매우 부실하고 경쟁력이 낮은 것으로 드러났다.[59] 사회주의 시절에 은폐 되어왔던 동독기업들의 많은 부실과 비효율이 통일 후 드러났다. 기업 대부분은 기계설비의 노후, 공장 건물의 노후, 생산방식의 비효율 등으로 낮은 생산성을 보이고 있었다.

동독 체제가 붕괴하였던 1989년 당시 동독의 도시들은 서독 도시들에 비해 주거환경이 매우 열악하였다. 재정난에 따른 투자 부족으로 상하수도, 난방 공급망 등 기반 시설들의 낙후가 심하였고, 구도심의 역사적인 건축물들도 관리가 제대로 되지 않았다. 도시 외곽에 부실하게 건설된 대규모 주거단지는 전면적인 개보수가 필요한 상황이었다.

동독은 사회주의 체제하에서 대규모 아파트단지 건설이라는 특유의 도시개발을 추진하였다. 동독의 대규모 주택단지의 건설은 1970년대부터 시작되었다. 당시에 이른바 '경제 및 사회정책의 통일'이라는 정책 기조 하에 주택건설 프로그램이 수립되었는데, 이 프로그램은 1990년까지 모든 가구에 충분한 주거 공간을 제공한다는 목표를 가지고 있었다. 이러한 목표하에 도시의 외곽에 대규모 아파트단지들이 건설되기 시작하였는데, 이것은 도심의 낙후와 주변 중소도시의 개발침체를 초래하였다.[60]

또한, 통일 당시 동독의 교통인프라도 많은 문제를 안고 있었다. 특히 남북 방향에 비해 동서 방향의 도로와 철도 등 교통망이 제대로 형

동독 시절의 고속도로(1981)

자료: Deutsche Fotothek, https://de.wikipedia.org/wiki/Verkehrsprojekte_Deutsche_Einheit에서 재인용.

통일 당시의 동·서독지역 기반시설 비교

분야	서독지역	동독지역
고속도로에 대한 게마인데의 접속률(%)	88.7	69.1
고속철도에 대한 게마인데의 접속률(%)	48.2	28.5
복합화물 유통단지까지의 접근성 (화물차량 시간, 분)	38.4	52.1
국제공항까지의 접근성(승용차, 분)	55.3	81.2
전화공급 밀도(100인당 전화선 수)	46.7	15.3
열공급 시설과의 접속률(%)	79.1	61.5
지역 전기 요금 수준(Pf/Kwh)	21.9	21.3
지역 수도 요금 수준(마르크/m3)	2.22	2.22
정화시설을 이용하는 인구 비율(%)	84.4	38.2
특수폐기물소각시설 또는 물리, 화학적 처리시설까지의 접근성(분)	45.4	102.4

주: 각 지표는 노동 시장 지역들의 중간치(Mittelwert)
자료: Bundesforschungsanstalt fuer Landeskunde und Raumordnung. 1995. Regionalbarometer neue Laender. Zweiter zusammenfassender Bericht. Bonn. p108.

통일 당시의 동·서독지역 교통시설 비교

구 분	동독지역	서독지역
고속도로(km)1)	1,895	8,959
국토 면적당 고속도로 길이(km/1000km²)	17.5	36.1
도로 총 연장(km)2)	128,150	173,995
총 도로대비 고속도로 비율(%)	1.5	5.1
국토 면적당 총 도로 연장(km/1000km²)	1,180	700.9
철도(km)3)	24,806	63,698
국토 면적당 철도 연장(km/1000km²)	228.4	256.6
국토 면적(km²)3)	108,588	248,252

주 : 1) 1991년 자료
2) 동독의 도로 총연장은 1990년 자료
3) 1989년 자료
자료 : 독일 경제사회통합 연구를 위한 단기조사단. 1990. 독일 경제사회통합에 관한 연구. p322.
통계청. 1996. 통독 전후의 경제사회상 비교. p9, pp341-342.DIW 50/96, p805.

성되지 못하였고, 서독에 비해 교통 기반 시설이 크게 노후되었다. 동독의 많은 고속도로와 도로, 철도 등이 1940년대 수준에서 별다른 진전 없이 노후되었는데, 1950년대 일부 보수 사례 이외에 별다른 개보수가 이루어지지 않았다. 특히 동독 이전 시절의 구 제국 고속도로인 A2, A4, A9에 대해서는 정비를 위한 투자를 하지 않았다.

동독의 제국철도Reichbahn 총연장 1만 4,000km(1989년) 가운데 17%(1,180개소)가 시설 노후로 인한 서행구간이며, 철도 관련 지상 건조물의 수리는 1980년대에 70% 정도만이 진행되었다.[61] 베를린장벽이 붕괴하던 1989년 당시 동독의 철도 속도는 1930년대의 그것보다 확실히 느렸다. 1933년에 138분이 걸리던 베를린-함부르크 구간이 1989년에는 243분이 소요되었다.[62]

동독의 전력 시설도 노후 등으로 많은 문제를 안고 있었다. 동독 시절에는 전력을 석탄화력발전이나 원자력발전을 통해 조달하였고, 경제 상황이 어려워진 1980년대에는 소련과 오스트리아 등 외국으로부터 전력을 수입하려고 노력하였다. 통일 직전 동독의 주요 전력 생산은 갈탄 화력발전 중심이었고, 일부 석유와 가스 발전, 수력발전 등이 있었다. 전체 갈탄 발전 설비의 50% 이상은 가동시간이 10만 시간을 넘긴 낡은 시설로서 발전효율에 문제가 있었다. 이 때문에 발전손실률이 서독의 5%에 비해 높은 8.2%에 이르렀다.[63]

통일 당시 동독은 도시 교외의 공장들이 배출하는 오염물질과 노후 주택의 석탄 난방으로 인해 대기 오염 문제뿐 아니라 수질과 토양 오염 문제도 심각한 실정이었다. 동독의 환경오염은 사회주의국가 특유의 '환경정보 비공개'와 석탄 중심의 '에너지 집약적 산업구조'와 같은 구조적 원인을 안고 있었다.[64] 동독 시절 대부분의 제조업체는 적절한 환경 정화시설 없이 환경오염을 유발하는 갈탄을 주 연료원으로 사용하였다.

통일 당시 독일의 토지이용현황(1989)

용도	서독		동독		합계	
	면적 (1000ha)	비율(%)	면적 (1000ha)	비율(%)	면적 (1000ha)	비율(%)
시가지 및 교통용지	3,045	12.2	1.074	9.93	4.119	11.5
농경지	13,355	53.7	6.171	57.0	19,526	54.7
신림지	7,401	29.8	2.983	27.5	10,384	29.1
수면	450	1.8	314	2.9	764	2.1
기타	610	2.5	291	2.7	901	2.5
전체 면적	24,862	100.0	10,833	100.0	35,695	100.0

주 : 1) 서베를린 포함 2) 동베를린 포함 3) 경제 토지(Wirtschaftsflaeche)에서 농림, 임업, 수면 그리고 기타 토지들이 제외된 나머지 토지의 비율로 계산됨
자료 : Bundesregierung. 1993. Raumordnungsbericht. Bonn. p10.

국토 이용 측면에서 동독의 토지이용 효율은 서독에 비하여 낮은 수준이었다. 전체 국토 면적에서 도시적 토지이용을 나타내는 시가지 및 교통용지 Siedlungs-und Verkehrsflaechen 비율은 서독이 12.2%로 동독의 9.9%보다 높았다. 이것은 동독에서 향후 도시적 토지이용이 늘어날 가능성이 있음을 시사하고 있다.

전체적으로 볼 때, 통일 시점에 동독은 경제와 국토 이용 측면에서 많은 문제를 안고 있는 상태로 서독과의 통일을 맞게 되었다.[65] 동독은 새롭게 시장이 형성되기 시작한 동유럽에 인접하여 지경학적 잠재력이 높고, 노동력의 양적, 질적 수준이 다른 동유럽 국가에 비해서 높았으며, 저개발 지역의 추가적 개발잠재력도 갖고 있었다. 반면에 물리적, 제도적 인프라의 양적, 질적 수준이 서독에 비해 크게 낮았고, 생산성이 낮은 농업과 중공업에 의존한 산업구조의 문제도 안고 있었다.

통일 당시 동독지역 국토개발의 주요 과제

통일 당시 동독지역은 국토개발 측면에서 어떠한 과제가 시급했는가를 정책적 중요도 순서로 정리해 보면 다음과 같다.

부동산 소유권 정립 및 토지와 주택의 사유화

토지 등 부동산의 소유권은 국토의 이용과 관리에 있어서 가장 기본적인 요소라고 할 수 있다. 소련은 제2차 세계대전 이후 점령 기간(1945.5~1949.10) 동안 동독 내 주요 산업의 국유화, 대지주와 전쟁범죄자의 토지몰수 등을 단행하였는데, 당시 동독 면적의 1/3인 3만 3,000km²가 몰수되었다. 1949년 수립된 동독 정부도 1961년까지 탈출자 약 342만 명의 재산을 몰수하였다.[66] 동독 정부가 몰수한 재산은 통일 이후 소유권 회복의 대상이 되었다.

통일 이후 동독지역에서는 서독의 재산권 관련 법률들이 동일하게 적용됨으로써 부동산시장의 제도적 기반이 마련되었다. 그리고 사회주의 정권하에서 부당하게 국유화되었던 토지, 주택 등의 부동산들에 대해 원 소유권 회복과 사유화가 추진되었다. 이것은 통일 전 동서독 정부 간에 체결된 통일조약Einigungsvertrag의 주요 내용 가운데 하나였다.[67]

사유화라는 통일 조약상의 합의에 이르기까지 여러 논의가 있었다. 통일 직전 결성된 초당파적 의회 기구인 '원탁회의'에서 볼프강 울만Wolfgang Ullmann이 제안(1990.2.12)한 동독 국유재산의 관리 방안은 전체의 25%를 동독 주민 모두에게 바우처voucher 형태로 배분해서 사유화하고, 10%는 예술 등 비영리적인 산업 부문에 배분하며, 65%는 국가가 소유하는 것이었다. 국가 소유분의 자산은 동독 주민들의 의식주나 생존에 필요한 농업 및 경제 하부조직에 양도하거나, 기타 국가 채무 및 보상 요구 등의 경제문제 해결에 사용하는 것이 대안으로 제시된 바 있었다.

서독에서는 1990년 상반기부터 동독의 경제개혁을 위한 여러 대안들이 연구되었으며, 이 과정에서 다양한 사유화 및 국유재산 처리 방법이 제시된 바 있다. 연방재무부(BMF) 경제자문위원회는 특별평가보고서를 통해서 동독의 콤비나트를 소규모로 분할 한 후 사유화하는 방안을 제시(1990.1.20)한 바 있다.

지방중앙은행의 경제분과위원인 페터 보핑거Peter Bofinger는 지주회사를 통해 동독 생산자본 일체를 양도받아 5년 내 주요 기업을 분할 한 후 지분을 주식시장에 매각하는 방안을 제안한 바 있다. 인수 합병M&A 전문 경영 자문회사 대표인 그라프 마츠슈카Graf Matuschka는 기업의 신속한 사유화를 위해 국민주를 전체 지분의 49% 한도 내에서 발행하여 개별 회사에 지급하고, 51%는 서방의 투자자에게 매각하자고 제안한 바 있다.[68]

동독지역에서의 원 소유권 회복 문제는 통일조약 논의 과정에서도 핵심 사항이었는데, '보상보다는 반환 우선Rückgabe vor Entschädigung'의 원칙이 결정되었다.[69] 이러한 원칙이 수립된 배경은 보상의 현실적 어려움과 함께 동독 당시에 있었던 불법Unrecht을 철회시키기 위한 것이었다.[70] 보상할 때 막대한 보상비용의 조달이 커다란 문제가 될 것으로 예상되었다.[71] 그러나 이러한 반환 우선 원칙은 일자리창출과 경제 재건에 필요한 투자를 저해하는 요인으로 작용하였다.

1990년 베를린에서 개최된 도시 회의에서 동서 베를린의 도시 전문가들은 대기업해체와 사유화 등이 주요 과제라고 지적한 바 있다.[72] 동베를린의 도시 전문가들은 기업의 재 사유화가 신속히 진행되어야 하며, 이것이 동베를린 건설 경제의 생존 문제라고 지적하기도 하였다.[73]

주택시장 형성

통일 이후 동독에서의 주택시장 형성은 시장경제 구축의 주요 요소였다. 주택시장형성은 통일 직전인 1990년 7월 1일 동서독의 마르크화가 통합되면서 시작되었다.[74] 당시 동독 정부는 기능적으로 작동하는 주택시장을 만드는 것에 정책의 주안점을 두었다. 베를린의 경우 동서 베를린지역에 서로 크게 다른 임대료 수준의 주택시장이 존재하였기 때문에 단일 주택시장 형성이 주요 과제였다.[75]

동독 시절에는 토지 구매를 위한 개인적인 대출이 불가능했기에, 제대로 작동하는 주택시장이 있을 수 없었다. 실제 비용을 반영하지 못하는 불충분한 임대료와 더불어서 정상적인 건설회사도 없었기에 주택 부문에 대한 민간의 투자도 매우 적었다.

동독 시절에는 막대한 보조금을 통해 낮은 수준의 주택 임대료[76]가 유지되었고, 이것이 주택 소유에 대한 필요성을 낮춘 측면이 있었다. 낮은 임대료는 사회적 약자를 돕는 효과보다는 고소득층에 부당한 이익을 제공한 측면이 강했다. 은퇴 연금자들이 소득의 10% 이상을 임대료로 냈지만, 고소득층들은 5% 이하로 냈다. 이러한 비정상적으로 낮은 임대료 체계로 인해 주거 공간의 낭비, 물과 난방, 기타 에너지 낭비도 발생하였다.

통일 직전인 1990년 초부터 동독 정부는 건설 분야의 개혁을 추진하고 사유재산 형성에 필요한 여건을 만들기 위해 노력하였다. 동독 정부는 주택건설을 촉진함과 동시에 지자체들이 주택의 유지, 보수를 위한 민간 회사가 조합들의 사업추진을 지원할 수 있도록 독려하였다. 주택을 시장경제의 원칙에 따라 경제적으로 활용토록 하고 주택의 소유에 대한 관심도 증진하는 것이 당시의 주요 정책과제였다.

당시 주택시장 형성을 위한 핵심 과제 가운데 하나는 기존의 주택 및 건물관리 국영기업들을 자본회사로 재편하는 것이었다. 이 자본회사는 이익 극대화보다는 공동 복리를 우선시하는 회사를 의미하는 것으로서 1990년 초 동독 정부는 '도시 공동주택건설 유한회사'를 설립하였다. 하지만 서독이 40년에 걸쳐 이룩한 것을 동독에서 몇 달 안에 실현한다는 것은 사실상 불가능한 것이었다.

통일 직전부터 주택시장 형성을 위한 노력이 베를린에서 진행되었는데, 당시 동베를린 당국은 서베를린 당국에 도움을 요청하였다. 여러 문제도 있지만, 서독과 서베를린의 주택시장 경험은 1990년 동베를린의 정책 당국자들에게 주택시장 형성 측면에서 큰 도움이 되었다.[77] 이들의 경험을 통해 주택시장 형성을 위해 지켜야 할 원칙을 습득하고 위험 요소들은 가능한 한 최소화할 수 있었다.

동베를린 당국은 모든 주택공기업KWV을 자본회사로 전환하는 목표를 설정했다. 이것은 기업에 토지의 소유권을 부여하는 것을 의미하며, 이를 위해서는 당연하게 토지의 가치 평가가 필요하였다. 새로운 기업으로의 소유권 전환은 1990년 말까지 이루어지도록 하고 동독지역 전체에서 311개의 주택 및 건물회사들을 설립하는 계획이 동독 정부 차원에서 추진되었다.[78] 340개 이상의 주택회사가 자본회사로의 전환을 마치면, 총 300만 호의 주택들을 관리하게 된다는 전망도 제기되었다.[79]

주택 부문의 시장친화적 전환이 개인들의 '인간적 주거 공간 확보'를 위협하면 안 되기 때문에 임대료 보조나 주거보조금과 같은 형태의 사회적 보장조치가 정부 프로그램으로 필요하게 되었다. 주택시장의 형성과 함께 도시 및 주택건설을 위한 지원이 동시에 필요하였다. 이러한 지원이 있어야 민간 기업들이 사업을 추진할 수 있는 조건이 만들어지기 때문이었다.

노후 주택과 도시의 정비

통일 시점에 동독은 주택의 부실한 관리, 공공건물의 부실과 환경오염, 기초 생활인프라가 부족한 도시 외곽의 대규모 주거단지 등의 복합적인 문제들을 안고 있었다. 특히 동독지역 인구의 약 20%가 거주하는 대규모 주거단지의 정비가 시급한 과제가 되었다. 그리고 새로운 주택의 공급도 시급한 과제였다.

베를린과 같은 대도시에서는 주택 부족 문제도 제기되었는데, 1990년 기준으로 베를린과 그 주변 지역에서 12만 호~15만 호의 주택이 부족하였다.[80] 베를린과 그 주변 지역에서는 1992년까지 27만 호가 부족할 것으로 전망되는데, 이 가운데 23만 호가 베를린 시내에서 발생할 것으로 예상되었다.[81]

통일 당시 주택의 규모와 질 측면에서 동서독은 큰 차이가 있었다.[82] 1991년 초 서독지역에서는 1인당 주거 면적이 36.5m²이었고, 주택당 평균 면적은 85.5m²였는데, 동독지역의 경우 1인당 주거 면적이 28.1m², 주택당 평균 면적은 64.4m²였다.[83] 서독지역의 경우 전체 주택

수에서 자가주택이 차지하는 비율은 약 40%나 동독지역에서는 임대주택이 대부분을 차지하였다.

1993년 기준으로 동독지역의 노후 주택[84]비율은 52%로 서독지역의 29%보다 높게 나타났다.[85] 이렇게 동독지역 주택의 노후도가 서독지역에 비하여 높았기 때문에 통일 이후 동독지역에서 주택 개보수와 신규 공급이 우선적 과제가 되었다. 서독지역이 동독지역에 비해 주택 노후도에 있어서 상대적으로 양호했던 것은 1949년부터 1978년 사이에 진행된 활발한 주택건설 때문이었다. 이 시기에 현재 서독지역 전체 주택의 55.3%가 건설되었다. 같은 기간 동안 동독지역에서는 현재 주택 수의 29.5%가 건설되었다.

실내 화장실을 갖춘 주택의 비율에 있어서 서독지역은 96%를 나타내고 있으나 동독지역은 76%에 그쳤다.[86] 난방시설에 있어서는 서독지역의 경우 현대식 난방시설인 층별 및 중앙난방시설을 갖춘 주택의 비율은 90%에 이르고 있으나 동독지역은 57%에 머물렀다. 발코니나 테라스를 갖춘 주택의 비율이 서독지역은 74%지만 동독지역은 45%에 불과하였다.

도시 인프라의 낙후 문제도 심각하였는데, 동독지역 전체 기초지자체 가운데 13%만이 중앙정화시설에 연결되었고 정화시설의 1/3이 심각한 훼손 상태에 있었다. 이를 종합해 볼 때, 통일 당시 동독지역 주택과 도시 인프라의 양적, 질적 수준은 주거 면적, 위생 설비, 건축자재 등의 측면에서 서독지역에 대략 20년가량 뒤져있었다는 것이 전문가들의 지적이었다.[87]

교통망 현대화와 교통안전

통일 이후 노후한 교통시설의 현대화는 토지 사유화, 주거 정비와 함께 동독지역에서 가장 시급한 과제 가운데 하나였다. 통일 이전 동독은 서독과는 반대로 철도 중심의 교통체계를 갖고 있었다. 1인당 도로 길이에 있어서 동독은 서독의 83% 수준이나, 철도 길이의 경우에는 168% 수준이었다.[88] 또한, 철도가 전체 화물 수송에서 차지하는 비중은 통일 직전인 1988년에 75%였다.[89] 사회주의 계획경제에서는 교통수요 자체를 최소화해야 했기 때문에 주요 교통수단은 집약적이고 대량 수송이 가능한 철도가 되었다.[90]

그러나 철도시설의 질적 수준은 서독에 비하여 크게 낮은 수준이었다. 그런데도 동독의 교통 및 통신 시설에 대한 투자는 서독의 60% 수준에 그쳤다.[91] 동독의 도로 시설은 양적, 질적으로 많은 문제를 안고 있었다. 전체 고속도로 1,895km의 45%는 노후로 인해 개보수가 필요한 상태였다.[92] 전체 도로 가운데 고속도로의 비율은 1.5%로, 서독의 5.1%보다 크게 미미한 수준이었고, 전체 고속도로의 75% 정도는 1945년 이전에 건설된 것이었다.[93] 또한, 도로를 연결하는 3만 개의 교량 가운데 10%는 노후로 인해 철거해야 할 상태였고, 30%는 개축이나 보수가 필요하였다.

통일 이후 교통 분야의 최우선 과제는 단절되었던 동서독 간의 교통망을 연결[94]하고 낙후된 동독지역 교통망을 현대화하는 것이었다. 또한, 통일 이후 자동차 보급의 증가에 따라 교통사고 건수도 함께 증가하여 교통안전이 새로운 과제로 대두하였다. 1991년과 1994년 사이에 서독지역의 교통사고는 11.3% 감소하였으나 동독지역은 49.6% 증가하였다.

도심 정비와 역사적 건물의 보존

통일 이후 동독지역의 도시개발에 있어서 중요한 의미를 갖게 된 과제는 도심에 있는 역사적 건축물의 보존과 복원을 포함한 도심 정비였다.[95] 도심 정비가 주요 과제로 제기된 것은 통일 이후 나타난 교외화 현상과도 연관이 깊다. 사회주의 체제하에서 억제되었던 주거의 이동이 자유화되면서, 대도시 주변 지역에 단독 주택을 중심으로 새로운 주거지가 형성된 것이다. 이러한 교외화 현상은 도심지역의 낙후를 가져온 주요 원인이 되었다.

통일 이후 동독지역의 도시 정비는 단순히 노후 건축물개선 측면의 의미만을 갖는 것이 아니었다. 역사적, 사회적으로 가치가 있는 기존의 건축물들을 적절히 유지하면서 동시에 새로운 것을 채워 넣는 것이 중요한 과제였다. 도시 주변부 녹지를 개발하기보다는 기존 시가지를 더 효율적으로 이용하는 것도 도시 정비의 중요한 과제가 되었다.[96]

기본적으로 주택에는 도로, 공원 등 여러 생활 기반 시설이 적절히 연결되어 있어야 하는데, 동독지역 도시들은 그렇지 못하였다. 중화학공업 중심의 산업투자에 밀려 주거환경에 대한 투자는 크게 미흡하였다. 이 때문에 부족한 생활 기반 시설을 새로운 기준에 따라 건설해야 했다.[97]

통일 독일의 수도이전 추진

독일은 제2차 세계대전 종전 이후 동서독으로 분단되면서 2개의 수도를 갖는 운명을 맞았다. 서독은 본Bonn[98]을, 동독은 동베를린East Berlin을 수도로 각각 결정하였다. 본이 서독의 수도가 된 지 40년이 되던 1989년 베를린장벽이 붕괴하면서 통일 수도는 통일조약을 통해 베를린으로 결정되었지만, 연방정부와 연방의회의 소재지 결정이 쟁점이 되었다.

1990년 당시 설문조사에서 전체 독일 국민의 51%가 베를린을, 23%가 본을 지지하였다. 베를린 지지자의 70%가 동독 국민이었고, 서독 국민 가운데 베를린 지지율은 46%였다. 베를린 지지자들의 주장은 베를린이 수도로서의 정통성을 갖고 있다는 점과 중부유럽의 중심지라는 지경학적 강점을 이유로 내세웠다.

반면에 본을 지지하는 측에서는 중앙집권적이고도 독재적인 히틀러 정권의 부정적 이미지가 강한 베를린을 반대하였다. 이러한 본-베를린 간의 연방정부와 연방의회의 소재지 논쟁은 1991년 6월 연방의회 선거에서 337:320의 근소한 차이로 베를린이 정부와 의회의 소재지로서 결정되면서 종식되었다. 종전 이후 동서 베를린으로 분단되었던 시련에도 불구하고 독일 역사에서 베를린이 차지했던 위상과 정체성 그리고 통일이라는 국가적 대 전환이 이러한 결정에 영향을 미친 것으로 볼 수 있다.

투자유치를 통한 일자리 창출

통일 이후 동독지역의 경제 발전과 국토발전을 위해서는 일자리 만들기가 중요한 과제가 될 수밖에 없었다. 기업 사유화 과정에서 기존의 많은 일자리가 사라졌기에 새로운 일자리 창출은 매우 시급한 과제가 아닐 수 없었다. 하지만 이것은 쉽지 않은 과제였다.

제2차 세계대전 이후 동서독 분단은 기존의 기업 입지에 커다란 변화를 불러왔다. 분단 이후 많은 기업이 동독에서 서독으로 이전하였고, 이에 따라 서독의 뮌헨München, 프랑크푸르트Frankfurt/M. 그리고 쾰른Köln 등이 기업 입지의 새로운 중심지로 부상하였다. 예를 들어, 동독의 드레스덴Dresden에 있었던 담배 제조 기업들이 서독의 함부르크Hamburg로 이전하였고, 지멘스Siemens와 IBM이 베를린으로부터 뮌헨과 슈투트가르트Stuttgart로 이전하였다.

분단 직전인 1944년과 통일 이후인 1991년의 동서독 간 기업 입지 변화를 살펴볼 때, 서독에서는 뮌헨, 쾰른, 프랑크푸르트가, 동독에서는 막데부르크Magdeburg와 로스토크Rostock가 기업 입지에 있어서 강세를 보이게 되었다. 베를린은 분단 상황 아래의 '섬'이었던 이유로 기업 입지 잠재력이 약해졌다.

산업입지와 일자리 문제를 도시 차원에서 살펴보면, 통일 당시 동베를린의 최우선 과제는 동독기업들의 청산과 새로운 일자리를 만드는 것이었다. 'Jobs to people'처럼 사람에게 일자리가 가도록 해야 한다는 목소리가 높았고[99] 불필요한 통근교통이 발생하지 않도록 일자리를 창출하는 것도 필요했다. 우선으로 기업들이 입주할 업무공간이 마련되어야 했다.[100]

농촌지역의 재정비

통일 직전인 1989년에 동독지역에서는 약 85만 명이 농업 부문에 고용되어 있었다. 1992년도에 동독지역의 농촌인구[101]는 전체 인구의 30%에 이르렀는데,[102] 이것은 서독지역의 17.7%보다 높은 수준이었다.[103]이미 동독 체제하에서 농촌지역의 인구는 공업화 정책으로 꾸준히 감소하였고, 이러한 감소 추세는 통일 이후에도 사유화에 따른 대량 실업, 젊은 계층의 서독 이주, 농촌인구의 노령화로 지속되고 있다.

통일 이후 농업 부문에서도 시장화, 사유화 과정에서 상당한 일자리가 줄어들 수밖에 없었다. 그래서 1991년 4월에 이미 농업종사자 50만 명이 줄어들었다. 동독 체제하에서 농업생산협동조합LPG과 국영회사VEG를 중심으로 했던 농업 부문은 통일 이후 전면적으로 재편되었다. 이 과정에서 농업 부문 고용 인구 비율은 1989년 26%에서 1994년에는 20%로 감소세를 보였으며, 2001년에는 대략 16만 2,000명만이 농업에 종사하였다.

통일 이후에는 기업농이 많이 증가하였다. 동독 체제에서는 당과 국가가 경영하는 대규모 농업기업들이 대략 5,100개가 있었지만, 2001년에는 2헥타르(ha) 이상의 농경지 면적을 가진 기업이 약 3만 1,000개로 증가하였다. 전체적으로 대략 560만 헥타르의 경작지 중에서 53%가 영농법인, 24%는 개인 영농, 23%는 영농 회사가 소유하고 있었다. 영농법인은 동독 시절 협동농장을 운영했던 농업생산협동조합(LPG)의 후계 법인들(등록조합, 유한책임회사)이고 영농 회사는 민법상의 합자회사를 의미한다.[104] 평균적으로 농업용 토지 소유 규모는 법인의 경우 대략 900 헥타르였고, 개인 조합이 393헥타르, 개별 영농기업은 56헥타르였다.[105]

농업 부문의 이러한 변화는 농촌 생활환경에도 큰 변화를 불러왔다. 동독지역의 변두리에 있는 농업지역은 인구감소와 고령화의 문제가 심각하였다. 통일 직후 동독지역에서는 대도시의 개발과 정비가 최우선 과제였기 때문에 초기에 농촌지역에서의 주거지 정비는 미미하였다. 이것이 인구 유출이라는 악순환을 불러왔다.

깨끗한 용수 확보 및 환경개선

통일 이후 수자원 분야에서 최우선 정책과제는 오염된 하천수를 정화하여 맑은 식수를 동독지역 주민들에게 공급하는 것이었다. 이와 함께 취약한 하수처리시설을 현대화해서 하천오염을 막는 것도 주요 과제였다. 동독지역은 서독지역보다 물이 부족한 지역이기 때문에 수자원의 절약이 필요한 상태였다.

동독지역의 천연 가용 수량은 중부유럽에서 가장 적은 수준이다. 특히 동독지역에서는 사회주의 시절에 심화한 하천오염과 이로 인한 지하수의 수질 저하로 어려움을 겪고 있었다. 동독지역 식수의 2/3는 지하수로 충당되고 있었다.

통일 당시 동독지역 전체 인구의 약 62%인 960만 명이 낮은 수질의 식수를 공급받고 있는 것으로 나타났고,[106] 식수 공급망의 노후도가 심각한 상태였다. 동독지역 주민들은 6,500개의 공공 급수시설 öffentliche Wasserwerke로부터 물을 공급받았는데, 전체 9만 7,000km의 수도관 가운데 50%가량이 낡거나 파손되어 있는 상태였다. 1990년 말 당시 서독지역 주민의 90%가 생물학적 정화를 거친 상수돗물을 사용했던 데 비해 동독에서는 그 비율이 36%에 불과했고, 동독 주민의 50% 정도만이 규정에 맞는 식수를 공급받고 있었다. 또한 하수관도 부실하여, 3만 6,000km의 하수관 가운데 60~70%는 노후되거나 파손되어 있는 상태였다.[107]

동독지역 전체 인구의 50%를 포함하는 700개의 식수 공급 지역을 대상으로 수질검사Sofortprogramm Trinkwasser(1990)를 시행한 결과 각종 중금속 오염, 세제 오염 등으로 95개 지역이 문제지역으로 파악되었다. 이것은 동독지역 식수 공급 체계의 질적 낙후성을 보여주는 결과이다. 동독지역은 하수 정화시설의 공급 비율이 58%로 서독지역의 89.7%보다 크게 낮은 수준인데, 이것도 수질오염의 한 원인이 되었다. 가정 및 기업폐수 총량은 서독지역이 88억㎥, 동독지역이 14억㎥이었는데 이러한 폐수량 가운데 서독지역은 약 98%인 86억㎥가 생물학적으로 정화 처리됐지만 동독지역의 경우 그 비율은 50%에 불과한 실정이었다.[108]

통일 당시 서독지역과 비교하여 동독지역이 낮은 환경수준을 보였던 것은 사회주의 계획경제 체제에서 비롯된 중화학공업 중심의 산업구조와 환경정보의 비공개에 따르는 환경 실태의 인식 부족 때문이었다. 동독은 사회주의 계획경제 체제하에서 환경 부문에 관한 관심과 투자가 매우 미약하였기 때문에 환경오염이 심해졌다.

환경오염이 심각했던 분야는 하천수로, 폐수처리, 지하수 수질, 대기 오염, 폐기물 처리, 산업폐기물, 광산폐기물, 군대 폐기물 등으로 요약할 수 있다.[109] 특히 대기 오염 측면에서 1989년 동독의 이산화황(SO_2) 배출량은 총 520만 톤에 이르러 토지 면적당 배출량으로는 전 유럽에서 가장 높은 수준을 나타내었다. 인구 1인당 이산화황과 먼지 배출량은 서독보다도 15배가 많았다. 약 1,661만 명의 동독 주민들 가운데 약 26%인 432만 명이 기준치 이상의 분진 공해 지역에 거주하였으며, 약 600만 명이 기준치 이상의 이산화황 오염지역에 살고 있었다.[110]

이 외에도 부유먼지의 경우에는 전체 인구의 26.3%가 '허용범위를 넘어서는 지역'에 거주하였다.[111] 동독지역 내에서도 남부 공업지역에서 대기 오염이 심각하였는데, 할레Halle, 라이프치히Leipzig, 켐니츠Chemnitz 등의 도시지역들에서 부유먼지와 이산화황의 오염이 심각하였다.[112] 특히 가장 오염이 심한 할레지역의 경우 73%의 주민들이 이산화황에, 53%의 주민들이 먼지 오염에 시달리고 있었다.

대기 오염은 사람뿐만 아니라 자연생태계에도 큰 손해를 끼쳤는데, 36%에 이르는 동독지역 산림의 오염률은 서독지역의 두 배 수준이었다. 이와 같은 대기 오염의 주요 원인은 에너지 절약 동기 부족, 에너지 설비 낙후, 에너지 집약적 산업구조, 화력발전소와 난방시설의 낮은 효율, 에너지 공급망 낙후, 황 함유가 높은 갈탄 등 대기 오염 유발에너지 사용 때문이었다.

동독의 토양 오염은 군사시설이나 기업시설들에서의 환경오염 물질 무단 매립, 갈탄 및 우라늄 광산의 무분별한 개발, 각종 화학비료를 사용한 농업생산 등으로부터 야기되었다. 통일 이후 독일 내에서 군시설로 사용되고 있거나 사용되었던 100만 헥타르 가운데, 동독지역의 인민군대에서 사용한 부동산의 면적은 24만 헥타르에 달했다. 가장 심하게 토양 오염이 발생한 지역은 군대 주둔 지역, 훈련장, 비행장, 경비 지역, 그리고 저장탱크 시설 등이었다.[113]

동독지역 전체 토지 가운데 12만 8,000ha가 갈탄 채광을 위해 개발되었는데, 갈탄 채광 이후 방치된 탄광이 3km²에 이르렀다. 이곳들은 쓰레기 매립장이나 심지어는 화학 폐기물의 매립장으로 오용됨으로써 토양과 지하수의 극심한 오염을 초래하였다. 또한, 우라늄 채광에 따라 방사능오염 토양이 대책 없이 방치된 것도 토양 오염의 심각도를 더하게 하였다. 우라늄광 개발은 지역 주민들의 방사능 및 중금속오염 피해, 경관파괴 등의 부작용을 수반하였다.

전체적으로 동독지역은 급수, 하수처리 등의 환경 기반 시설이 서독지역에 비해 낮은 수준이었고, 이에 따라 환경오염이 서독지역보다 심했다. 이와 같은 환경문제들은 전반적인 주민 생활의 질 저하는 물론 환경오염 제거 비용 부담 등 기업 유치 경쟁력 저하의 원인이 되기도 하였다.

인적 역량의 확보

통일과 동시에 동독지역은 유능한 기술 인력의 부족 문제를 마주하게 되었다. 1990년 당시 베를린지역에서는 천여 건이 넘는 투자 문의가 있었지만, 인력 부족, 경험 부족, 가용토지 부족, 업무공간 부족 등으로 이러한 투자 문의에 대처할 수 없었다.

통일 이후 동독지역의 각종 개발사업은 새로 도입된 서독의 계획법들에 따라 추진되었다. 그러나 지방자치단체 대부분은 이를 위한 전문인력과 재원이 부족하였다. 이 때문에 각종 도시개발 사업의 추진이 지연되기도 하였다.

이러한 문제들에 대응해서 연방정부는 시급한 도시개발 계획수립과 사업 시행을 위해 인적, 재정적 지원을 하였다. 서독지역의 도시행정 전문가들이 상임 또는 비상임으로 동독지역의 도시 행정체계 구축에 자문하였다. 또한, 연방정부는 동독지역 도시의 체계적 개발을 위한 각종 연구 활동도 지원하였다.

1990년 기준으로 동독지역에서는 10만 명의 건설 관련 전문인력이 부족한 것으로 추산되었다. 동독의 수도였던 동베를린의 경우 3만 5,000명 이상의 건설 인력 양성이 필요하다는 주장이 제기되었다. 통일 당시의 동독지역 건설산업은 사회주의 체제에 기반하였기에, 기존 기업들은 시장경제하에서의 사업 운용 능력이 거의 없었다.

이 때문에 신속한 건설 경험 전수가 베를린에서 시급한 과제가 되었으며, 단기적으로 인적 역량 강화, 전직 프로그램이 추진되었다.[114] '인력 임대Personal Leasing'가 부분적으로 이루어지기도 하였다. 그러나 여전히 통일과 동시에 서독의 계획 법제를 동독지역에서 실행하기에 인적 역량 측면의 여건은 미흡하였다.[115] 지방자치단체의 자발적 사업추진 능력, 실행 자산 확보 능력, 건전한 경쟁 여건 등도 부족하였고 혁신 동기도 미흡하였다.

통일 이후 기존 주택을 잘 관리하는 것이 중요한 건설정책과 주택정책의 목표 가운데 하나가 되었는데, 이와 관련해서 시 정부가 해야 할 가장 첫 번째 과제 가운데 하나는 무분별한 철거를 중단하고 철거 신청에 대해 검증하는 것이었다. 주택의 신축보다는 개보수와 현대화가 우선시되어야 했는데, 당시 행정역량이 이것을 감당하기에는 크게 부족했다.

에너지 절약적인 건설 방법 적용, 친환경 건설 소재 사용, 토지 절약적 건설 추진, 충분한 녹화와 교통 혼잡이 없는 주거지 조성 등을 포함한 생태적 건설이 중요한 과제로 제기되었으나 당시 동독지역의 건설 분야 인적 역량은 이를 소화하기에 역부족이었다.

동서독지역의 균형발전과 제도통합

통일 이전까지의 분단 기간 동서독은 근본적으로 달랐던 지역발전의 여건 때문에 사회, 경제적으로 큰 차이를 보였다. 특히 양 지역 간의 경제력 격차는 통일 당시 매우 심한 상태였다. 동서독 지역간의 경제력 격차를 1인당 지역총생산으로 비교할 경우, 최고(서독의 Hamburg)지역과 최저(동독의 Mecklenburg-Vorpommern)지역은 무려 3.5배 이상의 차이를 나타내었다.

이와 같은 동서독 간의 극심한 경제력 격차의 해소는 균형 있는 국토발전을 위한 핵심 과제가 되었다.[116] 연방정부로서는 통일 독일의 균형적 국토발전을 위해 보다 적극적인 지역 개발이 필요하게 되었다. 국토의 균형발전을 위해서는 이를 뒷받침할 제도통합이 필수적인 과제가 되었다.

동독 시절에 국토계획은 원칙적으로 중앙에서 제시한 입지 및 투자결정을 위한 실행계획만을 의미하였기 때문에, 통일 이후 서독의 국토계획 이념에 맞는 새로운 제도구축이 필요했다. 특히 동독지역 지자체들은 지방자치와 지방분권적인 의사결정 구조 등을 새롭게 습득해야 했다.

동서독의 국내총생산(1989)

용도	서독	동독	합계
인구(만 명)	1,661	6,206	26.8
1인당 국내 총 생산1)(달러)	5,840	19,283	30.3

주: 동.서독 간 화폐의 한계 교환비율 2:1을 기준으로
자료: 독일 경제사회통합 연구를 위한 단기조사단. 1990. p182.

사회주의 시기에는 없었던 광역적인 계획권역 설정도 주요 과제가 되었다. 대표적인 사례가 베를린과 그 주변 지역이었다. 광역적인 계획권역과 관련하여 '베를린 대도시권'의 '목적 연합체'에 대한 논의가 시작되기도 하였다.[117]

정책적 시사점

통일 당시의 동독 국토개발 과제들은 현재 북한이 안고 있는 과제들과 유사점이 많지만, 차이점도 적지 않다. 1990년 당시 전 세계에서 최상위권의 경제력을 가졌던 서독과 사회주의국가들 가운데 가장 부유했던 동독은 통일 후에 양 지역의 격차축소를 위해 많은 숙제를 해결해야 했다. 통일 당시의 동서독과 비교해서 현재의 남북한은 그 격차가 양적, 질적으로 더 크다. 여기에서는 그 차이점을 먼저 살펴보고, 통일 당시 동서독의 국토개발 과제가 우리에게 주는 의미를 파악해 본다.

남북한과 동서독의 차이점

현재의 남북한과 통일 당시의 동서독은 인구 규모나 경제 규모 등에서 커다란 차이를 보인다. 통일 당시 인구 규모에 있어서 서독과 동독의 비율이 약 4:1인 것에 반하여, 2023년 기준으로 남한과 북한은 약 2:1의 비율을 나타내고 있다. 또한, 통일 당시 1인당 국내총생산의 경우 서독과 동독이 대략 3:1의 비율이었던 것에 반하여, 남한과 북한은

남북한과 동서독의 주요 지표 비교

구분	한국		독일	
	남한	북한	서독(1989)	동독(1989)
인구 (천명)	51,673	25,697	62,063	16,614
면적 (km^2)	100,444	123,214	248,252	108,588
인구밀도 (인/km^2)	514	209	250	153
1인당 국민총소득(만원)	4724.8	158.9	19,283	5,840

주: 남북한 1인당 국민총소득은 2023년 추정치. 통계청 2024.
자료: Statistisches Bundesamt. 1991, 배진영. 1994. 통일이 동서독의 산업입지와 산업구조에 미친 영향. p85에서 재인용, FAZ-Informationsdienste. 1990, 독일 경제사회통합 연구를 위한 단기조사단. 1990. p322에서 재인용, 통계청. 2024. 남북한 경제사회상 비교.

30:1의 비율을 나타내고 있다. 이러한 남북한 간의 인구 및 경제력 격차는 통일 이후 격차축소 비용이 동서독의 경우보다 더 클 수밖에 없음을 의미하고 있다.[118]

통일 당시 서독은 연방제를 토대로 어느 정도 지역 균형발전을 이룩한 상태여서 동독지역 발전에 경제적 역량을 집중시킬 수 있었던 데 비해, 남한의 경우에는 수도권과 비수도권 간의 심각한 불균형 문제도 안고 있다. 이러한 여건을 종합해 볼 때, 남한은 통일 후 독일의 경우보다는 제한적 범위 내에서 북한지역의 경제 재건을 지원할 수밖에 없을 것이다. 이 때문에 북한지역의 경제 재건 과정에 독일의 경우보다 국제사회의 참여가 더 중요한 역할을 할 것으로 예상된다.

북한의 경제력은 통일 당시 동독의 경제력보다 크게 미약한 상태이다. 산업구조에 있어서 북한은 제조업 고용 비율이 동독과 비슷하나 농업 등 1차산업 비율이 상대적으로 높고 3차산업 비율은 상대적으로 낮다. 이것은 통일 후 북한의 산업구조 개편 과정에서, 농업 부문이 동독의 경우보다 더 커다란 변화를 겪게 될 것임을 의미하는 것이다.

또한, 북한의 주거수준은 통일 당시의 동독보다 매우 낮은 상태인 것으로 보인다. 통일 이후 동독지역에서 노후 주택의 개선 사업이 가장 커다란 도시개발의 과제 가운데 하나로 부각 되었던 것을 고려할 때, 북한의 주거 부문은 동독지역의 경우보다 더 많은 정비가 필요할 것임을 예상할 수 있다. 이러한 상황을 종합해 볼 때, 북한은 통일 이후 산업구조 개편과 도시개발 추진 과정에서 동독의 경우보다 더 많은 과제를 안게 될 수밖에 없을 것이다.[119]

한편, 교통인프라에 있어서 북한과 동독은 유사한 특성도 보이고 있는데, 교통의 주요 수단이 철도였다는 점이 바로 그것이다. 이것은 교통체계가 사람보다는 화물 위주로 형성되는 사회주의국가들의 특성을 반영하고 있다. 통일 이후 연방정부는 동서독지역 간의 연계 교통인프라 확충에 있어서 철도에 많은 투자를 하였는데, 이것은 환경친화적이면서 운송 효율이 높은 철도의 고유 특징뿐만이 아니라 유럽 연합EU 차원의 국제 교통망 구축에도 철도가 핵심적 기능을 하고 있기 때문이다. 북한도 남한에 비해 철도 중심적인 교통체계를 갖고 있는데, 향후 통일이 될 경우, 동북아를 포함한 장거리 수송의 증가로 철도의 기능은 더 강화될 전망이다.

정치 외교적 여건의 차이

통일 당시의 동서독과 현재의 남북한을 비교할 때, 주목해야 할 것 가운데 하나가 바로 정치 외교적 여건의 차이다. 통일 당시 서독은 소련과 미국 등 국제사회의 협조하에 통일을 원만하게 진행할 수 있었다. 반면, 현재 동북아를 포함한 국제 정세는 결코 통일에 유리한 여건이 아니다.

우리 한국은 미 중 간의 갈등, 미 러 간의 갈등 속에서 통일이라는 과제를 풀어가야 하며, 이 과정에서 주변국의 지원과 협력을 이끌어 내야 하는 상황에 있다. 남북한이 주권 국가로서 주변국들과 형성하고 있는 정치 군사 경제적 협력 구도(북한·중국·러시아, 남한·미국·일본)를 고려할 때, 남북한이 통일 과정에서 동서독처럼 긴밀한 협력을 하기는 쉽지 않으리라고 예상된다.

국토의 불균형 발전

통일 당시의 동독이 수도 동베를린과 타 지역간의 극심한 불균형을 보였던 것과 마찬가지로 현재의 북한도 평양과 타 지역간의 불균형이 심한 상태이다. 북한의 지역개발 과정은 동독의 그것과 유사한 측면이 많다. 동독에서 중공업 중심의 경제 개발 정책을 추진한 것과 마찬가지로 북한에서도 중공업 육성 정책이 추진되었다. 그리고 동독이 1970년대 추진하였던 지역균형개발 정책을 북한도 추진하였지만, 결과적으로 양국 모두 지역 균형발전을 달성하지는 못하였다.[120]

동독의 경우 1980년대 들어서 수도인 동베를린, 라이프치히, 드레스덴 등 주요 도시에 투자가 집중되면서 지역간 경제력 격차가 확대되었는데, 북한도 1980년대 이후 수도인 평양과 타 지역간의 경제성장이 뚜렷한 차이를 보이게 되었다.[121] 이러한 문제 때문에 현재 북한 정권은 지방 발전을 국책사업으로 설정하고 적극 추진 중이다. 하지만 국제사회의 제재와 계획경제의 한계 때문에 그 성과를 기대하기는 힘들어 보인다.

제4장

동독지역 국토개발을 위한 연방정부 정책

독일 연방정부가 지향한 통일의 목표

독일 통일의 의미는 비민주적 정치체제와 계획경제의 동독이 민주적 정치체제와 시장경제의 서독과 통합함으로써 독일에서 민주적인 정치체제와 사회적 시장경제 체제가 정립된 것으로 요약할 수 있다. 독일에 있어서 통일의 목표는 첫째, 헌법에 제시된 국가의 목표로서 민주주의의 확립, 사회국가성Sozialstaatlichkeit의 확립, 연방제의 수립, 법치국가의 보장 등을 들 수 있다. 둘째, 사회적 목표로서 사회적 시장경제의 창출을 들 수 있다. 셋째, 기본권과 관련하여 사회적 시장경제에 맞는 소유제도의 확립, 균등한 생활 보장, 지역에서 경쟁의 균등한 기회 제공 확립, 공동의 환경개선 등을 들 수 있다.

이 외에도 공동의 국내 시장 형성, 생산요소의 이동성 보장, 극심한 인구이동 방지, 단일통화 유통 지역 형성, 통일적인 교통, 통신, 에너지, 법, 교육인프라 구축, 공동의 연방 시설 설치, 새로운 연방주 창설, 공동의 공적 재정 부문 및 지출 부문 설치, 통일 과정에서의 불화나 갈등 방지 등도 통일의 주요 목표라고 할 수 있다.[122]

통일 과정(1989-1990)에서 결정된 주요 국토정책 기조

1989년 11월 9일의 베를린장벽 붕괴로부터 시작하여 1990년 10월 3일의 공식적인 통일에 이르기까지 약 1년이라는 짧은 기간 동안 동서독은 통일국가의 골격과 주요 정책 방향을 결정하게 되었다. 서독 정부는 1989년 11월 28일 발표한 10개 항의 통일방안에서 동독의 주민 탈출로 야기된 문제들을 해결하기 위해 동독에 대해서 경제적 지원을 하고 단계적으로 동서독을 통합하는 점진적인 통일방안을 제시하였다. 그런데도 서독으로 향하는 동독 주민들의 수는 1990년에 40만 명에 이르렀다. 동독 주민들은 점진적인 통일보다는 즉각적인 통일을 원한 것이다.

그러나 이러한 급진적인 사회, 경제 부문의 통합은 서독 주민들에게는 과도한 통일비용의 부담을, 동독 주민들에게는 대량 실업과 경제 불안정이라는 부작용도 동반하였다. 이러한 문제에도 불구하고 사회, 경제 부문의 통합은 동독지역 주민들에게 낙관적 미래 비전을 제시하였다는 점과 이에 따라 동독탈출 추세를 안정시켰다는 점에서 큰 의미가 있다.

1990년 5월 18일 체결되고 7월 1일부터 발효된 통화·경제·사회 통합조약을 통해 화폐통합[123]과 사회복지 체제의 통합을 중심으로 양독 간의 실질적인 통일이 담보되었다. 이 조약에 근거해서 독일통일기금 Fonds Deutsche Einheit이 조성되어 1994년 말까지 동독지역 개발의 중요한 재원이 되었다.[124]

통일조약으로 국토개발 행위의 법적 근거 마련

통일 이후 연방정부가 동독지역 국토개발을 위해 추진한 각종 정책은 기본적으로 통일 직전에 동서독 간에 이루어진 '독일의 통일에 대한 조약Vertrag ueber die Herstellung der Einheit Deutschlands(1990.8.31, 이하 통일조약)'에 그 기초를 두고 있다. 통일조약은 서독과 동독 간의 화폐·경제·사회 통합실시에 관한 1990년 5월 18일자 조약에 이어 법적 통일을 완성하기 위한 내용이 담겨 있다.

통일조약 제2조 수도, 독일통일의 날 제1항에서는 10월 3일을 독일통일의 날로 규정하고 있다. 또한, 독일의 수도는 베를린이며, 의회와 행정부의 소재지는 독일통일이 이루어진 후에 결정된다고 규정하고 있다. 제4조에서는 편입과 관련된 기본법(서독 헌법)의 개정을 규정하고 있다. 제4조 5항에서는 편입 지역[125] 주민들의 권리와 관련해서 1992년 12월 31일까지 한시적으로 기존 기본법과의 차이를 허용하고 있다.

일부 기본법의 규정들은 1995년 12월 31일까지 적용을 유예하는 규정도 포함되어 있다. 제6조에서는 기본법 제131조(공무원 및 군인에 관한 규정)가 편입 지역에서 당분간 효력을 발하지 않는다는 기본법 적용의 예외 규정을 명시하고 있다.

제7조 재정규약에서는 편입 지역에서 발생한 재정수입의 할당에 있

어서 한시적으로 기본법의 규정 적용을 유예하고 편입 지역에 대한 특별 배려를 규정하고 있다. 그리고 '독일통일기금' 중 85%는 편입 주의 인구비례로 배당하고 15%는 중앙, 공공 임무 수행에 사용되도록 규정하고 있다.

제9조 동독법령의 계속 적용에서는 기본법, 연방법, 유럽 공동체EC법에 어긋나지 않는 동독법령이 한시적으로 주 지방 법으로서 계속 유효함을 명시하고 있다. 제12조 동독이 체결한 조약들에서는 동독이 체결한 국제법상 조약들에 대해서 조약체결 당사자들의 논의를 거쳐 지속할 것인지를 결정토록 규정하고 있다.

제15조 주정부 행정을 위한 과도 규정에서는 서독의 주정부들과 연방정부는 동독 주 행정부 구성 시 행정적 협력을 한다고 규정하고 있다. 제3항에서는 서독 주정부 및 연방정부는 최대 1996년 6월 30일까지 특정 자문업무 수행을 행정적으로 지원하도록 규정하고 있다. 이 과정에서 소요 되는 비용은 통일기금이나 수입 판매세로부터 정산토록 하고 있다.

제25조 신탁재산에서는 동독지역 주들의 서독 편입 이후에도 국유재산의 사유화 및 재편성에 관한 1990년 6월 17일 자 법령(신탁법)이 계속 효력을 갖는다고 규정하고 있다. 제26조 특별재산: 동독 국영 철도에서는 동독 국영 철도 관련 재산은 서독재산이 된다고 규정하고 있다. 제27조 특별재산: 동독 체신에서도 동독 체신에 속하는 모든 소유권과 기타 모든 재산권은 서독의 재산이 된다고 규정하고 있으며, 연방체신청의 특별재산에 동독 체신의 재산이 통합된다고 규정하고 있다.

제28조 경제적 장려 조치에서는 편입 지역에 대한 서독지역의 기존 경제적 장려 조치와 함께 과도적 조치의 고려를 명시하고 있다. 이와 함께 '중산층에 대한 각별한 고려하에 균형 있는 경제 구조로의 가

능한 한 조속한 발전이 이루어지도록 노력해야 한다'라고 규정하고 있다. 제2항에서는 동독지역 편입 주들을 배려한 특별프로그램의 창설, 경제성이 높은 사회간접자본시설에 최대한 역점을 둔 경제적 여건 개선 조치 등을 규정하고 있다.

제34조 환경보호와 관련해서 편입 주 지역 내에서 환경정화프로그램과 개발프로그램의 수립, 주민의 건강을 위한 위험방지 대책의 우선적 수립 등을 규정하고 있다. 제35조 문화에서는 편입 주에서의 문화적 재산은 훼손되어서는 안 된다고 규정하고 있다. 이처럼 통일조약은 통일 이후 동독지역에서 진행될 주요 개발행위의 법적 근거를 이루는 내용을 담고 있었다.

국토 분야 정책 추진을 위한 제도 기반 마련

통일 과정에서 국토 및 도시개발과 관련한 정책 방향도 빠른 속도로 제시되었다. 1990년 5월에 체결된 통화·경제·사회 통합조약을 보완하기 위한 공동 의정서에서는 동독지역에서의 건설 활동을 법적으로 뒷받침할 제도들을 이른 시일 안에 구축하도록 규정하였다. 이에 따라 공식적인 통일(1990년 10월 3일)까지 과도기적으로 서독의 관련 규정들을 준용하여 동독에서 건설 활동이 허가되었다.

이와 함께 서독의 공간정비법 Raumordnungsgesetz과 건설법전 Baugesetzbuch 등의 공간개발 관련 제도들을 기준으로 동독에서 새로운 공간개발 계획체계가 구축되기 시작하였다. 통일 이후 동독지역에서 투자를 보다 활성화하기 위한 특별법들이 도입되고 개발 관련 국토공간정비법이 개정되면서 국토 및 지역계획 측면에서 더 강화된 제도적 기반하에 인프라 개발이 추진될 수 있었다.

동독지역 국토개발을 위한 연방정부의 주요 정책

통일 후 연방정부는 사회적 시장경제에 맞는 소유제도의 확립, 균등한 생활 보장 등 통일의 목표를 달성하기 위해 국토개발 정책들을 추진하였다.[126] 연방정부의 이러한 정책들은 주택이나 사회간접자본, 산업시설 등의 건설을 포함한 물리적 영역의 정책들과 기업 입지 및 지역 개발의 촉진을 위한 재정적 지원, 국유재산의 사유화, 기업 민영화 등과 관련한 제도적 영역의 정책들로 크게 구분할 수 있다. 또한 이러한 정책 수단들은 상호 간에 밀접한 연관관계를 맺고 있다.

통일독일에서 지역간 격차의 해소와 균형발전을 위해 추진되었던 핵심적인 공공정책으로서는 재정균형정책Finanzkraftausgleichspolitik, 광역교통인프라정책Grossraeumige Verkehrspolitik, 지역경제지원정책Wirtschaftsfoerderung, 노동시장정책Arbeitsmarktpolitik, 연구개발정책Forschung und Entwicklung, 도시개발정책Stadtentwicklung, 농업정책Agrapolitik 등을 들 수 있다. 이 글에서는 통일 이후 국토개발과 관련한 연방정부의 주요 공공정책들을 다음과 같이 5개 부문 정책으로 나누어 살펴보았다.

주요 정책 1. 지역균형개발을 위한 국토정책

주요 정책 2. 지역경제 활성화를 위한 산업입지정책

주요 정책 3. 경제활동 기반 구축을 위한 인프라 개발 정책

주요 정책 4. 시장경제의 기틀을 마련하는 부동산 사유화와 주택정책

주요 정책 5. 주거환경개선을 위한 도시개발 및 환경정책

주요 정책 1.
지역균형개발을 위한 국토정책

통일 이전에 서독은 접경지역 등 일부 지역을 제외하면 대체로 균형발전이 이루어진 상태였다. 그러나 서독 면적의 약 44%에 이르는 동독지역의 편입으로 지역균형개발은 핵심 과제가 되었다. 통일 이후 동독지역이라는 새로운 거대 낙후 지역의 등장은 균형 있는 국토발전을 추진해 온 서독의 정책결정자들에게 커다란 도전이 될 수밖에 없었다.

이러한 상황변화에 대처하여 연방정부는 동서독지역 간의 삶의 조건을 균등히 향상하고자 하는 국토전략을 수립하였다.[127] '분산적 집중'의 국토 공간체계 구축, 낙후 지역에 대한 재정적 지원 등은 이러한 균형개발의 주요 수단으로서 추진되었다.

독일은 통일과 유럽 연합EU의 확대라는 대내외적인 여건 변화에 대처하여 새로운 '국토정책Raumordnungspolitik'을 수립하게 되었다. 통일 이후 연방정부에 의해 수립된 '국토계획Raumordnungsplan'의 핵심 목표는 '국토 전 지역에서 균형적 생활 조건을 창출'하는 것이었다.[128]특히 지역발전의 중요한 토대가 되는 기반 시설 부문의 확충은 국토 정책상의 시급한 과제가 되었다. 통일 이후 연방정부가 수립한 새로운 국토 정책의 기본 방향은 다음과 같다.[129]

- 동등한 생활 조건Gleichwertigkeit der Lebensbedingungen의 창출
- 분산적인 공간 및 주거지 구조Dezentrale Raum- und Siedlungsstruktur 구축[130]
- 분산적 집중Dezentrale Konzentration의 원칙을 통한 과밀Ueberlastungen의 해소
- 주거지와 교통시설의 통합적 개발을 통한 공간 이용의 적정화
- 지역적 개발잠재력들을 활용하고 지방정부의 개발 주도 역량 강화[131]
- 지역의 입지 경쟁력 강화

통일 이전부터 서독지역에서 적용되어 온 공간정비지역체계Das System der Raumordnungsregionen,:ROR는 통일 이후 동독지역에서도 적용되었다.[132] 이에 따른 공간정비지역은 연방의 공간정비 보고서에 제시되는 기본적인 지역계획 단위로서, 보통 1개의 공간정비지역이 4~6개의 군Landkreise지역을 포함하고 있다.

통일 이후 동독지역의 공간계획에 있어서 '분산적 집중Dezentrale Konzentration' 개념이 강조되었다. 이것은 대도시지역으로의 인구집중을 완화하고 도시와 주변 지역의 균형 있는 정주체계 구축을 위해서 제시된 개념이다.[133] 베를린-브란덴부르크 공동개발프로그램Gemeinsame Landesentwicklungsprogramm Berlin/Brandenburg에서는 베를린을 둘러싼 브란덴부르크지역에 여러 성장 중심지를 육성토록 지역개발계획을 수립하였는데, 이것은 기본적으로 '분산적 집중'의 공간개념에 기초한 것이다. 균형적 지역개발을 위한 중요한 전략 가운데 하나는 낙후 지

역의 개발 전략이다. 통일 이전에 서독지역에는 산업구조의 전환과정에서 지역경제가 침체한 북부의 일부 지역과 동독과의 접경지역 등이 낙후 지역으로 존재하였고, 이들 지역에 대한 각종 지원을 균형발전 측면에서 시행하였다.

분단 이후 통일 이전까지 낙후되었던 동서독 접경지역을 지원하기 위해 많은 프로그램이 연방정부와 주정부 차원에서 시행되었다. 이것들은 지역경제 활성화와 교통시설의 개선을 주요 내용으로 하였는데[134] 접경지역을 포함한 낙후 지역 지원 관련 주요 법률들은 다음과 같다.

- 접경지역지원법 Das Zonenrandfoederungsgesetz:ZRFG
- 지역경제구조의 개선을 위한 공동과제에 관한 법 Das Gesetz ueber die Gemeinschaftsaufgabe "Verbesserung der regionalen Wirtschaftsstruktur":GRW
- 게마인데교통재원조달법 GVFG
- 연방장거리도로법 FStrG
- 지원지역법 Foedergebietsgesetz

통일 이전 서독 측의 접경지역은 동독과의 국경선을 따라 남북으로 2,000km, 평균 폭은 40km 정도로 지정되었다. 이 지역은 동독과의 접경지역뿐 아니라 체코슬로바키아, 발트해 접경지역도 포함되었다. 이 접경지역은 서독 국토 면적의 약 20%, 인구는 약 12%가량을 포함하였다.[135] 접경지역지원법 ZRFG은 이러한 접경지역에 대한 각종 지원을 뒷받침하는 핵심적인 제도였다.

접경지역을 포함한 낙후 지역의 개발지원을 위한 법으로서 지역경제 구조의 개선을 위한 공동과제에 관한 법 GRW이 있다. 이 법은 대상 지역 내의 민간 투자활동을 재정적으로 지원함으로써 고용 창출과 투자 촉진을 도모하였다.[136] 또한, 게마인데교통재원조달법GVFG은 기초지자체(게마인데)의 교통개선을 위한 재원확보를 규정하고 있는데, 지방도로 및 공공 대중교통을 위한 사업지원에서 접경지역에 대한 특별 지원 사항을 규정하고 있다. 연방장거리도로법Das Bundesfernstrassengesetz: FStrG에서는 접경지역을 도로망 확충 사업 등에서 우선으로 고려하고 있으며, 특별한 추가지원도 시행하였다. 접경지역에서는 이러한 교통부문의 지원 외에 사회, 교육, 문화시설들에 대한 지원도 이루어졌다.

그러나 통일 이후 접경지역에 대한 지원은 폐지되었다. 통일로 인해 동서독 접경지역이 사라지고 동독지역의 개발이 최우선 과제가 되었기 때문이다. 접경지역지원법ZRFG에 의한 경제지원 사업들은 1991년부터 1994년 말까지 단계적으로 철폐되었다. 또한, 연방장거리도로법FStrG에서도 접경지역 특별지원을 폐지하였다.

게마인데교통재원조달법GVFG은 통일 이후 접경지역에 대한 지원비율을 낮추었다. 그러나 접경지역과 기타 낙후 지역(서독지역 일부와 동독지역 전체)을 대상으로 실시되었던 지역경제 구조의 개선을 위한 공동과제에 관한 법GRW에 의한 지원은 계속되고 있다.

통일 이후 서독으로 편입된 동독지역은 기존의 기준으로 볼 때, 전체 지역이 낙후 지역으로 분류되었다. 연방정부는 이들 낙후 지역의 균형 있는 발전을 지원하기 위하여 여러 가지 경로로 행·재정적인 지원을 시행하였다. 통일 이후 새로 제정된 지원지역법Foedergebietsgesetz은 베를린을 포함한 동독지역의 재건을 위한 특별법으로서, 이들 지역에 대한 민간 투자 비용에 대해 세제 혜택(특별 감가상각)을 부여하였다.[137]

동독지역 개발을 활성화하고자 제정된 투자우선법Investitions-vorranggesetz은 1992년 7월 22일 1단계 부동산 소유권 반환이 있고 난후 의결되었다. 이 법의 목적은 상업활동의 활성화와 주택의 보수, 개선 등 경제 발전에 있었으며, 투자우선순위로는 일자리의 창출, 주택건설, 인프라 확충 등의 분야가 있다.[138]

1993년 5월 1일 발효된 투자촉진법과 택지법은 동독지역에서 산업개발 계획의 수립, 승인, 소송절차를 간소화하고 택지공급을 더 신속하게 하며, 쓰레기소각 시설의 승인을 더 신속하게 하는 것을 목표로 하였다. 투자촉진법 및 택지법과 관련하여 폐기물법과 환경오염피해보호법BImSchuG의 개정이 이루어졌다. 그 내용은 폐기물법에 따른 계획확정절차의 적용 범위에서 폐기물소각시설을 제외하고 이를 신속한 허가 절차 아래에 둘 것을 규정하고 있다. 그 외 다른 시설들도 더 간소화된 허가 절차의 규정을 받게 되었다.

투자촉진법 및 택지법을 통해 국토공간정비법ROG 역시 개정되었다. 지금껏 존재했던 국토공간정비 절차와 환경영향평가의 형식적 연계는 사라지게 되었다. 이에 따라 국토공간정비 절차를 실행하는 기관은 공공기관이 개입한 가운데 형식적인 환경영향평가를 실시할 것인지 아니면 포기할 것인지를 스스로 결정할 수 있게 되었다.

통일 초기에 제정된 개발지원 주요 법률

법률/조항	제정일	주요 내용
투자우선법	1992년 7월 14일	상업활동의 활성화와 주택 보수, 개선 등 경제 발전 도모/ 투자우선순위로는 일자리의 창출, 주택건설, 인프라 확충 등
투자촉진법과 택지법	1993년 5월 1일	동독지역에서 산업개발 계획의 수립, 승인, 소송절차를 간소화하고 택지공급을 더 신속하게 하며, 쓰레기소각 시설의 승인을 더 신속하게 함
교통로계획촉진법	1991년 12월 16일	계획절차 수립을 간소화하여 동독지역 내의 교통로 계획 수립 기간을 단축하고 조속히 사업 시행
계획 간소화법	1993년 12월 17일	철로, 연방 도로, 공항, 전차, 지하철 관련 계획 수립을 간소화하고 가속화

나아가 개발계획 관련 국토공간정비 절차를 꼭 실행해야 할 것인지에 대해 4주의 기한 내에 결정해야 하며, 국토공간정비 절차 자체도 서류제출 이후 6개월 이내에 완결되도록 하였다. 만약 국토공간정비와 국토계획의 필요에 대한 충분한 고려가 다른 방식으로 이루어질 수 있다면 국토공간정비 절차를 실행하지 않을 수도 있게 되었다.

동독지역에서의 교통인프라 개발을 보다 효율적이고 신속하게 추진하기 위해 계획수립 측면에서는 구동독과 베를린 주의 교통로 계획 촉진을 위한 법(교통로계획촉진법Verkehrswegeplanungsbeschleunigungsgesetz)이 제정되었다. 이것은 계획절차 수립을 간소화하기 위한 한시적 특별법으로서 그 효과가 있었다. 신속한 개발이 필요한 동독지역의 상황에서 기존의 교통로 계획법은 한계가 있었다. 이 때문에 이 법은 동독지역 내의 교통로 계획수립 기간을 단축함으로써 조속히 사업을 시행하는 데 목표를 두었다.[139] 기존 법률에 따른 교통로 계획은 대규모 사업의 경우 계획에서부터 시행까지 20년이나 소요되었다. 그러나 신속한 교통로의 신설 및 확충은 새로운 일자리의 창출에도 기여하고, 더 나아가 신속하게 독일 전역에 동등한 생활 수준을 실현하고자 하는 기본법의 취지에도 부합하는 것이었다.[140]

이후 교통로 계획 촉진을 위한 법의 긍정적인 경험을 바탕으로 독일 전역에서 철로, 연방 도로, 공항, 전차, 지하철 관련 계획수립을 간소화하는 것을 목적으로 한 계획간소화법Planungsverein-fachungsgesetz이 제정되었다.[141] 또한, 교통인프라 개발과 관련한 연방정부의 재정지원을 뒷받침하기 위한 시행령이 1990년에 제정되었다. 이것은 공식적인 통일 이전부터 동독지역의 인프라 개발을 신속히 추진하기 위한 중요한 제도적 수단이 되었다.

통일 이후 서독지역에 비해 낙후된 동독지역의 개발을 위해 1995

년부터 동독지역 재건Aufbau Ost 프로젝트[142]가 추진되었다. 이후 동독지역을 대상으로 한 국토 분야의 모든 개발도 이러한 재건 프로젝트의 기조하에 추진되었다.

주요 정책 2.
지역경제 활성화를 위한 산업입지정책

통일 이후 동독지역은 사유화에 따른 대량 실업과 폭등하는 물가 등으로 지역경제가 크게 침체하였고, 서독지역도 통일 직후의 일시적인 특수가 지나면서 조세부담 증가와 이에 따르는 경제침체가 계속되었다. 이러한 경제 상황변화에 대응하여 연방정부는 경제활동에 활력을 불어넣기 위한 각종 지원 정책을 추진하였다. 특히 동독지역에서 민간기업의 생산활동을 촉진하기 위한 투자지원에 중점을 뒀다.

통일 이후 동독지역의 재건을 위한 연방정부의 주요 경제정책 목표 가운데 하나가 안정적인 산업구조의 구축과 산업입지의 경쟁력 강화였다. 연방정부는 동독지역의 산업구조 재편 과정[143] 속에서 시장경제의 원칙에 따라 경쟁력이 없는 국영기업들은 폐쇄하였으며, 회생 가능성이 있는 기업들은 민영화를 통해 재정비하였다.[144]

경쟁력 있는 산업육성과 산업입지 기반의 강화를 위해 연방정부는 다양한 지원 수단을 시행하였는데, 이러한 연방정부의 경제지원 Wirtschaftsfoerderung은 기업투자 부문, 기반 시설 부문, 기타 입지 요인

부문(주택 환경 등) 등 세 부문으로 구분할 수 있다. 연방정부 및 주정부가 동독지역 내 민간투자를 지원하기 위해 시행한 주요 프로그램 가운데 직접적인 자금지원을 시행한 경우는 다음과 같다.

- 공동과제 '지역경제 구조의 개선' 사업(Rahmenplan der Gemeinschaftsaufgabe "Verbesserung der regionalen Wirtschaftsstruktur")
- 유럽복구프로그램(European Recovery Program:ERP)
- 자기자본지원프로그램(Eigenkapitalhilfeprogramm:EKH)

또한, 간접적인 세제 측면의 지원 수단[145]들은 다음과 같다.

- 투자지원금(Investitionszulage)
- 특별감가상각(Sonderabschreibung)
- 공공보증프로그램(oeffentliche Buergschaftsprogramme)

이들 여섯 개 지원 수단들이 민간투자에 대한 핵심적 지원 수단이었으며, 전체 경제지원 재원의 85%를 차지하였다.[146] 이러한 각종 지원 수단 가운데 가장 중심적인 정책 수단은 공동과제 '지역경제 구조의 개선' 사업Rahmenplan der Gemeinschaftsaufgabe(GA) "Verbesserung der regionalen Wirtschaftsstruktur" fuer den Zeitraum(1996-1999(2000)이었다.

이 공동과제(GA)사업은 지역 균형발전을 위해서 다른 지역에 비해 낙후된 지역의 민간투자에 대해 연방정부와 주정부가 공동으로 재정적 지원을 하는 것이었다. 이 사업이 동독지역의 경제 재건에 커다란 성과를 거두었다. 이 사업은 '공동 과제 '지역경제 구조의 개선에 관한 법das Gesetz ueber die Gemeinschaftsaufgabe "Verbesserung der regionalen

동독지역에 대한 주요 경제지원 수단

지원 목적	지원되는 프로그램
1. 투자지원	투자지원금(공동과제사업) 투자보조금(조세감면) 특별감가상각(조세감면)
2. 재정지원/ 기업 유지 지원	자기자본지원프로그램 유럽재건프로그램(ERP)상의 기업유지지원 유럽재건프로그램상의 건설프로그램 재건은행(KFW)의 중소기업프로그램 DTA기업유지지원프로그램
3. 재정지원/ 성장지원	자기자본지원프로그램 유럽재건프로그램(ERP)상의 건설프로그램 재건은행(KFW)의 중소기업프로그램
4. 청산지원	1과 2의 지원목적에 따른 지원프로그램이 가능 자기자본보완프로그램 견실화기금(KONSOLIDIERUNGSFONDS)
5. 참여재정지원	재건 은행-동독참여기금 유럽재건프로그램(ERP)상의 참여프로그램 자기자본지원프로그램 견실화기금
6. 판매지원	섬유.의류 부문의 시범사업 시장화 지원 국내시장 지원 외국시장 지원
7. 기업개혁지원	동독 인력지원 산업공동 연구 동독 위탁연구 협력 지원 유럽재건프로그램상의 개혁프로그램 기술기업들에 대한 참여자본 연방 교육.연구부의 사업지원

자료: Bundesministerium fuer Wirtschaft. 1996.

Wirtschaftsstruktur(GRW)'에 의해 연방정부와 주정부가 공동으로 시행하였다.

이 사업은 낙후 지역의 경제발전을 위해 민간기업의 투자활동을 지원[147]하는 정책 수단으로서 통일 이전부터 서독에서 시행되었다. 이 사업의 주요 지원 수단은 민간기업의 투자 비용과 기반 시설 건설사업[148]에 대한 지원금Zuschuesse이다. 이 사업에 의한 공공지원은 주로 제조업 부문에 집중되었고, 중소기업kleine und mittlere Unternehmen((KMU)에 대한 특별지원 혜택도 부여했다. 이 사업에 의한 지원은 생산 부문의 이외에도 각종 교육, 연구, 기술 개발 부문에 대한 지원도 포함했다.[149]

이 사업의 지원 대상 지역은 '공동과제 계획위원회Der Planungsausschuss der Gemeinschaftsaufgabe'가 서독지역 167개, 동독지역 58개의 노동시장을 대상으로 경제력과 지원 필요성 등을 고려한 '종합지표모형Gesamtindikatormodell'을 사용하여 선정했다. 그러나 동독지역은 자료 부족으로 아래와 같이 3개 지표만을 지원 대상 지역 선정에 사용하였다.

- 1995년도 1인당 총 연간 수입(가중치 40%)
- 기반 시설 지표(가중치 10%)
- 저 고용 비율Unterbeschaeftigungsquote(가중치 50%)

1996년을 기준으로 지원 대상 지역 내 인구는 2천999만 3,000명으로 독일 전체 인구의 37.2%를 차지하였는데, 17.7%는 서독지역인, 19.5%는 동독지역인이었다.[150] 이 사업에 의한 지원 자금GA-Mittel은 지역 경제 낙후도에 따라 A지원지역(매우 심각한 낙후 지역)과 B지원지역(낙후 지역) 등으로 차등 지원하였다.

이에 따라서 총투자비용에 대해서 A지원지역은 35%, B지원지역은 18%를 지원하였다.[151] A지원지역에는 동독지역 전체와 베를린 주가 포함되었으며, 서독지역의 취약지역들은 B지원지역으로 분류되었다. 동서독지역의 중소기업들은 공동과제사업에 의한 지원 이외에도 유럽재건프로그램ERP에 의한 저리 융자금을 기업의 이전이나 신·증설 시에 지원받을 수 있었으며, 재건 은행Kreditanstalt fuer Wiederaufbau(KfW) 등 금융기관들로부터도 이와 같은 저리 융자금을 지원받을 수 있었다.[152]

이 공동과제사업은 기본적으로 고용 창출이나 기존 고용의 유지를 위한 모든 기업 투자활동을 지원하는 데 그 목적이 있었다. 민간투자사업들은 다음과 같은 효과와 조건들을 갖출 때 지원받을 수 있었다.

- 투자활동을 통한 지역 소득수준의 향상
- 투자활동을 통해 기존 생산활동을 지속해서 유지
- 지역 내에서의 생산활동이 주변 지역(서독지역에서는 생산지로부터 반경 50km, 동독지역과 동베를린은 30km)의 소득향상을 유발
- 주변 지역으로의 상품 판매실적이 투자계획 종료 후 3년 이내에 발생
- 이러한 투자활동을 통해 지원 지역 내에 새로운 고정적 일자리가 창출되거나 기존 일자리들을 유지

지원 대상이 되는 제조업 부문의 투자에는 공장의 건설, 확장, 재정비 또는 전면적인 시설현대화, 공장의 인수 및 이전 등이 포함된다.[153] 공동과제 사업은 이와 같은 제조업 부문의 투자활동뿐만이 아니라 관광산업도 지원 대상에 포함된다. 기본적으로 투자지원금은 36개월 이내에 실행될 투자계획에만 지원되며, 투자계획대로 투자가 이루어지지 않으면 투자지원금을 회수하게 된다. 또한, 투자지원금을 통해 지원된 시설재는 투자계획의 종료 이후 최소 3년간 매매나 임대가 금지되었다.

이 공동과제사업은 생산활동의 기초가 되는 각종 기반 시설의 건설을 지원하고 있다.[154] 이 부문에 대한 지원금은 전체 건설비용의 50%까지 가능하나, 타당한 사유가 있는 경우에는 예외적으로 이 상한선을 초과할 수도 있다. 그러나 이 경우에도 토지 매입비용 및 대규모 판매업이 관련된 기반 시설 비용 등은 지원 대상에서 제외된다. 기반 사업

의 시행 주체는 기초지자체(게마인데) 및 기초지자체 연합체, 비수익 목적의 법인 등이 될 수 있다. 공동과제사업에 의한 지원 가능한 기반 시설 사업들은 다음과 같다.

- 제조업 또는 업무시설 지역의 정비(환경보호 사업도 포함)
- 조업이 중단된 공장 또는 업무시설 용지의 정비(토양 오염제거 사업도 포함)
- 교통시설의 신설 및 증설
- 에너지 및 용수 공급시설의 신설 및 증설
- 폐수 및 쓰레기 처리시설의 신설 및 증설
- 관광목적의 공공시설의 신설 및 증설
- 직업교육, 보수교육, 직업 전환교육 등을 위한 시설의 건설
- 기업 연구 기술센터의 신설 및 증설

공동과제사업은 기본적으로 주정부들이 지원 결정권을 갖고 있으며, 피 지원기업에 대한 지원 규정 준수 관리 감독권도 갖고 있다. 이 사업에 따르는 지원금은 주정부와 연방정부가 각각 50%씩 부담하는 것을 원칙으로 하고 있다. 연방정부는 주정부들이 이들 지원사업을 허가할 때 공동과제사업의 기본계획Rahmenplan을 따르고 있는지를 검토하게 되어 있다.[155]

또한, 각 주정부는 지원사업의 구체적인 추진 상황을 연방정부에 보고 하도록 되어 있다.[156] 지원사업의 우선순위 선정은 주정부가 관할하고 있으며, 연방정부와 타 주정부들에 대해서도 이러한 결정 사항을 통보하게 되어 있다. 이 사업에 따르면 통일 이후 1996년까지 동독지역에서는 지역구분 없이 전체 투자 금액의 최고 50%까지 지원이 가능

하였다.

그러나 1997년부터는 상대적으로 경제 상황이 양호한 지역(B지원지역)[157]의 경우에는 중소기업은 투자 금액의 최고 43%, 대기업은 투자 금액의 최고 28%까지 지원하고, 경제적으로 취약한 지역(A지원지역)은 중소기업은 50%, 대기업은 35%까지 지원하였다. 그 외 서독지역 내 취약지역에 대해서는 중소기업의 경우 28%, 대기업은 18%까지 지원하였다.

이 사업을 위한 재원은 기본적으로 연방정부와 주정부가 각각 절반씩 부담하게 되어 있으나, 추가로 유럽기금으로부터의 지원[158]도 가능하였다. 1991년부터 1998년까지 공동과제사업을 통해 동독지역에는 총 126억 4,000만 마르크가 지원되었는데, 이것은 동독지역 주민 1인당 713마르크에 해당하는 것으로서 서독지역(1인당 19마르크)보다 크게 높은 수준이었다.

이러한 공동과제(GA)사업이 독일 전 지역을 대상으로 하는 사업이었다면, 동독부흥사업Gemeinschaftswerk Aufschwung Ost은 통일 이후 특수한 상황에 놓인 동독지역의 공동과제사업을 보완하는 측면에서 1991년부터 시행되었다. 이 사업을 통해 연방정부는 환경, 교통로 확충, 주택 개 보수, 대학 교육 등의 시급한 현안들에 신속히 대응하였다.

1997년 이후 지역별 지원 한도

지역 구분	투자 비용 대비 최대 지원 한도
A지원지역	경제 구조가 취약한 동독지역: 중소기업 50%, 대기업 35%
B지원지역	경제 구조가 양호한 동독지역: 중소기업 43%, 대기업 28%
C지원지역	서독 지역(서베를린 제외)내 취약지역: 중소기업 28%, 대기업 18%

자료: 독일연방지공간연구원(BfLR), Informationen zur Raumentwicklung Heft 9, 1996, p.533.

동독지역은 과거 사회주의 체제하에서도 연구 개발과 관련한 인력의 질적 수준이 높았기 때문에 연구 인력 잠재력은 충분하였다. 그러나 통일 직후의 과도기적 경제공황 상태와 연구기관 재정비 과정에서 공공 연구기관 또는 기업연구소의 연구 기능이 크게 위축되었다. 이러한 문제에 대응하여 연방정부는 1990년대 중반 이후부터 동독지역 연구 개발 분야에 대한 본격적 지원을 시작하였다.

지원의 핵심적 목표는 동독지역 기업의 기술 혁신 능력을 제고시킴으로써 산업경쟁력을 강화하는 데 있었다. 이를 위해 연방정부는 다양한 지원모델을 개발하여 기업들의 연구 개발 능력 향상을 유도하였다.[159] 연방정부는 일부 산업 클러스터 조성도 시도했는데, 드레스덴Dresden의 반도체 산업, 작센-안할트Saxony-Anhalt의 태양광 산업, 예놉틱Jenoptic사가 소재한 튀링겐Thuringia 지역의 광학 산업 등이 대표적 성공 사례이다.[160]

주요 정책 3.
경제활동 기반 구축을 위한 인프라 개발 정책

시장경제 체제로 전환된 동독지역의 경제 재건을 위하여 연방정부는 통일 직후인 1991년부터 1995년까지 연방 예산의 20~25%를 매년 동독지역에 투입하였다. 이러한 예산 투입은 주로 사회복지 지원, 경제 지원, 인프라 지원 등을 위해 이루어졌다.[161] 동독지역의 성공적인 경제 구조 전환과 생산 기반 구축을 위해서 무엇보다도 사회간접자본 시설 등 인프라 구축이 중요한 의미가 있다.

교통인프라 정책

통일 이후 인프라 분야의 가장 시급한 과제 가운데 하나는 동서독지역 간의 신속한 교통망 연결이었다. 베를린장벽 붕괴 이후 6개월이 지난 1990년 5월에 동서독의 교통부 장관들은 분단 이후 운행이 중단되었던 양 지역간 철도와 고속도로 노선의 복구를 위한 긴급프로그램을 마련하였다.[162] 이러한 프로그램을 바탕으로 연방정부는 통일 직후인 1991년에 '통일독일교통계획(VDE)'을 수립하여 동서독지역 간 연결교통망의 건설을 추진하였다.

통일 이전에 서독과 동독의 자국 내 주 간선 교통축은 남북축이었다. 하지만, 통일 이후에는 동서독지역 간의 연결이 중요해지면서 동서 교통축이 주목받았다. 통일 독일에서 지역 간 격차 해소를 위해 추진했던 핵심 공공정책 가운데 하나인 광역교통인프라정책 grossraeumige Verkehrspolitik 차원에서 제일 먼저 추진된 것이 바로 '통일독일교통프로젝트Verkehrsprojekt Deutsche Einheit'였다. 통일 이후 동독지역의 교통인프라 개발을 위해 연방정부는 특별한 정책 수단과 일반적인 정책 수단[163]을 병행하였는데, 특별한 정책 수단이 바로 '통일독일교통프로젝트'였던 것이다.

'통일독일교통프로젝트'는 동서독지역 연결을 위한 대규모 교통망 건설계획으로서 17개의 교통망 건설 프로젝트를 제시하고 있다. 철도 부문에 9개 프로젝트 300억 마르크(52.6%), 도로 부문에 7개 프로젝트 230억 마르크(40.4%) 그리고 수운 부문에 1개 프로젝트 40억 마르크(7%) 등 이 프로젝트의 초기 총투자계획 규모는 약 570억 마르크였다.

계획 수정과 물가 인상을 반영한 2019년 6월 기준 전체 투자예상액은 420억 유로였다. 420억 유로를 기준으로, 1991년부터 2018년 말까지 계획 대비 88.8%인 373억 유로가 투입되었다. 이 가운데 철도 프로젝트에 51.5%인 약 192억 유로(전체 수정계획 약 223억 유로의 86.1%), 도로 프로젝트에 43.4%인 약 162억 유로(전체 수정계획 약 180억 유로의 90%), 수로 프로젝트에 5%인 약 19억 유로(전체 수정계획 약 20억 유로의 95%)가 투입되었다.

‘통일독일교통프로젝트(VDE)’의 기본 구도

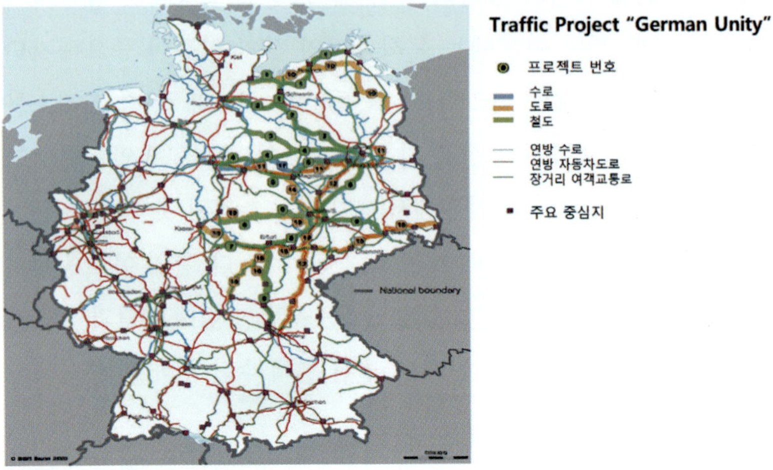

자료: 독일연방건설.지역계획청, 2000.

① 통일교통프로젝트 초기 단계

1990년 1월 9일 독일교통로위원회가 동베를린에서 첫 회의를 하면서 이 프로젝트에 대한 논의가 시작되었다. 이 회의에서는 국경을 포괄하는 교통연결과 중장기 육로 및 항로 교통계획이 논의되었다. 1991년 1월부터 연방교통부는 동독지역의 교통 실태 조사를 시작하였고 1991년 4월 9일 내각에 통일독일교통프로젝트 프로그램을 제출하였다.

이 프로그램은 ‘연방교통로계획Bundesverkehrswegeplan 1992’에 우선으로 반영되었다. 10년 안에 모든 프로젝트를 마무리하기 위해 ‘통일독일장거리도로계획 및 건설 유한회사’와 ‘통일독일 철도건설계획회사’ 등 두 개의 민간 프로젝트 회사가 설립되었다. 1991년 말 당시 연방교통부는 모든 통일독일교통프로젝트들의 완공 목표를 2000년으로 설정하였다.

② 통일교통프로젝트 본격 추진단계

1991년 12월부터 교통로계획수립촉진법이 발효되어 교통프로젝트의 계획수립이 신속하게 이루어질 수 있었다. 1992년부터 본격적으로 시작된 통일독일교통프로젝트는 1994년 말까지 100억 마르크(약 5조 원)가 투입되었다.

철도 분야에는 모두 9개의 프로젝트가 추진되었다. 이 가운데 프로젝트 2번(함부르크-베를린)부터 7번(베브라-에어푸르트)까지 6개의 프로젝트가 완료되었다. 프로젝트 1번(뤼벡-스튜랄쥰트)은 경제성 부족으로 일부 구간의 보수와 전철화 외에는 본격 추진되지 못하였다.

도로 분야에는 총 7개의 고속도로 건설 프로젝트가 추진되었다. 2018년 말까지 약 1,930km의 고속도로가 신설되거나 보수되었다. 도로 분야는 계획 대비 99%의 프로젝트 진척도를 보였다. 프로젝트 13번의 괴팅겐-할레구간 고속도로의 경우 2025년까지 완료될 계획이다. 일부 구간의 공사는 환경적, 지형적 이유로 공사가 지연되기도 하였

주요 철도, 도로 공사 현장 전경

프로젝트 8번 철도 공사 현장

자료: https://de.wikipedia.org/wiki/Verkehrsprojekte_Deutsche_Einheit.

프로젝트 16번 고속도로 공사 현장(2002)

자료: https://de.wikipedia.org/wiki/Verkehrsprojekte_Deutsche_Einheit.

다. 기존 고속도로를 6차선으로 확장하는 공사는 사실상의 신설 공사나 다름이 없었다.

수로 분야에서 하노버-막데부르그-베를린으로 이어지는 수로프로젝트(통일독일교통프로젝트 17)는 친환경적인 방식으로 단계적으로 서쪽에서 동쪽으로 공사가 진행되었다. 2017년 3월부터 수로를 통한 화물 운송이 이루어지고 있다.

통일독일교통프로젝트 추진 실적

(단위: 백만 유로)

지역 구분	프로젝트 개요	투자 계획	투자 실행	잔여 투자
철도	1.뤼벡-로스토크-스튜랄준트 개보수(250km)	583	583	0
	2. 함부르크-베를린 개보수(270km)	2,683	2,683	0
	3. 율쩬-스텐달 개보수 및 단절구간연결(113km)	318	318	0
	4. 하노버-스텐달-베를린 개보수 및 신설(264km)	2,684	2,684	0
	5. 헬름스테드-베를린 개보수(163km)	1,245	1,245	0
	6. 아이헨베르그-할레 개보수(170km)	271	271	0
	7. 베브라-에어푸르트 개보수(104km)	913	913	0
	8. 뉴른베르그-에어푸르트-할레-베를린 개보수 및 신설(481km)	12,154	9,259	2,895
	9. 라이프찌히-드레스덴 개보수(117km)	1,481	1,287	194
도로	10. 뤼벡-스테틴(A20) 4차선 신설(323km)	1,900	1,895	5
	11. 허노버-베를린(A2) 6차선확장(331km)	2,395	2,340	55
	12. 뉴른베르그-베를린(A9) 6차선확장(372km)	2,775	2,725	50
	13. 괴팅겐-할레(A38/A143)4차선 신설(209km)	1,940	1,605	335
	14. 할레-막데부르그(A14) 4차선 신설(102km)	655	655	0
	15. 카셀-아이젠나흐(A44), 아이젠나흐-궬리츠(A4) 신설 및 확장(458km)	5,625	4,300	1,325
	16. 슈바인푸르트-에어푸르트(A71), 리히텐펠츠-숄(A73) 4차선 신설(222km)	2,685	2,680	5
수로	17. 허노버-베를린 개보수(280km)	2,051	1,903	148

자료: Bundesministerium fuer Verkehr und digitale Infrastruktur. 2019. Sachstandsbericht Verkehrsprojekte Deutsche Einheit(Stand: Juni 2019)

이 같은 대형 프로젝트를 포함해서 연방정부와 주정부는 1990년부터 1996년 중반까지 동독지역의 교통 기반 시설 부문에 총 650억 마르크를 투자하였다.[164] 이것은 당시 독일 전체 인프라 부문 투자의 1/2수준이었다. 이러한 투자를 통해 4,500km의 연방철도와 1만 1,000km의 연방 장거리 도로가 신설되거나 증설되었다.

통일 후 독일 교통망과 유럽 교통망의 연결도 중요해졌는데, 이를 고려한 장기 계획으로서 1992년에 수립된 연방교통로계획[165](BVWP)이 있다. 이 계획은 통일 이후 동독지역의 인프라 투자와 관련해서 통일독일교통프로젝트와 함께 중요한 의미를 가지는 계획이었다. 해당 계획에서 1991~2012년간 총 4,540억 마르크(약 2,320억 유로)를 투자하는 계획이 수립되었는데, 1991~2001년간에 약 2,020억 마르크(약 1,030억 유로)가 투자되었다.[166]

이 밖에도 대중교통(ÖPNV) 부문에 대한 연방과 주정부의 개발프로그램들도 진행되었는데, 이것은 특히 광역 교통망 구축과 연계되어 추진되었다. 항공교통에 있어서는 동독지역 내 새롭게 국내 항공 노선들이 신설되었고 폴란드 등 구 동구권과의 항공 노선들이 확대되었다. 그러나 해운은 통일 이후 조정기를 맞았는데, 로스토그항 등 동독지역의 기존 항구들은 크게 침체하였다.

이와 같이 통일 이후 단기적으로는 동서독지역 간의 교통연결 사업이, 중장기적으로는 유럽 교통망 연결 등 광역적 교통망 구축이 추진되었다. 이러한 교통망 건설은 특히 동독지역의 산업입지 경쟁력을 강화하는 데 중요한 역할을 하였다.

연방정부는 1999년 5월 '유럽 연합-구조기금 2000-2006에 따른 연방교통인프라프로그램Bundesprogramm Verkehrsinfrastructure im Rahmen der EU-Strukturfonds'을 수립하였다. 이 프로그램에 따라 연방 재정과 유

럽 연합-구조기금이 공동으로 30억 마르크 규모의 교통부문 사업을 추진하였다. 그리고 독일에서는 최초로 지역개발을 위한 유럽 기금 Europaeisches Fond fuer Regionale Entwicklung(EFRE)이 동독지역의 교통인프라 확충을 위해 지원되었다.[167]

통신인프라 정책

통일 이후 연방정부는 통신인프라 부문에 대한 정책을 통신시설의 양적 확대, 질적 첨단화와 함께 통신서비스 공급의 효율화 등을 중심으로 추진하였다. 동독지역의 통신 기반 확충을 위해 연방정부는 '텔레콤Telekom 2000'이라는 특별프로그램을 시행하였다. 독일통신 Deutsche Telekom은 1990년부터 7년 동안 500억 마르크(25조 원)라는 대규모 자금을 투입하였다. 이러한 투자에 힘입어 약 420만 회선의 전화선이 동독지역에 신규 공급되어 총 전화 회선 수가 1989년 180만 회선에서 1995년에는 600만 회선으로 증가하였다.

이러한 통신망의 양적 증가와 더불어서 질적 개선을 위한 정책도 추진하였다. 동독지역의 통신망은 1997년 말까지 100% 디지털화되었다.[168] 이러한 통신인프라의 현대화 작업과 함께 통신서비스의 효율적 공급을 위해 통신 부문 공기업의 민영화 작업도 추진되었다. 독일연방체신Deutsche Bundespost은 전화Telekom, 우편Postdienst, 우편은행 Postbank의 세 부문으로 민영화가 추진되었는데, 전화 부문은 '독일텔레콤주식회사Deutsche Telekom AG'로 민영화되었다.

에너지인프라 정책

연방정부는 통일 이후 동독지역에서 저렴한 가격에 안정적으로 에너지를 공급할 수 있도록 정책을 추진하였다. 연방정부는 1999년까지 전력 생산 및 공급시설 현대화를 위해 200억 마르크 이상을 투자하였다. 1996년 초에 결성된 '동독에너지회의Energiekonsensrunde Ost'는 동독지역 입지 경쟁력의 강화를 위해 경쟁력 있고 합리적인 에너지 가격의 설정을 추진하였다.

또한, 동독지역의 각 주정부는 가격 감시권과 허가권 등을 활용하여 경쟁력 있는 가격의 에너지 공급을 유도하였다. 에너지 산업의 경쟁력 강화 측면에서 에너지 부문 공공기업의 민영화도 추진되었다.[169]

통일 이후 동독지역의 전력 분야 개선은 환경문제 개선이라는 큰 틀하에서 진행되었다. 동독지역의 노후 석탄화력발전소가 유발하는 내기오염과 수질오염 그리고 노후 원자력발전소의 위험 문제 등이 당시 주요 사회 이슈가 되었기 때문이다. 통일 이후 전력 분야 개선을 위한 세 가지 과제가 제기되었는데, 서독지역에서 동독지역으로의 대규모 송전, 동독지역에서 서독지역으로의 석탄 공급과 이에 상응하는 전력 공급, 동독지역 발전소의 현대화와 신설 등이 바로 그것이었다.

가스 부문에서는 1994년까지 동독지역에 천연가스 공급망이 구축되어서 서유럽의 기존 가스 운송 체계에 통합되었다. 산업구조조정이 연관된 갈탄 소비의 감소로 석유의 소비가 많이 증가하였는데, 당시 연방정부는 석유공급 부문의 민영화를 통해 보다 효율적인 에너지 공급을 추진하였다.

독일은 원자력발전을 중단하고 2050년까지 현재 25% 수준인 재생에너지를 통한 전기 생산을 80%까지 끌어 올린다는 계획을 세워놓고 있다. 그러나 전기료 상승 부담, 전력망(power grid) 건설 문제, 상시 전기 확보 어려움 등으로 목표 달성은 불확실하다.[170]

수자원인프라 정책

통일 이후 동독지역의 수자원 관리는 1957년에 제정되고, 1986년 개정된 수자원법Wasserhaushaltsgesetz(WHG)에 의해 이루어졌다. 이 법에서는 물의 공급 및 하수처리, 홍수 피해 관리, 수력 활용, 내륙 수운, 수변 여가, 수질 유지 및 오염제거, 연안 보호, 자연보호 등 다양한 영역의 수자원 관리 목표와 관련 사업들을 포괄적으로 규정하고 있다. 또한, 이 법에 따라 수자원 관리에 대한 다양한 부문 계획들이 수립되었다.

이후 연방정부는 동독지역에서 1991/92년 공동과제(GA)의 일환으로서 식수 정화 개선을 위한 실증 또는 시범 프로젝트에 대해 대규모 자금을 지원하였다. 국제 공유 하천과 관련해서는 1990년 설립된 국제 엘베강 보호위원회Internationale Kommission zum Schutz der Elbe의 틀 내에서 61개 기초지자체 하수 정화시설 건설과 78개의 새 정화시설 건설을 인접국 체크와 공동으로 추진하였다. 이 사업에서 독일 측의 투자소요액은 1992년에서 1995년 사이에 약 23억 마르크였다.

주요 정책 4.
시장경제의 기틀을 마련하는 부동산 사유화와 주택정책

통일 이후 동독지역이 시장경제 체제로 전환하는 데 있어서 가장 핵심적인 과제 가운데 하나는 국유 재산권의 재분배였다. 이것은 부당하게 국유화되었던 부동산의 원 소유권 반환과 사유화가 주요 내용이었다. 통일 과정에서 전후 점령 기간에 소련의 토지개혁으로 몰수된 토지의 소유권 반환과 동독 시절 국유화된 토지의 소유권 반환 문제가 주요 이슈가 되었다. 이 문제에 대해서는 동독 시절에 부당하게 국유화되었던 부동산을 원소유권자에게 반환하는 '보상보다는 반환 우선 Rueckgabe vor Entschaedigung' 원칙이 결정되었다.

이러한 소유권 반환 규정들은 1990년 9월에 통일조약의 일부로서 제정된 재산법Das Vermögensgesetz(VermG)(1990.9.23)에 명시되었다. 재산법에서는 시기별로 원 소유권 반환 및 보상 원칙을 설정하고 있는데, 나치 독일 시절인 1933년~1945년 동안에 국유화된 부동산에 대해서는 반환 원칙을, 소련의 점령 기간인 1945~1949년 동안의 경우에는 반환 대신에 보상 원칙을, 동독 체제하인 1949년~1990년은 다시 반환

원칙을 설정하였다.[171]

당시 추진된 부동산 사유화의 전제조건은 다음과 같았다. 일단 모든 토지는 지자체 소유여야 하고, 이후 지자체 소유 공사가 설립된 후 민간 회사에 이를 매각하는 것이다.[172] 통일조약에서는 공공목적 및 주택 건설을 위해 이용되었거나 현재 이용되고 있는 대지 및 건물들의 소유 상태에 관한 규정을 명문화하였다. 또한, 이 조약 제25조에 따라 '국유재산의 사유화와 재편성에 관한 법(이하 신탁법Treuhandgesetz(1990.6.17))'이 제정되어 국유부동산의 처리에 관한 규정들을 제시하였다. 이 신탁법에 따라 국영기업들과 토지의 사유화가 추진되었다.

신탁법에는 동독지역 자산 사유화에 대한 기본 방침이 제시되어 있는데 주요 내용은 다음과 같다. 첫째, 기업활동의 복원이다. 민영화를 통해 기업적 활동을 가능한 신속하고 광범위하게 복원시키는 것이 중요하다는 것이다. 둘째, 고용 창출이다. 가능한 다수 기업의 경쟁력을 확보함으로써 고용기회의 보장 및 신규 일자리의 창출이 중요하다는 것이다. 셋째, 토지의 적정 분배이다. 토지가 경제적 목적에 부합하게 제공되어야 한다는 것이다. 넷째, 국유재산의 활용이다. 국가 경제의 구조조정과 국가 예산의 정상화를 위하여 국유재산을 우선으로 활용하는 것이 필요하다는 것이다.

소유권 반환의 문제에 있어서 행정 재산Verwaltungsvermoegen, 재정 재산Finanzvermoegen, 주택사업 부문의 대지Grundstuecke der Wohnungswirtschaft, 복권 재산Restitutionsvermoegen 등 네 가지 부문의 해결 과제들이 있었다. 행정 재산에 있어서는 동독 정부의 국유재산들을 새롭게 게마인데, 시 군 주정부 등의 소유로 이관하는 것이 주요 과제였다.

재정 재산 부문에서는 국가적 목적을 위한 것은 아니지만 국유로 되어 있는 대지 및 건물 등의 재산에 관한 것이 주요 과제로서 기본적으로 동독 정권의 전체 재정 재산은 연방의 신탁 관련 행정 부서 소유로 귀속되었다.

주택사업 부문의 대지에 있어서는 동독 국유 건설회사들이 소유했던 건설 용지들이 통일조약의 규정에 따라 지방자치단체의 소유로 전환되었다.[173] 이에 따라 통일 직후 동독지역에서의 주택건설이 일시적으로 감소하기도 하였다.[174]

복권 재산의 경우에는 동독 시기에 보상 없이 국유화되었던 모든 공공법인체(시, 군, 게마인데 및 교회, 공공보험청, 각종 재단 포함)의 재산들을 이들 법인체에 다시 반환하는 것이 주요 과제였다. 이러한 동독 국유재산의 사유화 과정에서 중심적 역할을 한 것이 신탁공사Treuhandanstalt였다.[175]

동독 정권 말기인 1990년 7월에 설립된 이 기관은 통일 이후 연방재무부 산하기관으로서 주로 동독 국영기업 및 농경지를 관리, 매각하는 임무를 수행하였다.[176] 신탁공사는 통일 이후 동독지역의 주요 산업을 유지하는 데에도 기여하였다. 조선소, 철강, 자동차 분야와 광학 분야 및 전기 시설 분야에서의 광범위한 민영화 과정을 통해 일부 기업

신탁공사의 국유재산 분야별 자회사 주요 업무

구분	주요 업무
상업사유화유한회사 (GPH)	• 음식점, 호텔, 상가 등 상업·서비스기업 사유화 담당
신탁부동산회사 (TLG)	• 기업의 비업무용 부동산, 국가기관·사회단체 부동산, 몰수재산 처리 담당
토지이용관리회사 (BVVG)	• 국유 경작지·목초지·임야 사유화 담당

자료: 한국수출입은행. 2009. 독일통일백서. p119.

들을 유지할 수 있었고 새로운 기업들의 투자 가능성도 열리게 되었다. 통일 초기인 1993년까지 1만 개 이상의 기업과 약 1만 건의 부동산이 사유화되었다. 이를 통해 약 1,600억 마르크에 달하는 투자와 130만 명 이상의 근로자 고용유지가 가능하였다.[177]

이러한 신탁공사의 사유화 작업은 1994년 말로 종결되었으며, 그 이후에는 신탁부동산회사(TLG)가 그 임무를 계속 수행하였다. 이 회사는 각 연방주와 공동으로 행·재정적 지원 등 유리한 토지 매각조건들을 제시하며 사유화를 추진하였다.[178] 이 외에도 농림지의 사유화를 담당하는 토지이용관리회사(BVVG)가 활동하였다.[179]

농지 및 임야의 사유화 과정에서 매매가격은 1935년 토지 단위 가격의 세 배를 원칙으로 하였다. 이에 따라 1935년 기준으로 평균 1천 마르크/ha였던 농지는 3천 마르크/ha의 매매가격이 설정되었다. 또한, 이러한 가격에 일반인은 평균 50ha 정도, 법인은 평균 135ha 정도를 취득

토지소유권 관련 주요 규정 및 법률

구분	주요 업무	제정일자
통일조약 21조, 22조	공공목적 및 주택건설을 위해 이용되었거나 이용되는 대지 및 건물의 소유 상태를 규정	1990년 8월31일
재산법(VermG))	소유권 반환 및 보상에 관한 사항 규정	통일조약의 일부/ 1990년 9월23일
투자법(BInvG))	소유권 관계가 불분명한 경우를 포함한 일반적인 투자 관련 사항 규정	통일조약의 일부/ 1991년 초 개정, 1992년 7월 폐지
투자우선법(InVorG))	원소유자의 권리보다 투자활동에 우선권을 부여 (투자 절차의 간소화 등)	1992년 6월14일, 투자법을 대체
자산귀속법(VZOG))	국유재산의 승계권자가 불분명한 토지에 대한 규정	1991년 3월22일
신탁법 (Das Treuhandgesetz)	국유기업 또는 콤비나트의 토지소유권을 규정	1990년 6월17일

자료 : Bernhard Bischoff. 1996. Grundstueckswerte in den neuen Bundeslaendern. Berlin. p22에서 재구성

할 수 있도록 매입 규모를 제한하였다.[180]이러한 부동산 부문의 사유화와 함께 국영기업의 민영화를 위하여 통일에 따른 특별 과업을 위한 연방청(BvS)이 신탁법Treuhandgesetz에 근거하여 1998년까지 활동하였다.

한편 반환신청이 제기된 토지의 거래를 방지하기 위해서 동독 정권 때부터 존재해 온 '토지거래허가Grundstuecksverkehrsgenehmigung'가 시행되었다.[181] 이에 따라 투자 우선법에 따른 조항을 제외한 모든 토지거래는 담당 관청의 허가를 받게 되었다. 이것의 법적 근거는 통일조약에 근거한 '토지거래시행령Grundstueckverkehrsordnung'이었다. 이러한 토지거래허가권은 자치단체장 외에 신탁공사도 갖고 있었다.[182]

토지 사유화의 추진은 본격적인 시장경제의 토대를 마련하고 민간자본의 투자유도 등 많은 성과를 가져왔으나, 적지 않은 부작용들도 동반하였다. 원 소유권 반환의 원칙에 따라 통일 이후 223만 건의 부동산 반환 소송이 제기되었는데, 1996년 3월까지 이 가운데 63%만이 처리되었다. 이러한 반환 소송은 지방정부에 엄청난 행정적 부담이 되었고 신속한 개발에도 큰 장애가 되었다.

1년에 25만 건 정도에 그치는 소송 처리능력의 한계 때문에 전체 반환 소송의 종결에는 많은 시간이 소요될 수밖에 없었다. 대략 도시지역 부동산의 50%가량이 반환 대상이 되었는데, 이 같은 엄청난 규모의 반환 소송과 완만한 행정 처리는 원활한 토지 활용과 도시개발을 제약하는 주요 원인이 되었다.[183]

이에 따라 연방정부는 '손해배상 반환청구'라는 제도를 발의했다. 경제·도시건축·관광 또는 기타 개발 정책상 중요한 구역에서 퇴거 명령권을 발동시키는 조치가 취해졌다. 1992년 제정된 재산권 반환청구 시 투자우선순위에 대한 법(약칭 투자우선법Investitionsvorranggesetz(InVorG))은 신속한 투자와 사업 추진을 위해 재산권에 일정한 제약을 가한 정책 수단이 되었다.

'반환이 보상에 우선Rückgabe vor Entschädigung'이라는 재산 반환 우선의 기본 원칙은 중요한 투자계획의 실행을 보장하는 투자우선법das Investitionsvorranggesetz의 시행으로 수정되었다. 재산법에 따라 반환청구 대상이 될 수 있는 토지, 건물 및 기업체들도 투자우선법에 따라 특별한 투자 목적으로 사용될 수 있게 된 것이다.[184] 이러한 경우에 반환청구 권리자(구(舊) 소유권자)는 그 재산 가치에 대한 보상을 받게 된다.

주택 사유화는 토지의 원 소유권 회복(반환)과 함께 통일조약의 주요 내용 가운데 하나였다. 그러나 주택 사유화는 통일 초기에 매우 부진하였는데, 통일 이후 2년이 지난 1992년에 동독지역의 자가주택 비율은 24% 내외로 서독지역의 39%에 비해 매우 낮은 수준이었다. 그 이유로는 동독지역 주민들의 자가주택 소유에 대한 인식 부족과 구매 능력 부족을 들 수 있다.

연방정부가 주택 사유화를 통해 동독지역에서 자가주택을 확대하려 한 것은 자가주택의 공급이 전통적인 가족 지향적 독일 주택정책의 주요 목표 가운데 하나였기 때문이다. 이 때문에 연방정부는 지방자치단체나 공공주택조합이 보유한 주택들을 세입자나 제3자에게 매각하는 주택 사유화를 적극적으로 추진하였다.[185]

연방정부는 1991년부터 1994년까지 2억 8,000만 마르크를 동독지역의 주택 구입 자금으로 지원하여 4만 가구 이상이 자가주택을 구매할 수 있었다.[186] 구 부채지원법Altschuldenhilfegesetz(AHG)에 따라 전체적으로 지자체 소유의 주택 20만 5,000호와 조합소유의 12만 8,000호 등 33만 3,000호가 매각 대상이 되었는데, 1995년 말까지 이 가운데 약 35.2%인 11만 7,214호가 세입자나 제3자에게 매각되었으며, 신탁부동산회사(TLG)는 보유 주택 14만 2,000호 가운데 약 절반가량인

통일 초기 주택 사유화 실적(1990~1995)

구분		주택보유수 (호)	사유화 목표 (호, %)	사유화 실적 (호, %)	세입자에 대한 매각 실적 (호, 실적 대비%)
구부채지원법에 의한 사유화	조합 소유	1,100,000	128,000(11.6)	17,069(1.6)	11,700(69)
	공공 소유	2,000,000	205,000(10.3)	100,145(5.0)	23,838(24)
	합계	3,100,000	333,000(10.7)	117,214(3.8)	35,538(30)
신탁부동산 회사소유		142,000		70,895(49.9)	55%

자료: German Housing Industry Association, Treuhandanstalt, Office for the Regulation of Open Property Issues, Duebel, 1996, p. 13에서 재인용.

7만 895호를 매각하였다.

공공 소유나 조합소유 주택의 사유화 실적은 통일 이후 5년이 지난 1995년 말까지도 낮은 수준을 보였으며, 세입자에 대한 매각 비율도 30%로 매우 낮은 수준이었다. 이것은 주택 구매 능력이 부족한 세입자들보다는 자본력을 갖춘 제3자(건설회사 등)가 주택 구매를 주도하였음을 보여준다.[187]

세입자의 매수 비율은 공공주택과 조합주택 간에 큰 차이를 보였는데, 조합주택의 경우는 세입자의 매수 비율(69%)이 높지만, 공공주택의 경우에는 제3자의 매수 비율(76%)이 높게 나타났다. 또한, 매각 대상 주택 중 주로 양호한 주택 상태와 기반 시설, 주차장 등을 갖춘 저층 주택들이 우선으로 매각되었는데, 이것은 이러한 주택에 거주하고 있는 세입자들이 이미 충분한 주택 구매 능력을 갖추고 있었기 때문이다.

그러나 이렇게 기존 거주자의 경제력과 매각 대상 주택의 조건이 일치하는 경우는 매우 드물었다. 고층아파트의 경우에는 지자체의 공공주택회사Kommunale Wohnungsunternehmen가 전체 건물을 한꺼번에 매

통일 초기 주택 매각 실적(1991~1994)

년도	매각 주체					
	지자체 소유의 공공주택 (Kommunale Wohnungsunternehmen)			조합주택(Genossenschaften)		
	전체	세입자 매수(%)	제3자 매수(%)	전체	세입자 매수(%)	제3자 매수(%)
1991	6,496	232(3.6)	6,264(96.4)	639	382(59.8)	257(40.2)
1992	11,646	4,909(42.2)	6,737(57.8)	1,285	1,013(78.8)	272(21.2)
1993	27,196	5,681(20.9)	21,515(79.1)	1,690	1,332(78.8)	358(21.2)
1994	16,100	7,370(45.8)	8,730(54.2)	4,200	3,330(79.3)	870(20.7)
전체	61,438	18,192(29.6)	43,246(70.4)	7,814	6,057(77.5)	1,757(22.5)

자료: Bundestagsdrucksache 13/2501:14, Hartmut Haeussermann, Opladen 1996, p. 312에서 재인용.

각하려 하였기 때문에 세입자들 대부분이 매각 대상에서 제외되기도 하였다. 이것은 공공주택회사에 의한 사유화에 있어서 세입자의 매수 비율이 매우 낮은 이유 가운데 하나이다.

주택소유권과 지속거주권을 위해 도입법Einfueurungsgesetz을 통해 서독 법률들의 적용이 준비되었다. 이와 함께 임차권, 토지거래 규정, 부동산평가 등이 새로 도입되었다. 통일 이전부터 동독의 건축도시주택부는 재무부, 법무부와의 협업을 통해 새로운 주택 관련 법률들을 준비하였다. 이를 통해 임대료 형성, 주거 공간 유동화Wohnraumbewirtschaftung, 임차인 보호, 퇴거 보호 등의 규정이 마련되었다. 1990년 6월 주거보조금법이 우선으로 제정되었다.

통일 이후 동독지역 주택시장 형성에 있어서 또 하나의 과제는 임대료 등 주거비용의 부담 증가였다. 임대주택에 있어서 난방비 등의 부대비용을 제외한 순 임대료Kaltmiete가 1990년 월 51마르크였던 것이 4년 후인 1994년에는 약 7.3배가 오른 월 370마르크에 이르렀다.[188] 이것은 같은 기간 동안 수입이 2배 정도 증가한 것과 비교하면 엄청난 인상이 아닐 수 없었다. 이러한 주거비용 증가가 동독지역 주민들에게는 큰 부담이 되었다.[189]

통일 이전부터 시작된 동독 정부의 단계적인 임대료 현실화 프로그램은 서독 측 관계기관과 합의된 구상이었다. 공식적인 통일 이전부터 동독 측에서 서독 측 관계기관과 주택정책 추진에 대한 긴밀한 협의를 진행하였다는 것은 우리가 주목할 만한 점이다. 법적인 통일 이전부터 상호 간의 긴밀한 협의를 통해 정책의 효율성을 높일 수 있다는 것을 독일의 사례가 보여주고 있다.

임대료 현실화의 첫 번째 단계는 개보수, 주택의 유동화, 행정비용 등을 포함한 일상적 비용을 반영[190]하여 임대료를 재설정하는 것이며, 이를 통해 주거 공간 유동화 보조금 등이 실질적으로 실현될 수 있다는 것이 정책 당국의 시각이었다. 이와 같은 임대료 현실화 과정에서 입지에 따른 거래가격도 반영하는 것이 필요하였다.

또한, 주택시장 형성 초기 단계부터 주거보조금의 구도 하에서 연금 생활자와 장애인을 위한 임대료 지원프로그램도 도입할 필요가 있었다. 1990년 베를린에서 개최된 도시 회의에서 서베를린 전문가들은 동베를린 전문가들에게 임대료 인상은 비용 증가 등 인상 요인들에만 초점을 맞출 것이 아니라 소득 증가를 고려해야 한다는 것을 강조하였다. 즉, 소득 대비 임대료 비율이 중요하다는 것이다. 서독지역에서는 이 비율이 20%였으나 동독은 5%였다. 따라서 임대료 현실화 과정에서 과도기간의 설정과 국가의 지원[191]이 필요하였다. 그러나 임대료는 종국적으로는 비용을 고려한 수준이 되어야 한다는 것도 잊어서는 안 된다는 점을 서베를린 전문가들은 강조하였다.[192]

신규주택 공급을 위해서는 공공지원이 필수적인데, 특히 신규주택의 2/3를 사회(임대)주택으로 공급하기 위해서는 막대한 재원이 요구되었다. 제한된 재정 제약하에서 주거 문제 해결을 위해 동독지역 지자체에 결단력을 갖춘 효율적 행정체계를 구축하고 능력 있는 기업과 민간 자본을 유치해야 하였다.[193]

주요 정책 5.
주거환경개선을 위한 도시개발 및 환경정책

주거환경의 개선은 동독지역에 있어서 일자리 보장과 함께 주민들의 지역 정착을 유도할 수 있는 가장 중요한 과제였다.

주거환경 개선 정책

통일 이후 동독지역은 주택과 주거지 재정비가 시급한 과제였다.[194] 동독지역은 사회주의 체제하에서 주거지의 낙후가 심했기 때문이다. 이 때문에 통일 이후 동독지역 도시개발의 우선 추진 과제는 낙후된 도심 주거지 및 외곽에 있는 대규모 주거단지의 재정비였다.

연방정부는 1990년부터 재건은행KfW을 통해 100억 마르크 규모의 주택개선프로그램을 추진하였다. 이 프로그램은 주로 노후주택에 10여 년 이상 거주하고 있는 주택소유자들의 주택개선에 재정적 도움을 주는 것이 목적이었다.[195]

이 프로그램에 의한 주택개선 사업은 주로 난방시설의 개선에 집중되었는데, 이것은 환경오염의 감소와 함께 주거 만족도의 개선에도 적지 않은 기여를 하였다. 그러나 이 프로그램은 지역적인 정비 수요에 적절히 대응하지는 못하였다. 예를 들면, 동독 남동부지역 주택들에서 실내 화장실이나 욕실의 개선 수요가 높았지만, 이들 부문에 대한 금융지원 실적은 오히려 북서부지역에서 높게 나타났다.[196]

이러한 주택개선 사업은 일반적인 주택건설 지원 수단들 외에, '동독부흥사업Gemeinschaftsaufgabe Aufschwung Ost'의 주택개선 사업지원금으로도 시행되었다.[197] 이러한 주택 부문의 공공지원은 건설 부문의 고용을 확대하는 효과 외에도 양호한 주거환경조성을 통해 기업 입지를 유인하는 요소로도 기능하였다.

이에 따라 통일 이후 동독지역에서 공적 자금의 지원을 받아 개보수되거나 신축[198]된 주택 수가 전체 주택의 50%를 넘게 되었다. 특히 주거개선을 위한 지원금이 주로 남부의 작센주와 북부의 매클렌브르크-포어포메른주에 집중되었는데, 이들 지역의 노후주택 문제가 다른 지역에 비해 심각했기 때문이다.작센주 라이프치히의 경우 주거 지정비와 관련해서 연방정부와 주정부 차원에서 다음과 같은 프로그램들이 추진되었다.[199]

도시개발 분야에 있어서 통일 당시 동독지역의 최대 과제 가운데 하나는 상하수도, 난방 배관 등 낡은 도시의 인프라를 정비하고 현대화하는 것이었다. 이를 위해 연방정부가 적극적인 지원을 하였다. 2006

작센주 라이프치히의 주거지 및 주택 정비 관련 프로그램

구분	연방주정부 공동프로그램	주정부 프로그램
내용	도시 정비, 도시개발, 도시 보존 대규모 신 개발지구의 지속적 개발 주거지 정비, 주거지 주변(광장)	도시 정비 주택건물 유지 주택 정원조경
공공지원금의 재원 분담	연방/주/기초지자체 각각 1/3	주정부 2/3, 기초지자체 1/3

년 기준으로 독일 전체의 도시개발 부문 투자지원액 5억 4,600만 유로 가운데 57.7%인 약 3억 1,500만 유로가 동독지역에 지원되었다.[200]

통일 당시 통일이 도시 정비와 발전의 기회가 되어야 한다는 목소리도 있었다. 1990년 베를린에서 개최된 도시 회의에서 동서 베를린의 도시계획전문가들은 도시건설이 더 생태적으로 이루어져야 한다는 점에 주목하였다. 동서 베를린의 두 부분이 하나로 합치고 도시의 외곽 녹지개발이 가능해지면서 생태적 중요성이 더 주목받았다. 베를린 도시전문가들은 통일을 생태 친화적 도시로의 발전 기회로 보았다.

통일 이후 농촌지역의 주거환경정비도 중요한 정책과제였다. 연방정부는 주정부와 공동으로 통일 직후 1억 3,000만 마르크 규모의 농촌 주거환경 개선프로그램을 추진하였다.[201] 이것은 1991년 1월부터 발효되었던 '농업구조와 해안 보호의 개선을 위한 공동과제에 관한 법GAK'에 근거한 것이었다. 이러한 투자에 힘입어 농촌 주거지의 하수처리

연방정부의 도시개발지원(Staedtebaufoerderung) **추이**

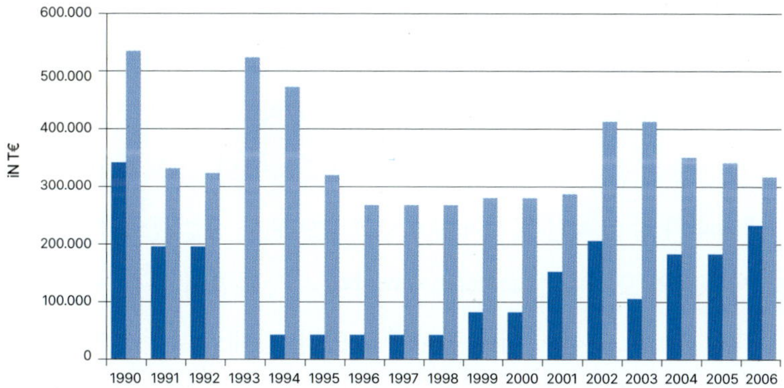

주1: 진한색이 구서독, 엷은색이 구동독, 주2: 세로축은 천 유로(Euro)
자료: Bundesministerium fuer Verkehr, Bau und Stadtentwicklung. 2006. Ibid. p106.

장, 전화선 등의 기반 시설들이 크게 개선되었지만, 상대적으로 복지 관련 사회적 기반 시설 부문은 여전히 낙후되었다.[202]

또한, 주택개선 지원 자금은 수혜자가 어느 정도의 자기 자금을 동원하는 것을 전제조건으로 하는데, 많은 농촌지역 가구가 경제력의 취약성 때문에 이러한 자금지원 혜택을 받지 못하였다. 이 때문에 주거환경 개선 자금은 지원의 형평성 문제를 내포하고 있었다.[203] 농촌지역에서는 집단농장 등의 붕괴 이후 관광산업을 통한 일자리 창출의 가능성이 모색되기도 하였지만 별다른 성과는 없었다. 이밖에 농촌지역의 경제 활성화를 위한 다양한 지원사업이 연방정부와 주정부 그리고 유럽 연합EU 등을 통해 추진되었다.[204]

대규모 주택 정비를 중심으로 한 동독지역 도시개발이 1990년대 중반까지 완료된 이후 1990년 후반부터는 두 개의 도시개발프로그램이 진행되었다. 그 가운데 하나가 사회적 도시Soziale Stadt이고 다른 하나는 동독지역 도시재건Stadtumbau Ost이다. 사회적 도시Soziale Stadt는 도시 내에서 사회적으로 빈곤계층이 거주하는 곳을 정비하는 프로그램이며 주로 주민들의 사회적 안정화와 통합성 강화를 목표로 진행되었다.

동독지역 도시재건Stadtumbau Ost은 낙후된 도심의 재건과 공실이 많은 도시 주변부의 주거지 정비를 목표로 진행되었으며 주로 물리적 여건 개선에 초점이 맞추어져 있었다. 서독지역의 경우 사회적 도시Soziale Stadt가 중심적인 도시개발프로그램으로서 진행됐으나 2004년부터 서독지역 도시재건Stadtumbau West이 시작되면서 공실 제거를 위한 주택철거에도 관심이 점차 높아지고 있다. 반대로 동독지역의 경우 동독지역 도시재건Stadtumbau Ost이 중심적인 프로그램이었으나 차츰 사회적 도시Soziale Stadt에도 관심이 높아지고 있다.

이것은 흥미로운 추세전환이라 할 수 있다. 서독지역의 경우 주택 공실 문제가 점차 커지고 있다는 것을 의미하고 동독지역의 경우 도시 내 취약계층 문제가 주요 이슈로 제기되고 있음을 의미하기 때문이다. 지금까지 진행된 동독지역 도시재건Stadtumbau Ost은 지자체의 공공주택회사들이 보유하고 있는 공실 주택을 철거하는 성과만을 거두고 있고 도심지역의 가치개선에는 별다른 성과를 가져오지 못하였다.

자연환경 개선 정책

동독에서는 자연환경 개선을 위해 법적인 통일 직전인 1990년 7월 1일부터 유해물질방출에 관한 법Immissionsschutzgesetz 등 서독의 각종 환경 관련 법들이 시행되었다. 통일 독일이 출범한 1990년 10월 3일부터는 연방환경법 이외에 경과 기간(1995년까지)을 두는 조건으로 유럽연합EU 환경법이 동독지역에서도 유효하게 되었다. 이에 따라 동독지역의 산업시설들은 유럽 연합의 환경기준에 맞는 환경오염방지시설을 갖추어야 했다.

2,000억 마르크로 추산되는 토양오염의 정화 비용은 동독지역에 자리 잡으려는 서독지역 기업 및 외국 기업에 커다란 부담이 되었다. 이 때문에 연방정부가 토양오염의 정화 비용을 지원하는 사업을 추진했는데, 동독 부흥을 위한 투자지원법을 통해 비용을 지원하였다.

통일 이후 연방정부는 동독지역의 환경 개선을 위해 단기적으로는 '건강을 침해하는 위험원의 즉각적인 제거와 위험 요인들에 대한 안전조치'를, 중장기적으로는 '수질, 토양, 자연, 풍광에서의 잠재적인 훼손 요인 제거'를 각각 정책목표로 설정하였다.[205] 통일 직후 동독지역의 환경오염 해결을 위한 첫 번째 프로그램으로서 '생태적 재건' 실천프로그램Aktionsprogramm 'Oekologischer Aufbau'이 추진되었다. 이 프로그램은 환경정화사업을 통해 20만 명의 일자리를 창출하고, 포괄적인 환경정비 기반 시설 구축을 추진하였다.

이 프로그램은 단기대책으로서 환경오염이 극심한 지역에 대한 연방정부의 재정지원을 추진하였으며, 군사 시설 지역의 환경정비, 엘베Elbe강 및 주변 지역의 정비, 대형 발전시설의 정비 등도 추진하였다. 연방환경부는 1991년에 동독지역에서 35개의 환경시범사업(총 6억 7,100만 마르크)을 추진하였다.

이러한 사업을 포함한 환경정화사업의 지원 재원은 이산화탄소 발생에 대한 특별 부가세, 폐기물 특별부과금 등 금융기관들의 저리 융자금, 연방정부와 주정부의 공동과제Gemeinschaftsaufgabe, GA사업 출연금 등을 통하여 조달하였으며, 세제 혜택을 통한 민간투자의 유치 등도 추진하였다.[206] 연방정부는 환경오염을 유발하는 기업들의 조업을 중단시켰고, 폐기물 처리에서도 첨단기술의 정화시설을 활용하도록 유도하였다.

연방정부는 1990~1992년 동안 동독지역의 급수, 하수처리, 배수, 쓰레기처리 등을 위해 약 12억 마르크를 투자하였으며, 기타 환경오염 경감을 위한 63개 프로젝트에 총 4억 9,600만 마르크를 투자하였다. 동독지역의 대기오염 문제에 있어서는 산업생산 부문보다 화력 발전시설들의 공해 유발 문제가 심각하였는데, 연방정부는 화력발전소들을 대상으로 '대규모 연소시설령Grossfeuerungsanlagen-Verordnung'을 시행하였다.

이것은 화력발전소에 의한 이산화황(SO_2), 부유먼지 등의 방출량을 1996년까지 크게 줄이는 것을 목표로 하였다. 또한, 가정 난방시설의 대부분을 차지하고 있던 갈탄 난방시설들에 대해서는 주택개선프로그램을 통한 시설현대화가 추진되었다.[207]

동독지역 국토개발 관련 공공투자의 규모

통일 이후 동독지역의 사회 및 경제개발을 위해 막대한 자금이 투입되었는데, 우리는 이것을 통상 독일의 통일 비용이라는 단어로 표현하고 있다.[208] 경제적 측면의 통일 비용에 있어서 광의의 통일 비용으로는 동독지역 재건에 소요되는 시설투자 및 환경 개선 비용, 동독지역 5개 연방 주정부에 대한 재정지원, 동독지역에 대한 민간 및 공공기관의 투자, 동독지역 주민들에 대한 사회보장, 동독지역 과거청산에 따른 비용(동독지역 부채, 몰수 재산 처리, 과거청산, 구소련군 철수 등) 등을 들 수 있다.

이에 비해 협의의 통일 비용은 동독지역 인프라 재건 비용, 지역경제 활성화 지원금, 연금 등 사회 보장성 지출, 동독지역 5개 연방 주정부에 대한 재정지원, 각종 인건비 및 국방비 등을 들 수 있을 것이다. 통일 후 동독지역의 경제력이 서독지역과 같은 수준까지 성장할 수 있도록 하는 데 소요될 공공 이전 지출추정액의 규모는 추정기관별로 다소 차이가 있다.

세계통화기금IMF, 뮨헨경제연구소ifo 등에 따르면 생산 및 생활 기반

시설 부문에 있어서 동서독 간 균형을 이루기 위해 동독지역에 투자되어야 할 투자액의 전체 규모는 총 9,130억~9,430억 마르크였다.[209] 프리베Jan Priewe와 히켈Rudolf Hickel은 산업 부문에 대한 투자소요액(1조 마르크)[210] 외에 1조 1,280억 마르크의 비용이 생활 및 생산 기반 시설투자에 소요될 것으로 추정하였다.[211]

많은 독일통일 관련 연구들이 2000년대 초반을 기준으로 통일 관련 비용을 추정하고 있는데, 이 시기부터 동서독지역 사회경제변화의 동조현상이 뚜렷해졌기 때문이다. 양 지역의 동조화가 강화된 이 시기까지를 통일 관련 분석의 대상으로 삼은 것이다. 예를 들면, 통일 이후 큰 차이를 보였던 양 지역의 실질 국내총생산 증가율이 2005년 약 1%, 2006년 약 3% 등 거의 같은 변화율을 보였고 양 지역의 임금 상승률도 유사해졌다.

특히 제조업의 노동생산성 증가율이 2005년부터 양 지역이 같아졌다.[212] 흥미롭게도 통일 이후 서독지역 여성들보다 낮았던 동독지역 여성들의 출산율도 2005년 이후 1.3~1.4로 비슷해졌다. 서독지역보다 낮았던 여성들의 평균수명도 2005년 이후 82세로 거의 같은 추세를 보였다.[213]

통일 이후 실제 집행된 연방정부의 동독지역 재정 이전 지출 규모에 대해서 여러 가지 주장이 제기되고 있는데, 1990년부터 2010년의 20년 동안 최저 1조 유로에서 최고 2조 유로 규모인 것으로 관련 연구들은 추계하고 있다.[214] 알렉산더 피셔Alexander Fischer(2011)는 2010년까지 서독지역에서 동독지역으로의 공공 이전 지출로 책정한 통일의 대략적인 총비용이 약 2조 1,000억 유로(약 3,180조 원)라고 주장하였다.[215] 슈레더Schroeder(2009)는 1990년~2008년간 순 이전 지출 규모가 약 1조 6,000억 유로에 이를 것으로 추정하였다. 기업 관련 단체인 '새로운 사회적 시장경제Initiative Neue Soziale Marktwirtschaft'의 위탁을 받은 한 연구도 통일 후 20년 동안 순 이전이 1조 6,000억 유로에 이를 것으로 추정하였다.

베를린자유대학의 연구에 따르면 1990년~2010년 기간에 동독지역에 대한 이전 지출액은 2조 70억 유로 규모인 것으로 추계한 바 있다. 이 가운데 가장 큰 비중을 차지한 것은 연금보험과 실업자보험 등 사회복지 분야로 전체의 53%인 1조 1,000억 유로로 추산되었다. 교통 프로젝트 등 인프라 구축 분야는 9.7% 수준이었다.

독일통일 비용 추정치(1990~2010)

목록	비용(십억 유로, 비중)
사회복지	1,100(53%)
연금보험 실업자보험 의료보험	600 140 50
경제지원	140(6.8%)
지역경제 지원	120
인프라 구축	200(9.7%)
지역경제 지원 교통 프로젝트	160 30
사용 목적이 특정되지 않는 지원	460(22.2%)
독일통일기금(1990-1994) 1차 통일연대기금(1995-2004) 2차 통일연대기금(2005-2019) 신탁공사 적자	82 94.5 88.6 100
기타 지원금	170(8.2%)
유산 및 부채 펀드 수리 및 재건 기금 소련군 철수 지원금	45 18.6 6.3
총계	2,070(100%)

자료: 베를린자유대 및 한델스블라트 공동추정(2010.10.1.발표), 김희철. 2012. 통일비용 어떻게 마련할 것인가? -통일상품권-. 선인. p78 재인용.

독일 연방정부는 1991년부터 2005년까지 15년간 1조 4,000억 유로(1,750조 원)를 지출하였다고 발표[216]하였는데, 이것은 1991년 당시 예상액의 2.8배에 이르는 규모였다.[217] 이러한 지출의 절반 정도가 사회보장성 지출에 사용되었고, 인프라 투자는 12.5%, 경제 활성화를 위한 투자는 7% 정도였다.[218] 일반 재정 이전 이외에 특별기금 형태로 재정이 지원된 것은 독일통일기금, 연대지원금Solidarpakt I, II 등이었다.

통일 초기에는 독일통일기금을 통해 1990년부터 1994년까지 822억 유로가 동독지역에 지원되었으며,[219] 1995년부터 2004년까지는 Solidarpakt I 을 통해 1,050억 유로가 지원되었고, 2005년부터 2019년까지는 Solidarpakt II 를 통해 1,560억 유로가 동독지역에 지원되었다.

2005년부터 지원된 Solidarpakt II 는 실질적인 통일의 완성을 위한 것이며, Solidarpakt II 의 지원 기간 동안 추가로 연방 재원과 EU-구조기금을 통해 510억 유로가 동독지역의 경제와 인프라 관련 사업에 투입되었다.[220]

연방정부의 동독지역 분야별 재정지출(1991~2005)

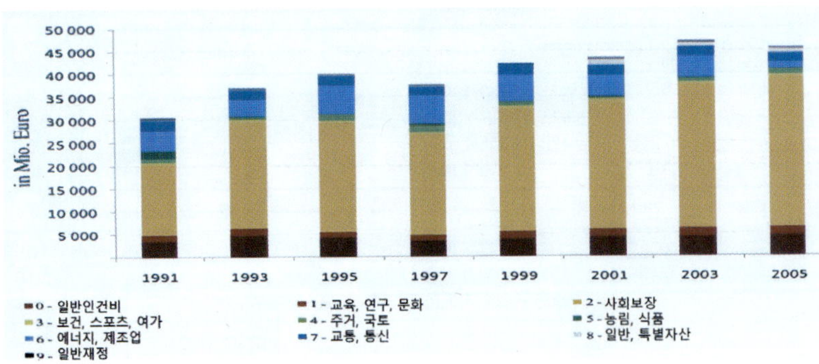

주: 0(일반인건비), 1(교육,연구,문화), 2(사회보장), 3(보건,스포츠,여가), 4(주거, 국토), 5(농림, 식품), 6(에너지, 제조업), 7(교통, 통신), 8(일반,특별자산) 9(일반재정) 자료: U. Blum and J. Ragnitz ed., Ibid., p. 62.

이러한 이전 지출은 동독지역의 경제 재건에 결정적 역할을 하였다. 통일 초기인 1992년 동독지역 국내총생산의 70%는 이러한 이전 지출을 통해서 이루어졌고, 1995년까지 매년 서독지역 국내총생산의 4~5%가 동독지역으로 이전되었다.[221]

동독지역의 1인당 시설투자액은 1991년에는 서독지역의 66.4%에 불과하였으나 이 비율은 4년 만에 142.4%로 크게 증가하였다. 부문별로 시설투자액의 증가율을 살펴보면, 동독지역의 주택건설 부문은 2.9배, 기업 부문은 1.7배, 정부부문은 1.4배의 증가를 나타내었다.

반면에 서독지역은 기업 부문에서 23%, 정부부문에서는 17%의 감소를 각각 나타내었다. 이것은 통일 이후 양 지역에서의 시설투자 규모가 커다란 차이를 보이고 있음을 의미한다. 동독지역의 총 시설투자액 가운데 기업 부문은 이 기간에 64.5%에서 58.8%로 감소 추세를 보인 반면에, 주택건설 부문은 18.3%에서 28.2%로 증가하였다. 이것은

통일 초기 주민 1인당 시설투자액

년도	1991년			1995년		
	서독지역	동독지역	동독/서독	서독지역	동독지역	동독/서독
	마르크(%)	마르크(%)	%	마르크(%)	마르크(%)	%
기업	5,509 (62.6)	3,771 (64.5)	68.4	4,242 (55.4)	6,410 (58.8)	151.1
주택건설	2,357 (26.8)	1,069 (18.3)	45.3	2,636 (34.5)	3,077 (28.2)	116.7
정부	936 (10.6)	1,006 (17.2)	107.4	773 (10.1)	1,410 (12.9)	182.5
합계	8,802 (100.0)	5,846 (100.0)	66.4	7,651 (100.0)	10,897 (100.0)	142.4

주 : 1991년 가격 기준
자료 : Frank Stille. 1996. Transfers und Infrastruktur -Entwicklung und Perspektiven in den neuen Bundeslaendern-. Halle

동독지역에서 주택 부문의 성장이 뚜렷했음을 의미하고 있다.

통일 이후 1991년부터 1998년까지 총 1조 8,000억 마르크의 공공 재원이 독일 전역에 투입[222]되었는데, 이 가운데 53.8%인 9,200억 마르크가 동독지역에 유입되었다. 이것은 동독지역 주민 1인당 5만 4,600마르크에 해당하는 것으로서 서독지역에 비해 4배나 높은 수준이었다. 동독지역에 대한 투자액을 정책 수단에 따라 구분해 보면 고

통일 이후 1998년까지 동서독지역 간 공공투자 실적의 비교

정책 영역	지원 시기	총투자액 (백만 마르크)			1인당 투자액 (마르크/인)			B/A
		독알전체	서독	동독	독알전체	서독(A)	동독(B)	
총재정 투입 (연방,주,EU)1)	'91~'98	1,818,572 (100%)	850,558 (100)	968,014 (100)	22,333	13,530	54,631	4.0
광역교통정책		172,700 (9.5%)	99,610 (11.7%)	73,090 (7.6%)	2,121	1,563	4,125	2.6
연방 도로	'91~'98	68,400	43,000	25,400	840	675	1433	2.1
철도	'91~'98	63,000	27,700	35,300	774	435	1992	4.6
연방 수로	'91~'98	8,400	6,500	1,900	103	102	107	1.0
지역지원법 (대중교통 정비지원)	'91~'98	32,900	22,410	10,490	404	352	592	1.7
도시개발		87,224 (4.8%)	50,448 (5.9%)	36,777 (3.8%)	1,118	805	2,244	2.8
도시건설지원	'91~'98	6,581	2,230	4,352	81	35	246	7.0
사회주택건설	'91~'98	19,396	14,037	5,359	238	220	302	1.4
자가주택 보조 (연방 부분)	'95~'98	5,167	3,941	1,226	63	62	69	1.1
기초지자체 교통 재원	'91~'98	42,200	29,000	13,200	518	455	745	1.6
지역경제 구조 개선 과제경제적 인프라 부문	'91~'98	13,880	1,240	12,640	170	19	713	37.5

주: 1) 총재정 투입액은 광역교통정책과 도시 개발이외에 산업개발 및 노동복지 등 기타 분야를 포함한 금액임
자료: 독일연방건설.지역계획청. 1999.

동독지역 연방주의 공공투자 실적 비교(1991~1998)

(단위: 마르크/인)

구분	균형재정 정책	광역교통 정책	노동시장 정책	경제 (투자) 지원 정책	연구 및 고등교육	도시 개발 정책	농업 정책
작센	17,560	3,089	24,176	1,291	725	2,444	907
베를린	27,376	2,679	16,272	351	2,048	1,661	20
튜링엔	17,926	4,059	25,200	1,671	421	1,974	1,378
브란덴부르크	17,290	6,005	23,753	1,691	762	2,214	1,987
작센안할트	18,061	5,943	27,046	1,578	523	1,861	1,649
메클렌부르크-포어포메른	18,391	4,188	27,310	1,322	528	2,125	3,121

자료: 독일연방건설.지역계획청. 2000.

용유지 및 창출과 관련된 노동 시장 정책이 전체 투자액의 42.9%로 가장 많은 부문을 차지하였다.

동독지역에 대한 공공지원은 일반적으로 주민 수에 따라 결정되었지만, 다른 지역에 비해 낙후 지역으로 평가받고 있던 북부의 메클렌부르크-포어포메른주와 남부의 작센-안할트주에는 균형 재정정책과 광역교통정책, 농업정책 등의 부문에서 다른 연방 주에 비해 상대적으로 많은 재원이 투입되었다. 특히 전통적인 농업지역인 메클렌부르크-포어포메른주의 경우에는 농업 부문의 1인당 투자액이 다른 연방 주보다 월등히 많았다.

동독지역 국토개발의 재원 조달

통일 이후 동독지역 개발을 위한 공공투자의 재원은 연방정부와 연방 노동청, 서독지역의 주정부 그리고 유럽 연합EU 등에 의해 조달되었는데, 이 가운데에서도 연방정부의 재정이 가장 큰 비중을 차지하였다. 투자재원의 조달 비율은 연방정부(50.7%), 주정부(2.9%), 연방 노동청의 고용창출사업재원(42.3%), 유럽 연합(4.1%) 등이었다.

연방정부의 재원 조달은 국가차입, 세금 인상, 부문별 예산 절감 등을 중심으로 이루어졌다. 차입금의 규모는 1991~1995년의 기간 동안 연방 회계의 10% 정도였으며, 조세 부문에 있어서는 연대 부가세 신설[223], 부가가치세 인상[224], 연료, 보험, 담배 세금 인상과 이자세 원천징수 등이 시행되었다. 또한 주택보조금 지원 등 복지 부문의 공공보조금 축소 등의 예산 절감을 통해 동독지역에 대한 투자재원을 조달하였다.[225]

한편 이러한 재정수요의 확대와 조세수입 감소로 통일 이후 연방정부의 재정적자가 크게 증가하였다. 1990년 –2%였던 재정적자가 1996년에는 –3.34%까지 이르렀다. 재정적자로 인해 정부의 부채도

동독지역으로의 투자경로

영역	투자경로
유럽 연합	- 유럽공동체 지원 자금(EG-Foedermittel) - 유럽공동체 재원의 재분배
연방정부	- 재정지원(수행 주체, 소관 부처에 따라 다양) - 세금 면제 - 투자재원의 목적 변경 - 연방 기업(전신 전화, 우체국, 철도)의 투자 - 신탁회사 - 사회보험(연금 및 실업보험 등)/의료보험
주정부	- 재정지원 - 세금 면제
기초지방자치단체	- 재정지원 - 기업세 감면
민간경제	- 시설투자 - 임금

자료 : Henckel. 1993. p131.

통일독일의 재정수지 추이(1989~2010)

(단위: GDP 대비 비율, %)

년도	1989	1990	1991	1992	1993	1994	1995	1996	1997	1998	1999	2000	2001	2002	2003	2004	2005	2006	2007	2008	2009	2010
재정수지	0.12	-2.00	-2.90	-2.49	-3.06	-2.35	-3.26	-3.34	-2.67	-2.18	-1.65	1.31	-2.82	-3.66	-4.03	-3.78	-3.31	-1.56	-0.47	-0.13	-4.16	-4.63

자료: 국회예산정책처. 2019. 북한 인프라 개발의 경제적 효과. p80.

많이 증가하였다. 1989년 약 4,730억 유로 수준이었던 정부 부채는 1999년 약 1조 1,830억 유로로 2.5배 증가하였다. 결과적으로 정부부문 부채의 대 GDP 비중은 1991년의 40% 초반에서 1997년의 60% 초반으로 약 6년 동안에 20%포인트 가까운 증가세를 보였다.[226]

통일과 관련한 연방정부의 재정정책은 시기별로 변화하였다. 1990년에는 동서독 간에 체결된 통일조약에 따라 통일 비용의 조달이 국가차입[227], 독일통일기금, 추가경정예산의 편성 등을 통해서 이루어졌다.

통일독일 기금의 규모

(단위: 억 마르크)

구분	1990	1991	1992	1993	1994	합계
연방정부 예산	20	40	99	142	195	496
서독지역 주정부 예산	-	-	-	60	101	161
자본시장 차입	200	310	240	150	50	950
기금 규모(소계)	220	350	339	352	346	1,607

자료: 독일재무부. 1995.

통일 직후 서독지역 연방주(구 연방주)들은 동독지역 연방주(신 연방주)를 연방주 간의 '재정균형분배Finanzausgleich' 제도[228]에 포함하는 것을 거부하였다. 그래서 독일통일기금Fonds Deutscher Einheit이 만들어졌으며 이 기금에는 서독지역 연방 주들도 참여하였다.[229] 그러나 이러한 방식의 재원 조성이 부진하자, 1991년부터는 세금 인상[230]과 동독부흥사업 Gemeinschaftswerk Aufschwung Ost을 통해 재원을 조달하게 되었다.[231]

세금 인상은 통일 당시 동독지역의 경제력을 과대평가한 정책적 실수를 보완하기 위한 대응책이었다. 또한, 동독부흥사업은 투자재원을 복지 부문보다는 산업생산 부문에 집중시키기 위한 정책 수단이었다. '재정균형분배' 제도 이전 통일 초기 투자재원 조달 과정에서는 독일통일기금이 중요한 역할을 하였다.

이것은 통일 이전인 1990년 5월 18일 동서독 정부 간 체결된 '화폐, 경제, 사회 통합조약'에서 1994년 말까지 동독지역의 5개 주에 지원하기로 합의한 것에 근거한 것이었다. 이 기금은 1990년부터 1994년까지 총 1,607억 마르크가 조성되었는데, 이 가운데 496억 마르크를 연방정부가, 161억 마르크를 서독지역의 주정부들이 각각 조달하였고, 950억 마르크는 자본시장 차입으로 충당하였다.

연대협약Ⅰ에 따라 1995년부터는 동독지역서도 서독지역과 마찬가지로 '재정균형분배' 제도를 시행하게 되었다. 연대협약Ⅰ에 의해 1995년부터 2004년까지 1,050억 유로가 지원되었는데, 연대협약Ⅰ의 두 번째 단계인 연대협약Ⅱ가 1,565억 유로의 예산으로 2001년 체결돼 2005년부터 2019년까지[232] 시행되었다. 연대협약Ⅱ가 끝난 2020년부터는 매년 추가 지원금 100억 유로를 지급하게 되어 있다.[233] 연대협약Ⅱ가 끝난 이후에도 연대 부가세는 지속되었다.[234] 2025년 3월 26일 독일 연방 헌법재판소는 연대협약Ⅱ가 종료된 이후에도 연대 부가세를 징수하는 것이 합헌이라고 판결하였다. 연대 부가세가 동독지역 개발에 여전히 필요하다는 것이다. 현재 연대 부가세는 고소득자[235]에게 5.5%의 세율로 부과되며, 대기업들도 납부하고 있다. 현재 전체 납세자의 약 10%만이 이 세금을 납부하고 있다.[236]

동독지역 투자를 위한 재원 조성 과정에서 여러 가지 특별법들이 중요한 역할을 하였는데, 지원지역법Foerdergebietsgesetz, 투자지원금법[237]Investitionszulagengesetz, 동독부흥을 위한 투자지원법Investitionsfoerderungsgesetz Aufbau Ost 등이 바로 그것이었다. 이 외에도 유럽 연합EU 차원의 지원Europaeische Strukturfoerderung도 재원 조달 측면에서 역할을 하였는데, 동독지역은 2007년부터 2013년까지 유럽연합이 독일에 배분한 구조기금Strukturfond 255억 유로의 상당 부분인 165억 유로를 지원받았다.

정책적 시사점

통일 이후 독일 연방정부의 국토개발 관련 정책과 추진 사업들은 우리에게 많은 시사점을 주고 있다. 예상치 못한 통일이라는 역사적 도전에 대처해서 비교적 '선방'했다는 평가와 함께 중요한 정책 결정이 너무나도 짧은 시일 내에 결정되고 집행되어야만 했다는 점을 주목하지 않을 수 없다.[238]

통일 이후 독일 연방정부가 시행했던 주요 정책들을 살펴보면서 우리는 어떤 정책적 준비가 필요할 것인지 돌아보게 된다. 정책 추진의 토대가 되는 남북한의 제도들을 비교해 보면, 가장 큰 차이점은 토지 등 부동산에 대한 소유권이다. 북한의 헌법에서는 모든 생산수단은 국가와 사회협동단체가 소유한다고 되어 있어[239] 개인소유를 인정하는 우리와 결정적인 차이를 보인다.

북한의 민법에 따르면 토지와 기업의 소유권은 기본적으로 국가가 가지며, 주민들은 주택과 동산을 소유할 수 있다고 되어 있다. 북한에서 개인소유는 공민들의 개인적이며 소비적인 목적을 위한 소유만을 인정하고 있다.[240] 국가는 살림집을 지어 이용권을 노동자, 사무원, 협동 농민에게 넘겨주며 그 이용권을 법적으로 보호한다고 되어 있다.[241] 따라서 우리가 통일 이후 북한지역 개발을 위한 국토정책을 수립할 때, 가장 먼저 고려해야 할 과제는 북한의 토지에 대한 사유재산권을 정립하는 것이다.

독일의 경우를 고려할 때, 통일 후 북한의 국토개발을 진행하는 과정에서 토지의 사유화와 더불어서 기업의 민영화도 핵심 과제가 될 전망이다. 북한은 해방 이후 토지개혁과 함께 산업국유화 조치를 단행하여 일제와 친일 인사가 소유한 기업을 무상 몰수하였다.[242] 통일 이후 추진될 이들 기업의 민영화는 독일의 경우처럼 북한지역 발전의 핵심 동력으로 작동할 것으로 예상된다. 따라서 민영화가 지역발전에 기여할 수 있도록 하는 정책이 필요할 것이다.

최근 북한에서 주택(사용권)의 사적 거래가 이루어지고 있는 현실[243]은 통일 후 주택시장 형성 과정에서 북한 주민들의 적응도를 높일 수 있으며, 통일 초기에 부동산시장 형성이 가능할 수 있음을 시사하고 있다. 또한, 최근 북한 당국이 기업의 자율권을 높이는 방향으로 제도 개선을 진행 중이어서 국내 및 국제시장에서 자율적인 기업경영의 경험이 축적되고 있다고 볼 수 있다. 이것은 통일 후 빠른 민영화 추진에도 도움이 될 수 있을 것으로 보인다.

통일 이후 단기적으로는 동 서독 지역간의 교통연결 사업이, 중장기적으로는 유럽교통망 건설과 연관된 전국적인 교통망 구축이 추진되었던 것은 향후 북한지역 교통망 개발에 대한 중요한 시사점을 준다. 통일 이후 동서독 간의 교통망 확충 과정에서 우리가 주목할 만한 것은 유럽 연합EU 차원의 지원이다. 독일의 경우에는 연방정부의 재정상태가 양호하였기 때문에 전체 투자액에서 유럽 연합의 지원이 차지한 비중은 극히 미미하였지만, 우리의 경우에는 통일 이후 국제적 지원과 협력이 상대적으로 중요한 의미가 있을 것이다.

독일 전체의 교통 분야 투자에 있어서 도로 및 교량 부분 투자가 철도보다 많았다. 하지만 통일교통 프로젝트에 한정해서는 철도 분야에 더 많은 투자계획이 수립되었고, 2018년까지의 투자액도 더 많았다. 이것은 동독지역이 철도 중심의 교통망을 갖고 있었기 때문으로 보인다. 북한도 동독처럼 철도 중심의 교통체계를 갖고 있으므로 이러한 측면에서 향후 교통인프라 투자 관련 정책적 우선순위를 결정할 때, 중장거리 수송과 관련한 철도의 중심적 역할을 고려할 필요가 있을 것이다.

공공투자의 재원 조달 측면에서도 우리가 준비해야 할 것이 많다. 독일은 연방정부의 재정이 동독지역 개발의 주요 재원이 되었지만, 우리의 경우에는 정부 재정만으로 북한지역 개발 재원을 감당하기에는 한계가 있다. 따라서 보다 다양한 방식의 재원 조달 방안을 모색할 필요가 있을 것이다. 독일의 경우에는 보조적 역할을 했던 국제사회로부터의 재원 조달을 우리는 더욱 적극적으로 고려할 필요가 있을 것이다.

제5장

통일수도 이전

통일이 이루어졌을 경우 가장 시급하게 결정해야 할 과제 가운데 하나는 통일수도일 것이다. 이러한 측면에서 독일의 통일 수도 결정과 수도 이전 과정은 우리에게 큰 의미가 있다. 과거 노무현 정부 시절 세종시를 행정수도로 개발하겠다는 정책으로 논란이 제기되었을 당시에도 독일의 수도 이전 사례는 큰 관심을 받은 바 있다.

통일수도 결정 및 이전 추진 경과

통일수도는 통일 이전 동서독 정부간 체결된 1990년 8월 31일의 통일조약에서 베를린Berlin으로 확정되었다. 다만, 연방의회와 연방정부의 위치는 통일 후 의회에서 결정하기로 했다. 이것이 논란을 일으킨 불씨가 되었다. 격론 끝에 1991년 6월 20일 연방하원은 1999년 9월까지 연방의회와 연방정부를 본Bonn에서 베를린으로 이전하기로 결정하였고[244], 1999년 9월 1일 이전을 완료하였다.

연방정부는 이전 초기에 5,500명의 인원으로 베를린에서의 업무를 시작하였고, 추가로 2,800명이 2000년 초까지 합류하였다. 연방정부는 수도 기능을 상실하게 된 본의 도시경제 활성화를 위해 약 28억 마르크의 지원계획을 수립하였다. 연방정부의 기능이 본과 베를린에 분산 배치되었지만, 총리 관저와 의회 등 사실상의 수도 기능은 베를린으로 집중되었다.

통일 독일의 수도가 베를린으로 결정된 것은 동독지역의 균형발전을 도모하기 위한 것은 아니었다. 그러나 동독지역의 중심지인 베를린으로 연방정부와 연방의회를 이전한 것은 상징적 의미뿐 아니라, 베를린을 둘러싸고 있는 브란덴부르크주의 개발 여건을 크게 개선한 것이 사실이다. 그리고 수도 이전은 통일 이후 심리적 동요를 보이고 있던 동독지역 주민들에게 지역발전에 대한 기대감을 주기에 충분한 요소였다.

수도 이전과 함께 연방 기구들의 동독지역 이전도 추진되었다. 1992년 '연방위원회Foederalismuskommission'는 연방 기구들을 동독지역 내 주요 도시에 이전시키기로 하였다. 통일 이후 각종 연방 기구의 동독지역 내 분산배치는 독일의 전통적인 연방주의를 보다 강화하기 위한 측면에서 이루어졌으며, 이것은 동독지역의 경제 활성화에도 긍정적인 역할을 하였다.

이에 따라 연방정부는 연방 노동재판소를 서독지역 헤센주의 카셀로부터 동독지역 튀링겐주의 에르푸르트로 이전하였고, 연방 해운수로청의 일부 기능이 함부르크로부터 메클랜부르크-포어포메른의 로스토크로 이전하였다. 이 외에도 1992년과 1994년 '외국 난민 인증청'의 외청을 동독지역의 아이젠휘텐슈타트Eisenhuettenstadt, 예나Jena 등 5개소에 설치하였고, 기술 지원사무소는 켐니츠Chemnitz 등 10개소에 설치하였다. 1997년에는 다섯 번째 연방 형사재판소 및 연방 검찰청의 부속사무소들이 라이프치히로 이전하였다. 이러한 주요 연방기관들의 동독지역 이주는 2005년까지 진행되었다.

이후 1994년 3월 연방의회는 베를린과 본에 관한 법Berlin-Bonn Gesetz을 비준하여 16개 연방 부처 중 6개 부처[245]가 본에 제1청사를 두고 10개 부처가 베를린에 제1청사를 두도록 하였다.[246] 2010년 기준으로는 연방 부처의 변동으로 인해 베를린에 8개 부처가 제1청사를 두고 있고 본에 6개 부처가 제1청사를 두었다. 모든 부처가 제1청사와 제2

청사를 가지게 되어, 결국 본이나 베를린에는 모든 부처의 제1청사 또는 제2청사가 배치되었다.

베를린의 8개 부처는 외교부, 내무부, 법무부, 재정부, 경제기술부, 노동사회부, 가족노인여성청소년부, 교통건설도시개발부 등이며, 반경 4~5km 이내에 분포하였다. 본의 6개 부처 가운데 옛 정부 청사 밀집 지역 내에 환경자연보호원자력안전부, 교육연구부, 경제협력개발부가 반경 3km 이내 분포하였고, 나머지 국방부, 보건부, 영양농업소비자보호부는 15km 이상 떨어져서 입지하였다.

베를린으로 이전해야 하는 연방의회 일자리는 4,500개, 연방정부 일자리는 6,300개에 이르렀다.[247] 베를린으로 이주하는 7,500명의 직원을 위해 8,000호의 신축 주택과 4,000호의 개보수 주택이 필요하게 되었는데, 주택 공급을 위해 군 이전지 숙소의 개조 등도 이루어졌다.

수도 이전과 관련하여 1994년에 총 200억 마르크의 소요 비용이 결정되었다. 106억 마르크가 각종 공사비로 투자되었는데, 베를린의 건물신축과 낡은 건물 개보수 공사에 80억 마르크, 베를린과 브란덴부르크지역의 주택 공급에 16억 마르크, 수도 이전과 관련한 교통인프라 건설에 10억 마르크가 각각 소요되었다. 이 외에 추가로 90억 마르크가 교통인프라 건설에 투입되었다.

동서독 분단 기간 서베를린의 유지를 위해 연방정부는 매년 130억 마르크를 지원해 왔는데, 통일 이후 이러한 지원은 더 이상 필요 없게 되었다. 이러한 기존 분단비용의 일부가 수도 이전 비용에 활용되었다. 베를린으로 이전하는 연방정부 부처들은 이전 비용을 최소화하고자 대부분 기존 공공기관 건물로 입주하였다.[248] 이를 통해 건물신축 비용을 크게 줄일 수 있었다.

본과 베를린의 기능 분담

구분	본 및 기타 지역	베를린
수도 기능		연방의회, 총리실
정부 부처	6개 부처	8개 부처
주요 연방 기구	32개	10개
국제기구	20개	9개
외국 대사관	1개	158개
정부 고용인원	30,500명	33,750명

자료: Prof. Axel Busch – TOPOS Berlin

본과 베를린의 연방 부처 제1청사 위치

부처	제1청사 위치	
	베를린	본
외교부	○	
내무부	○	
법무부	○	
재정부	○	
경제.기술부	○	
노동.사회부	○	
영양.농업.소비자보호부		○
국방부		○
가족.노인.여성.청소년부	○	
보건부		○
교통.건설.도시개발부	○	
환경.자연보호.원자력안전부		○
교육.연구부		○
경제협력.개발부		○

주요 연방기관들의 동독지역 이전 현황

기관	이전내용
연방 노동재판소	• 서독지역 헤센주의 카셀로부터 동독지역 튀링겐주의 에르푸르트로 이전 (총 180개의 일자리 이동)
연방 사무원보험청의 지사	• 보험 및 연금 관련 사항을 관장하는 지사가 튀링겐의 게라에 신설 • 1997년에 105명으로 시작. 1999년 430명 근무. 2003년까지 정규 인원을 확보 • 1998년 연 면적 35,000m²의 청사가 1억 3천만 마르크의 투자를 통해 완공
	• 1997년 메클렌부르크-훠포먼의 슈트랄준트에 210명이 업무 시작 1999년 820명이 근무. 2003년까지 정규 인원을 확보(2000년 6월 사무소 건물신축, 업무 개시)
연방 수로건설청의 외청	• 외청이 베를린으로부터 튀링겐의 일메나루로 이전 • 1999년 11월 55명의 직원으로 출발, 단계적으로 총 100개 일자리 이전
연방 해운수로청	• 해운수로성의 일부 기능이 함부르크로부터 메클렌부르크포어포메른의 로스토크로 이전 (150개의 일자리 이전)

자료: Bundesregierung. 2000. Jahresbericht 2000 der Bundesregierung zum Stand der Deutschen Einheit. pp146-147.

주요 연방기관들의 베를린 내 위치

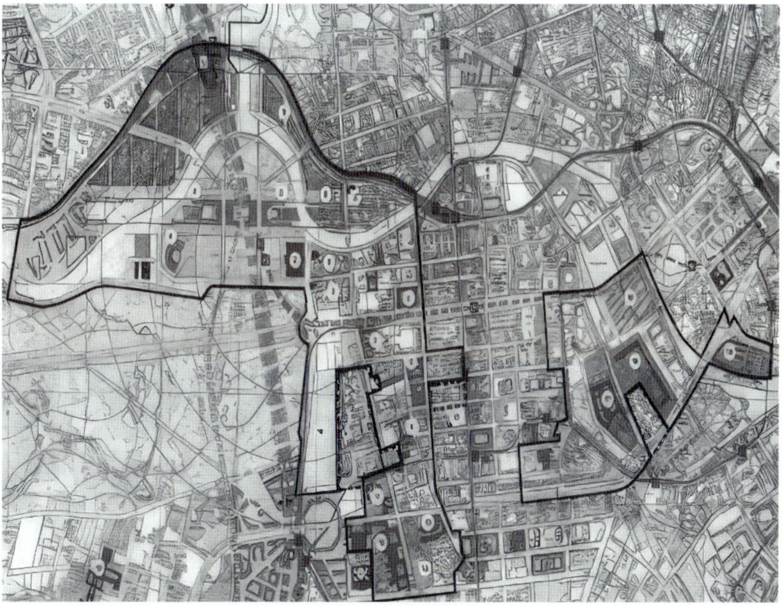

자료: Prof. Axel Busch – TOPOS Berlin

수도 이전에 따라 본에서 베를린으로 이전하는 것은 연방의회와 정부만이 아니었다. 주요 정당, 언론사, 은행연합회 등 각종 협회, 외국 대사관들도 베를린으로 이전하였다. 한편, 동독 시절의 일부 도심 내 공공청사는 철거되었다. 이들 건물은 역사적 가치가 있던 옛 건물의 복원이나 석면 공해 문제 때문에 철거되었다. 운터덴린덴Unter den Linden 거리 끝에 있었던 동독 외무부 청사는 1995년에 철거되었다. 공화국궁전Palast der Republik 건물도 옛 성의 복원을 위해 1998년 철거되었다.

통일수도 이전의 영향

수도 이전은 동서독지역 양측에 많은 영향을 미쳤다. 우선 이전의 직접적 영향이 본과 베를린 지역에 나타났고, 간접적 영향은 동서독지역 전체에 미쳤다.

본의 새로운 일자리 유치

연방정부 및 의회의 베를린 이주로 인해 본에서는 2만 5,000개의 일자리가 사라졌으나 공공기관과 민간기업 입주 등으로 3만 5,000개의 일자리가 새로 창출되었다.[249] 이것은 본의 인구감소와 경제적 타격을 줄이고자 시행된 본-베를린 지원법에 따른 결과였다.[250] 본에는 UN 기후변화협약UNFCCC 사무국, UN사막화방지협약UNCCD 사무국, UN 자원봉사자UNV 사무국 등 12개 UN 기구를 포함한 20개의 국제기구가 새로 자리 잡았고 30개의 주요 공공기관[251]이 자리 잡았다. 독일통신Deutsche Telekom, 독일 우편 등의 대기업들도 자리 잡았다.

전체적으로 볼 때, 본의 경제 상황은 베를린으로의 수도 이전 이후에 오히려 개선되었다는 평가를 받고 있다. 공적 기능의 축소를 민간 기능 등이 충분히 대체한 것이다. 본의 인구는 수도를 이전하기 이전의 29만 5,000명에서 30만 6,000명(2011년)을 거쳐 33만 6,000명(2023년)으로 증가하였다.[252]

새로운 국제도시로 부상한 베를린

베를린으로의 수도 이전은 독일통일의 상징적 이벤트였고 국제적으로 베를린의 인지도 향상에도 크게 기여를 하였다. 연방정부의 이전 과정에서 노후 했던 도심이 대대적으로 정비되고 베를린 중앙역 등 교통인프라가 현대화됨으로써 도시의 경관이 크게 개선되었다.

연방기관들은 청사를 신축하기보다는 도심의 역사적 건물들을 개보수하여 사용하는 경우가 많았는데, 이것은 비용 절감 효과 외에도 역사적 시가지 보전이라는 도시 문화적 성과도 가져왔다. 연방정부의 베를린 이전은 베를린 지역의 고용 창출에도 기여하였는데, 연방정부와 연방의회 일자리 1만 800개가 본에서 베를린으로 이전하였기 때문이다. 그리고 연방정부 및 의회 이전과 관련하여 진행된 각종 건설공사로 인한 경기 부양 효과와 고용 창출 효과도 컸다.

수도 이전 이후 가장 큰 변화가 나타난 지역은 연방의회와 정부가 입지하게 된 도심의 브란덴부르크 토어Brandenburger Tor와 민간기업들이 투자한 포츠다머 플라츠Potsdamer Platz였다. 브란덴부르크 토어 인근에는 각국의 대사관, 은행, 업무용 빌딩들이 들어섰다. 다임러 벤츠 자회사인 데비스Debis와 일본 소니Sonny가 투자한 포츠다머 플라츠는 과거 베를린장벽이 위치했던 공지였다. 이 공지에 호텔과 대형 쇼핑센터가 들어서서 통일 베를린의 변화를 보여주는 상징 공간이 되었다.

베를린의 주요 연방기관 건물들

자료: Prof. Axel Busch – TOPOS Berlin

베를린 도심의 연방 건물 입지

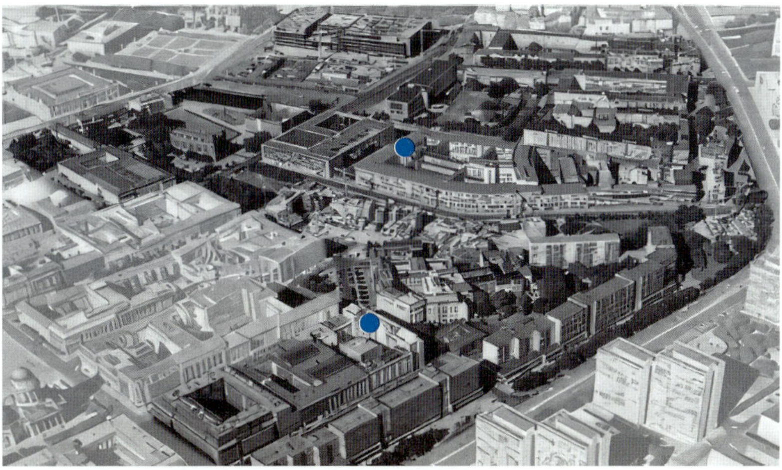

자료: Prof. Axel Busch – TOPOS Berlin

주요 교통시설로서는 도심의 대규모 공원인 티어가르텐Tiergarten을 남북으로 관통하는 3.5km의 지하터널과 베를린 중앙역이 새로 건설되었다. 베를린 중앙역은 광역철도인 고속철도ICE와 지역 전철S-Bahn이 연결되어 명실상부한 베를린의 교통중심이 되었다. 통일 이전에 서베를린의 국제공항은 시내에 있는 테겔Tegel 공항이었고, 동베를린의 국제공항은 남부에 있는 쉐네펠트Schoenefeld 공항이었다. 통일 이후 베를린의 공식 국제공항으로 쉐네펠트 공항이 결정되었지만, 공항 확장 공사가 지연되면서 통일된 지 30년 만인 2020년에 베를린 국제공항Berlin Brandenburg Airport이라는 이름으로 개장하였다.

비효율적인 연방정부 업무

연방정부의 주요 부처들이 본과 베를린으로 분산 배치됨에 따라 연방정부 업무에도 큰 영향이 나타났는데, 긍정적인 측면보다는 부정적인 측면의 영향이 컸다. 무엇보다도 업무 효율성 측면에서 문제가 발생하였다. 모든 부처는 본과 베를린에 제1청사 혹은 제2청사를 배치하게 되었고, 본과 베를린을 오가는 출장도 빈번하게 발생하게 되었다. 본과 베를린은 600km의 거리에 있으며 항공으로 1시간, 고속철도로 2시간 30분 이상 소요된다.

2006년 기준으로 연간 6만 6,000회가 넘는 출장과 건물임대 비용 570만 유로 등 부처 분할에 따른 비용은 연간 1,000만 유로에 이르렀다.[253] 화상회의 등을 통해 시간과 비용을 줄이려는 노력이 있었지만, 주요 회의나 협의를 위한 출장은 불가피하게 발생하였다. 부처 내외부에서 정보의 공유가 지체되고 협의가 지연됨에 따른 행정의 비효율은 큰 문제가 될 수밖에 없었다. 비록 영상회의시스템을 활용한다고 하지만, 장관의 부처 장악력이 현저히 저하될 수밖에 없었다. 그나마 복수차관제(2명의 행정차관)를 통해 행정을 유지하였지만, 1명의 차관은 장관과 함께 베를린에 상주하는 실정이다.

부처의 분할로 인해 타지로 배치받은 공무원들 입장에서는 가족과 분리됨에 따른 심리적, 비용적 문제가 발생하였고, 베를린에 근무하는 공무원들에 비해 본에 근무하는 공무원들의 상대적 열등감도 피할 수 없었다. 베를린에 있는 제2청사 직원들이 본의 제1청사 직원을 대리해 주요 회의에 참석하는 등 정보가 베를린에 집중됨에 따라 본에 근무하는 직원들은 상대적으로 소외감을 느낄 수밖에 없었다. 같은 부처 내에서도 베를린에 근무하는 '승자'와 본에 근무하는 '패자'의 심리적 괴리가 공무원들 사이에서 발생하였다.

정부 기능의 재배치와 관련해서 베를린에서 162억 마르크, 본에서 38억 마르크 등 총 200억 마르크의 비용이 발생한 것으로 추정된다.[254] 이러한 문제들로 인해 독일 내에서는 본과 베를린으로 분할되어 있는 연방 부처를 다시 베를린으로 통합하자는 주장이 제기되기도 하였으나, 이를 위한 추가 소요 예산 등 여러 난제로 인해 논의가 진척되지 못하고 있다.[255]

정책적 시사점

통일 이후 수도 문제는 독일과 마찬가지로 우리에게 민감한 쟁점이 될 가능성이 높다. 연방제인 독일과 달리 우리나라에서는 수도가 갖는 정치, 경제, 사회적 의미가 매우 크기 때문이다. 통일 이후 본과 베를린으로 정부 부처를 나누는 것이 가능했던 것은 독일의 연방주의라는 정치적 특성도 한몫했다. 모든 부처를 베를린이 독점하는 것에 대한 부정적 인식도 분할 배치에 대한 논란을 어느 정도는 불식시키는 요인으로 작용했다.

반면에 우리는 연방제의 독일과는 여건이 다르므로, 통일 이후 서울과 구분되는 행정수도를 별도로 지정하거나 서울과 행정수도로 부처를 나누는 것은 논란을 일으킬 가능성이 높다. 독일의 경우처럼 통일 이후 북한지역에 새로운 통일수도를 지정하는 방안은 국토의 균형발전이라는 측면에서는 긍정적이나 정치적 논란에 따른 사회적 갈등이 증가할 우려도 있다.

서울을 통일 한국의 수도로 정하는 것은 정치적 논란을 최소화할 수 있는 대안이기는 하나 북한지역 주민들이 서울 등 남한지역으로 이주하려는 경향이 강화될 가능성도 있다. 이 경우에는 통일 이후 현재의 수도권이 더 과밀화될 가능성도 있다. 현재의 남북 접경지역과 경기 북부지역이 난개발될 가능성도 있다.

평양을 통일수도로 지정하는 것의 대안으로 북한지역에 세종시와 비슷한 기능의 행정도시를 별도로 조성하는 것을 고려할 수 있을 것이다. 한반도의 균형발전과 북한지역 개발의 동력 확보 측면에서 북한지역에 새로운 행정도시를 건설하자는 논리가 바로 그것이다.

그러나 이 경우에도 독일의 본과 베를린 부처 분할 문제와 같은 부작용이 재연될 가능성이 높다. 2008년 이후 독일 정부와 의회가 본과 베를린의 부처 분할에 대한 재검토 논의를 시작했다는 것을 우리는 주목할 필요가 있을 것이다. 정부 기능이 본과 베를린으로 분산된 것과 마찬가지로 현재 우리 정부 부처들이 세종과 서울에 분산되어 있다. 통일 이후 기존 수도와 행정도시의 부처 분할이 갖는 부정적 영향을 지금부터 엄밀히 생각해 보아야 할 것이다.

통일 이후 북한지역의 종합적 개발과 관리를 위한 범정부 차원의 대책 수립에 있어서 정부 부처가 분할되는 것은 비효율을 초래할 것으로 예상된다. 통일 이후의 정책 수립과 집행은 정치, 외교, 군사적 측면과 경제, 사회, 문화적 측면을 종합적으로 고려해서 추진해야 할 과제이다. 북한지역 경제 재건을 위한 대책은 단순히 경제부처의 과제가 아니라 외교, 안보 부처와의 긴밀한 협력하에 수립, 집행될 가능성이 높다. 따라서 부처 분할시 긴밀한 부처 간 협력을 통한 정책 수립과 집행에 지장을 초래할 가능성이 크다는 점을 잊지 말아야 할 것이다.

제6장

통일 독일 국토개발의 성과와 과제

통일 이후 동독지역에서 시장경제로의 체제전환은 빠른 속도로 진행되었다. 이 과정에서 사유화, 민영화에 따른 대량 실업과 부동산시장의 혼란 등 적지 않은 문제들도 있었다. 하지만 주거환경의 개선, 인프라 확충 등 긍정적인 성과도 많았다. 여기에서는 지금까지 추진되었던 독일 연방정부의 동독지역 국토개발정책이 종합적으로 어떠한 성과와 과제들을 가져왔는지 살펴보았다. 이에 앞서서 통일 이후 동독지역에서 어떠한 사회경제적, 공간적 변화가 나타났는지를 살펴본다.

통일 이후 동독지역의 변화

통일 이후 동독지역은 정치·경제·사회·환경 측면에서 여러 가지 유무형의 변화를 겪어왔다.[256] 이러한 변화는 무엇보다도 일당 독재로부터 민주주의로의 전환, 사회주의 계획경제로부터 자본주의 시장경제로의 전환에 따른 것이며, 경제체제전환 과정의 핵심 수단은 화폐통합, 토지 주택의 사유화, 그리고 국영기업의 민영화였다. 여기에서는 체제전환에 따른 인구, 경제, 공간의 변화를 살펴보도록 한다.

인구변화

동독지역의 전체 인구는 통일 직전인 1989년 1,661만 명에서 2023년 1,260만 명으로 401만 명(약 24%) 감소하였다. 독일 전체 인구가 1989년 7,868만 명에서 2023년 8,470만 명으로 약 8% 증가한 것에 비하면 큰 폭의 감소라고 할 수 있다. 반면에, 서독지역은 출생 증가와 유입인구로 전체 인구가 약 10% 증가하였다. 동독지역의 인구감소는 통일 초기부터 1990년대 중반까지는 서독지역으로의 이주에 의한 감

독일의 인구변화(1990~2023)

년도	합계	서독 지역	동독 지역
2023	84,669,326	68,283,743	12,603,381
2022	84,385,845	68,002,440	12,601,154
2021	83,237,124	67,089,506	12,470,146
2020	83,155,031	66,991,236	12,499,707
2019	83,166,711	66,967,058	12,530,162
2018	83,019,213	66,823,392	12,550,995
2017	82,792,351	66,608,103	12,570,753
2016	82,521,653	66,365,338	12,581,485
2015	82,175,684	66,057,430	12,598,223
2014	81,197,537	65,223,097	2,504,591
2013	80,767,463	64,848,134	12,497,500
2012	80,523,746	64,618,629	12,529,895
2011	80,327,900	64,429,298	12,572,600
2010	81,751602	65,429,769	12,865,108
2009	81,802,257	65,422,008	12,937,574
2008	82,002,356	65,541,396	13,029,285
2007	82,217,837	65,664,272	13,137,310
2006	82,314,906	65,666,642	13,244,227
2005	82,437,995	65,698,012	13,344,794
2004	82,500,849	65,679,663	13,433,358
2003	82,531,671	65,618,912	13,524,282
2002	82,536,680	65,527,242	13,617,013
2001	82,440,309	65,322,753	13,729,122
2000	82,259,540	67,140,010	15,119,530
1999	82,163,475	66,946,150	15,217,325
1998	82,037,011	66,747,264	15,289,747
1997	82,057,379	66,688,008	15,369,371
1996	82,012,162	66,583,419	15,428,743
1995	81,817,499	66,341,950	15,475,549
1994	81,538,603	66,007,213	15,531,390
1993	81,338,093	65,739,665	15,598,428
1992	80,974,632	65,289,234	15,685,398
1991	80,274,564	64,484,787	15,789,777
1990	79,753,227	63,725,653	16,027,574

자료: 인구 고령화와 저출산 등으로 향후 2050년까지 동독지역의 인구가 2007년보다 24만 명 감소한 1,290만 명으로 전망되고 있다. 서독지역은 481만 명 감소한 6,222만 명으로 전망되고 있다. 독일연방건설지역계획청(BBR).

통일 이후 베를린을 제외한 동독지역 인구변화 요인(1991~2021)

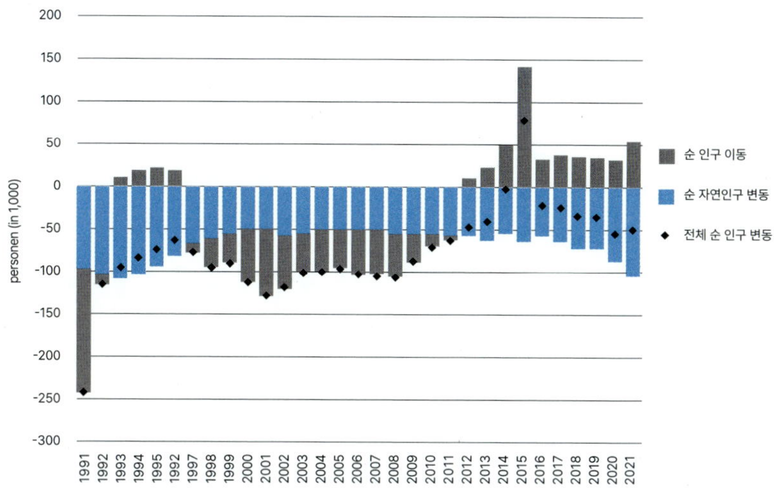

자료: Harald Simons. 2023. Die Entwicklung ostdeutscher Städte seit der Wiedervereinigung. vhw-Schriftenreihe Nr. 45. p23.

소가 주요 원인이었고, 그 이후에는 저출산 고령화가 주요 요인이 되었다.

동독지역 인구감소 원인 가운데 서독지역으로의 이주에 의한 감소가 1/3을 차지하였다.[257] 이러한 동독지역 인구감소는 향후 지속될 것으로 전망되고 있다.[258]

통일 이후 동독지역 생활환경의 개선으로 동독지역 주민들의 평균수명은 꾸준히 증가하여 동서독 지역간 격차가 줄어들었다. 하지만, 남녀 간의 평균수명 격차축소 추세는 다소 차이를 보이는데, 여성의 동서독 지역간 격차가 남성의 그것보다 매우 적다는 점이다. 이것은 통일 후 체제전환의 고통을 동독지역 여성들보다는 남성들이 더 많이 받았다는 것을 짐작하게 한다. 2012년 기준으로 여성들의 평균수명은

통일 전후 동서독지역 간 남성과 여성의 평균수명 추이

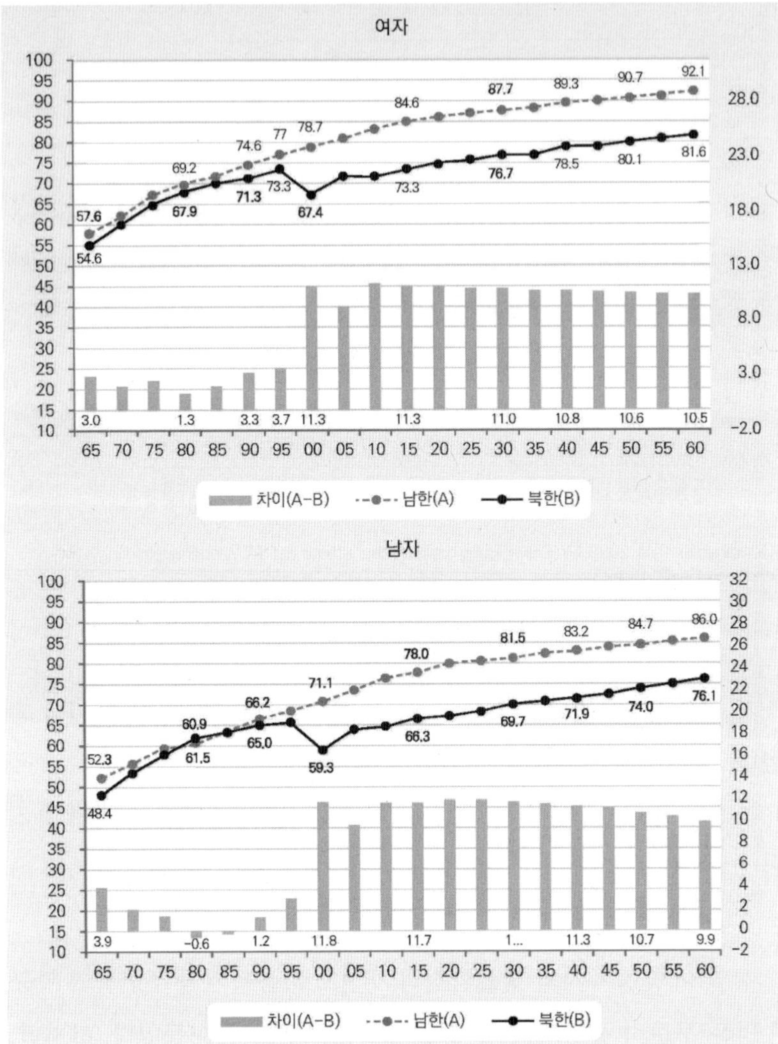

자료: 조경숙. 2016. "통일 독일의 사례를 통해 본 남북한 주요 건강지표의 현황과 전망". 보건사회연구 36(2). p41.

동서독 지역간에 차이가 없는 데 비해 남성은 여전히 1세 이상의 격차를 보인다.

동독지역 주요 도시들의 인구변화를 인구 규모와 시기별로 살펴보면, 인구 50만 명 이상의 대도시인 라이프치히의 경우 1990년과 2000년 사이에 동서독지역을 통틀어서 가장 높은 인구감소율을 보였다. 하지만 2000년 이후에는 인구가 증가하여 2011년부터 2015년 사이에는 대도시들 가운데 가장 높은 인구증가율을 보였다.[259]

라이프치히와 함께 동독지역의 주요 대도시인 드레스덴Dresden도 1990년과 2000년 사이에 라이프치히 다음으로 높은 인구감소율을 보였다. 드레스덴도 라이프치히와 마찬가지로 2000년 이후에는 인구 증가 추세를 보였다.

인구 50만 명 이상 도시들의 인구 변화(1990~2015)

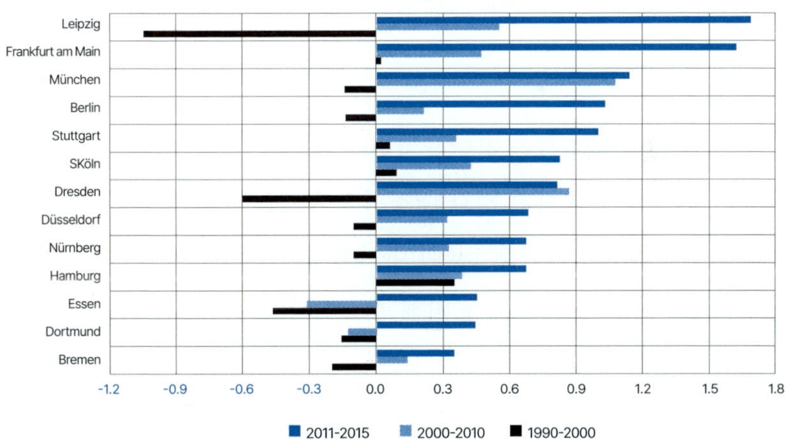

주: 도시행정구역은 2014년 12월 31일 기준, 2015년 인구는 9월 30일 기준

자료: 연방정부와 주정부 통계청 각 년도 Tim Leibert. 2016. "Trends der Bevölkerungsentwicklung in Deutschland: Ein Blick in die Glaskugel für Südkorea". Vortragsreihe „Verstädterungsprozesse in Korea und Mitteleuropa", Wien에서 재인용.

인구 20만 명에서 30만 명 도시들의 인구변화(1990~2015)

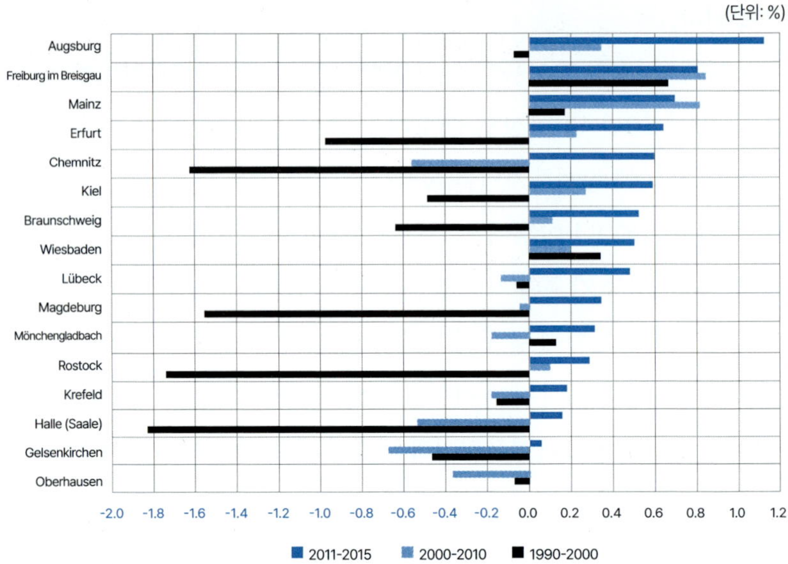

주: 도시행정구역은 2014년 12월 31일 기준, 2015년 인구는 9월 30일 기준, 할레와 막데부르그는 8월 31일기준, 마인쯘는 6월 30일 기준
자료: 연방정부와 주정부 통계청 각년도 자료.

자료: 연방정부와 주정부 통계청 각 년도 Tim Leibert. 2016. "Trends der Bevölkerungsentwicklung in Deutschland: Ein Blick in die Glaskugel für Südkorea". Vortragsreihe „Verstädterungsprozesse in Korea und Mitteleuropa", Wien에서 재인용.

동독지역의 대도시인 라이프치히나 드레스덴이 2000년 이후 인구증가율이 크게 높아진 것과 대조적으로 동독지역의 중소도시들은 2000년 이후에도 인구증가율이 미미하거나 감소 추세를 보였다. 이것은 동독지역에서 대도시에 비해 중소도시의 인구성장 잠재력이 취약함을 시사하고 있다.

인구 규모가 20만 명에서 30만 명 사이의 중급 도시들 가운데에서 동독지역 할레Halle, 로스토크Rostock, 막데부르크Magdeburg, 켐니츠Chemnitz 등이 1990년과 2000년 사이에 가장 높은 인구감소율을 나타내었다. 할레와 막데부르크, 켐니츠 등은 2010년까지도 인구감소를

인구 8만 명에서 20만 명 도시들의 인구변화(1990~2015)

(단위: %)

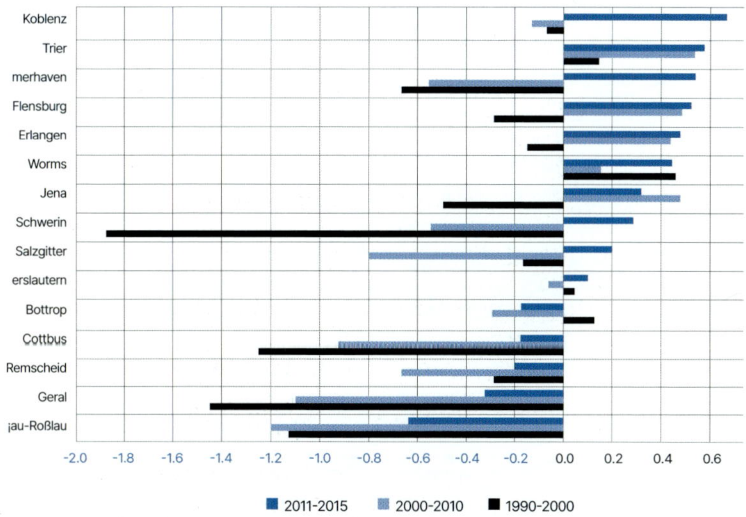

주: 도시행정구역은 2014년 12월 31일 기준, 2015년 인 구는 6월 30일 기준
자료: 연방정부와 주정부 통계청 각년도 자료

자료: 연방정부와 주정부 통계청 각 년도 Tim Leibert. 2016. "Trends der Bevölkerungsentwicklung in Deutschland: Ein Blick in die Glaskugel für Südkorea". Vortragsreihe „Verstädterungsprozesse in Korea und Mitteleuropa", Wien.에서 재인용.

보이다가 2011년 이후에야 인구증가세를 보였다.

인구 규모가 8만 명에서 20만 명 사이의 중소도시들 가운데에서는 동독지역 북부 농업지역의 중심지 슈베린Schwerin이 1990년부터 2000년 사이에 가장 높은 인구감소율을 보였다. 동독지역 남부의 게라Gera와 중부의 콧부스Cottbus가 슈베린 다음으로 높은 인구감소율을 보였다.[260]

통일 이후 동독지역의 인구감소는 출산율 감소와 서독지역으로의 이주에 기인한 것이다. 보통 급격한 정치, 경제적 변동기에는 출산율이 낮아진다. 우리나라도 1997년 IMF를 겪게 되면서 1998년 출산율이

통일 이후 동서독 주요 도시 및 농촌 군지역 남성 100인당 여성 수(20~29세)

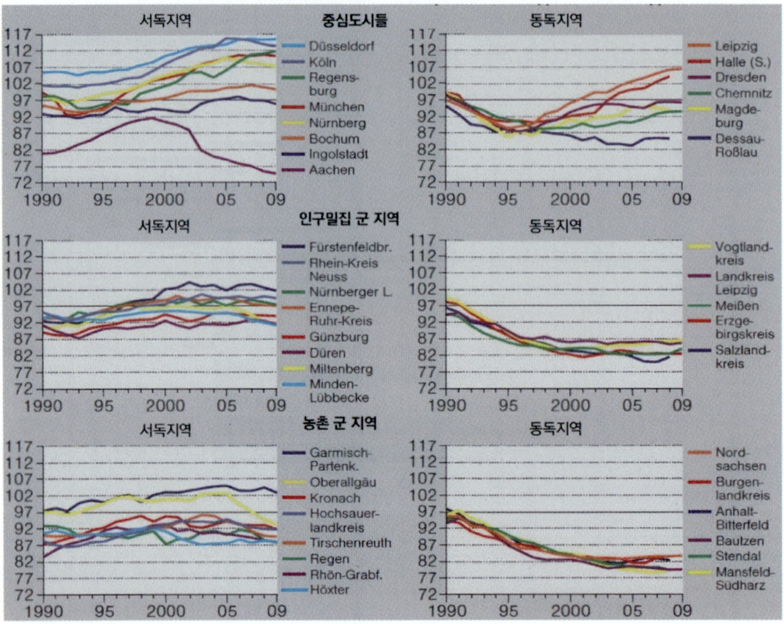

자료: Tim Leibert. 2014. "Abwandern nach dem Abi ist quasi ein Muss": Wanderungsmuster und -motive junger Ostdeutscher". Workshop „Verstädterung und Stadtgeographie Koreas". Wien.

낮아진 경험이 있다. 동독지역은 통일 이전인 1988년 약 21만 6,000명이었던 연간 출생자 수가 1994년에는 64%나 감소한 약 8만 명을 기록하였고, 통일 이후 1994년 말까지 사망률이 출산율을 초과하였다. 이러한 출산율 감소는 고령화 등 인구구조의 변화를 초래하였다.

통일 이후 동독지역 인구구조의 변화를 인구 증가의 중요 요소 가운데 하나인 가임기 여성의 비율을 통해 살펴보면 다음과 같다. 통일 이후 동서독지역의 주요 도시 및 군지역의 20세~29세 남성 100인당 여성 숫자를 동서독지역의 도시 규모별로 비교한 결과, 전체적으로 서독지역에 비해 동독지역의 여성 비율이 낮은 것으로 나타났다. 그나마 동독지역의 대도시지역은 1990년대 후반 이후 여성 비율이 높아지는 추세를 보였으나, 중심도시 주변의 농촌지역과 일반 농촌지역인 군 지역은 지속해서 여성 비율이 하락하는 추세를 보였다. 이것은 동독지역 내에서도 농촌지역의 자연적인 인구성장 잠재력이 통일 이후 크게 낮아졌음을 시사하고 있다.

통일 이후 동독지역의 인구감소는 자연적인 감소 외에 서독지역으로의 이주가 큰 영향을 미친 결과이다. 서독지역으로의 인구이동으로 동독지역의 전체 인구는 1989년 1,661만 명에서 2007년 1,314만 명(베를린 제외)으로 347만 명(21%) 감소했지만, 서독지역은 497만 명(8%) 증가하였다. 2008년까지 동독지역의 인구 유출과 인구 유입을 반영한

독일 인구변화 추세(1989~1998)

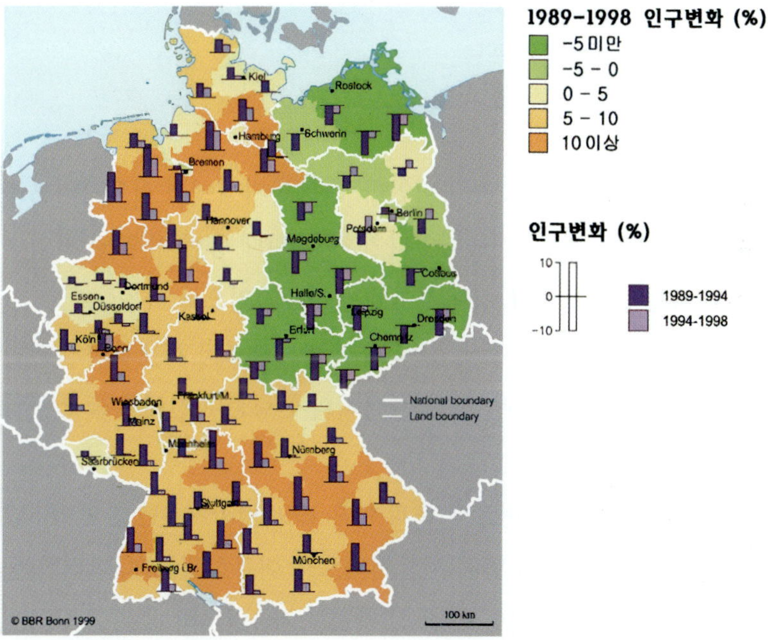

자료: 독일연방건설.지역계획청. 2000.

통일 이후 동서독지역 간 인구이동(1990~2011)

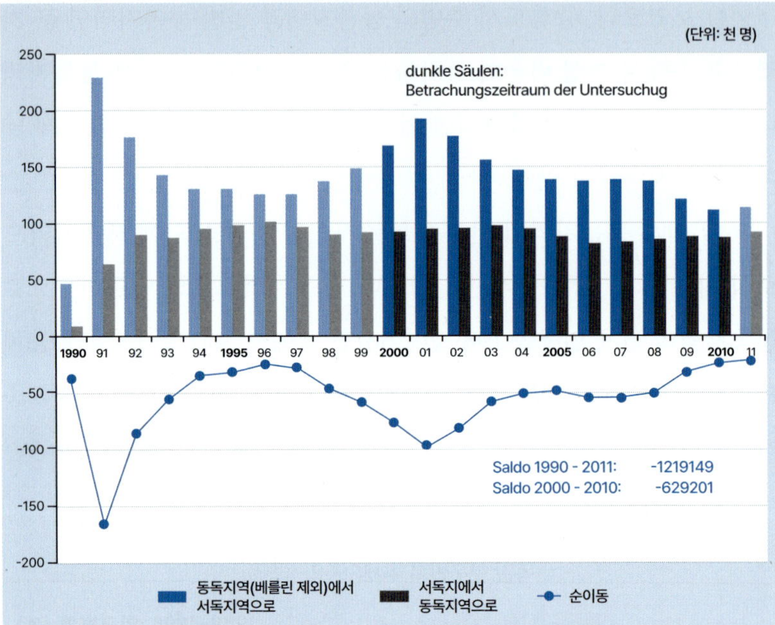

자료: 연방통계청. 1992~1996, 2009, 2013

순 이동 감소 인구는 180만 명이었다.[261] 동독지역에서 서독지역으로의 이주는 통일 초기에 집중되었다가 1990년대 중반 이후 양 지역간 이주 격차는 줄어들었다. 동독지역에서 서독지역으로 이동한 인구 가운데에는 청년층이 많았는데, 교육을 위한 18세부터 25세까지의 연령층과 일자리를 찾는 25세부터 30세까지의 연령층이 전체 유출 인구의 45%를 차지하였다.[262]

1989년 11월의 베를린장벽 붕괴 이후 1998년까지 9년 동안 186만 4,000명의 동독지역 주민이 서독지역으로 이주하였는데, 이러한 동독지역 주민들의 서독지역 이주의 75%는 1989년부터 1993년 사이에 발생하였고, 1994년 이후에는 동서독 간 인구이동이 어느 정도 균형을 이루었다.

동독지역에서의 인구 유출 규모는 1990년의 40만 명을 정점으로 해서 1991년의 25만 명, 그리고 1992년에 20만 명으로 차차 안정되어 갔는데, 연방정부는 통화 통합이라는 강력한 경제정책 외에도 동독지역의 개발을 위한 각종 지원프로그램을 통해 동독지역으로부터의 대규모 인구 유출을 억제할 수 있었다. 이러한 동서독 지역간 인구이동의 안정화가 동독지역의 경제 재건에 커다란 기반이 되었다.

통일 이후 동독지역 주요 도시들의 고용변화(1992~1998)

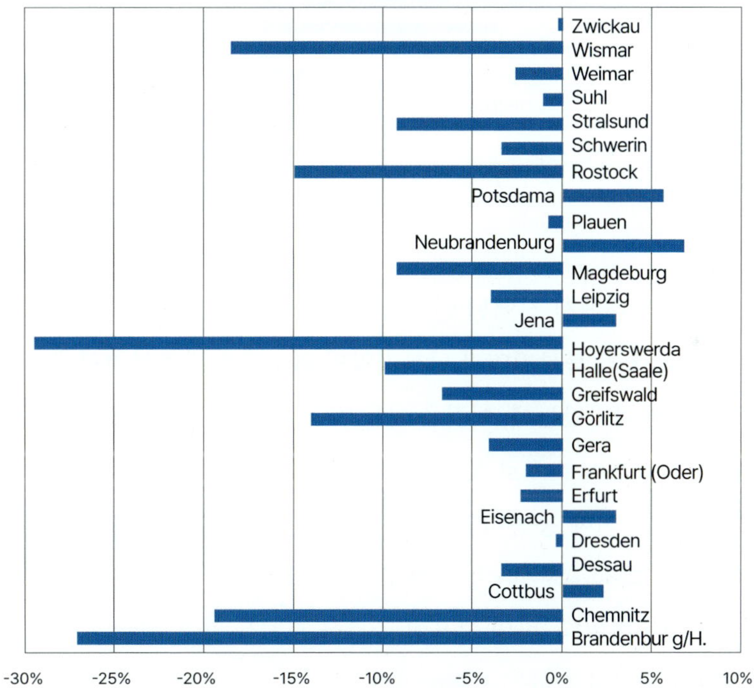

자료: Manfred Kühn. 2014. "Ostdeutsche Städte seit der Wiedervereinigung Schrumpfung und Wachstum, Sub-und Reurbanisierung". Vortrag auf dem Workshop Koreanologie der Universität Wien.

주요 도시들의 인구변화(1991~2000)

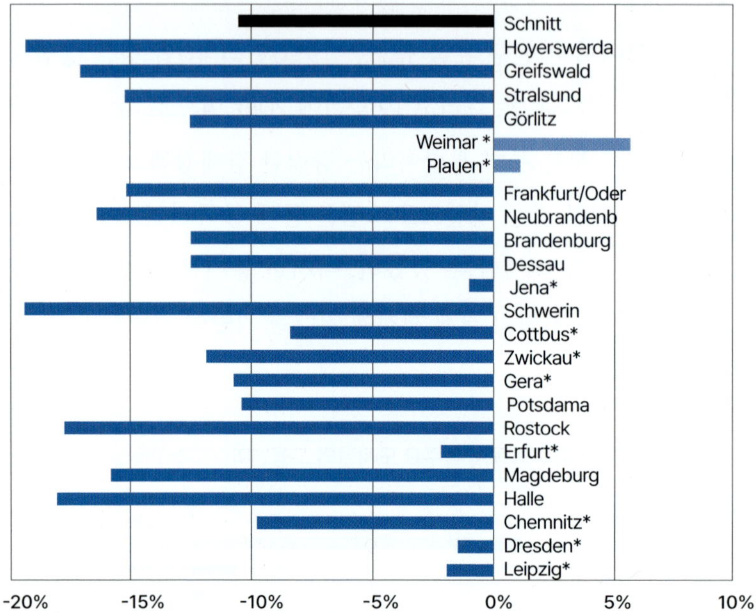

자료: Manfred Kühn. 2014. Ibid.

동독지역 내에서 진행된 인구이동은 지역별 산업구조와 연관성이 있다. 통일 초기 북부지역과 남부지역의 인구감소가 중부지역에 비해 두드러지게 나타났는데, 이것은 이들 지역이 사회주의 시절 주로 농업(북부)과 중공업(남부)으로 특화되었던 지역이기 때문이다.[263] 1992년부터 1998년 사이에 동독지역 내에서 고용이 크게 감소한 도시들은 호이어스베르다Hoyerswerda 등 대체로 사회주의 시절 중공업으로 특화되었던 도시들이었다. 반면 고용이 증가한 도시는 포츠담Potsdam 등 서비스업의 특성이 강한 도시들이었다.

통일 초기인 1992년에 동독지역 내에서 인구 유출이 유입을 초과한

동독지역 인구이동의 구조적 요인들

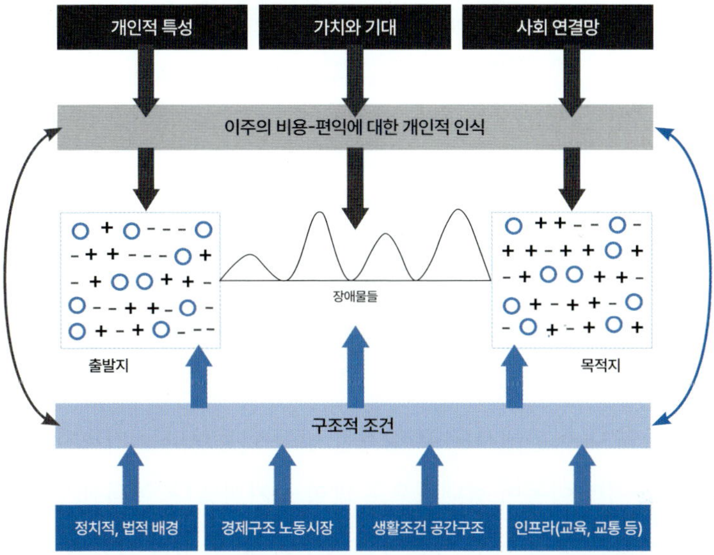

자료: Tim Leibert. 2014. "Abwandern nach dem Abi ist quasi ein Muss": Wanderungsmuster und -motive junger Ostdeutscher". Workshop „Verstädterung und Stadtgeographie Koreas" Wien, den 20.05.2014

일부 지역에서의 인구이동 결정요인은 주거 관련 인프라, 교통 관련 인프라 등이었다.[264] 이러한 결과는 통일 초기에 동독지역의 열악한 주거 인프라가 인구 유출에 상당한 영향을 미쳤음을 의미하고 있다. 그러나 점차 지역간 인구이동이 안정되면서 동독지역에서의 인구이동 요인도 일자리와 교육 기회 등 일반적인 요인으로 변하였다.[265]

또한, 통일 이후 동독지역 내 인구이동의 또 하나의 주요 특징은 시간이 흐름에 따라 동독을 벗어나는 장거리 이동이 감소하고 동독지역 내 이동이 점차 증가했다는 점이다. 1991년 동독지역 내에서 이주한 사람이 동독지역 전체 이주자에서 차지하는 비율은 41%였는데, 이 비율이 1994년에는 61%로 증가하였다.

통일 초기 지역간 이주의 특성(1991~1994)

년도	이주		전체 이주자에서 차지하는 비율	
	동독지역에서 동독지역으로(천명)	서독지역에서 서독지역으로(천명)	동독지역내 이동(%)	서독지역내 이동(%)
1991	177	1,943	41	95
1992	180	2,020	45	94
1993	214	2,031	54	94
1994	256	2,136	61	94
1991~1994	827	8,130	50	95

자료: 독일연방지리공간연구원(BfLR). 1997. Informationen zur Raumentwicklung. Heft 1/2. p37.

동독지역 내 이동에서도 주 경계를 넘는 이동보다는 기초지자체 간 이동 등 근거리 이동이 상대적으로 많이 증가하였다. 이러한 인구이동 추세의 변화는 통일 이후 시간이 흐를수록 중·단거리 이동이 전체 인구이동에서 중요한 위치를 점하게 되었음을 의미한다.

전체적으로 볼 때, 인구이동의 양적 측면에서는 통일 이후 동서독 지역간의 인구이동이 통일 초기를 제외하면 비교적 안정적이었다는 평가였으나, 동독지역의 청년층과 숙련 기술자들의 서독지역 이주 증가로 인해 질적인 측면에서는 부정적인 평가가 많았다.[266]

경제력 변화

통일이 동독지역 주민들에게 가져온 가장 큰 경제적 변화 가운데 하나는 바로 소득과 복지의 증대였다. 통일 이전 서독에 비해 1/10 수준에 머물던 화폐가치가 1:1로 전환되면서 동독지역 주민들의 실질 소득과 구매력은 크게 증가하였다.

독일의 1인당 GDP는 통일 직후인 1992년 2만 431유로에서 2008년 3만 343유로로 48.5% 정도 증가하였는데, 동독지역은 같은 기간 동안

통일 이후 1인당 GDP의 변화

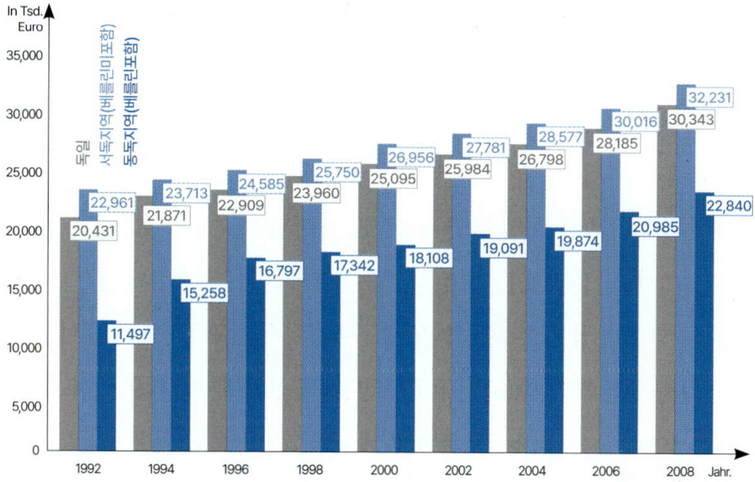

자료 : Stephan Lessenich. "Die Kosten der Einheit". 2010

동서독지역 근로자당 연평균 임금 변화

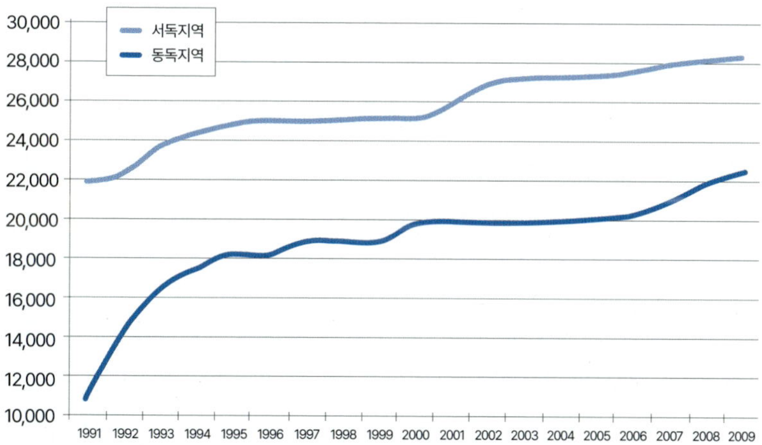

자료: 독일연방통계청. 2010.

1만 1,497유로에서 2만 2,840유로로 98.7% 증가하였다. 동독지역 근로자들의 소득수준은 1991년에 서독지역 근로자의 46.5%에서 2009년 76.5%까지 증가하였다.[267] 이것은 통일의 가장 직접적인 경제적 편익 가운데 하나로 평가될 수 있을 것이다.

통일 이후 동독지역은 연방정부의 재정투입과 민간기업의 투자유치를 통해 경제 규모가 크게 증가하였다. 독일 전체 총생산의 7.1%(1991년)에 불과했던 동독지역은 2008년에는 12%에 이르렀다.[268] 독일 정부의 공식 통계에 의하면 2019년 동독지역 주민 1인당 월 소득은 서독 주민의 85%에 도달했고, 소비수준은 90%에 이르렀다.[269]

하지만 이러한 외형적인 경제 규모의 증가에도 불구하고 생산성 등 동독지역 경제의 내적 역량은 아직 취약한 상태이다. 통일 초기인 1992년 동독의 노동생산성은 서독의 40% 정도였으나 1998년 59.4%를 거쳐[270] 2019년 80% 수준에 도달했다.

근로자 1인당 생산액의 수준에 있어서 동독지역 내에서도 지역적 차이가 나타났는데, 동독지역의 대도시권 내 핵심 도시의 근로자 1인당 생산액이 서독지역 유사지역의 70.1%에 불과하지만, 농촌지역의 농업 중심 군지역은 서독지역 유사지역의 86.5%, 도시화된 지역의 농업 중심 군지역은 93%에 이르렀다.[271] 대도시권 핵심 도시지역들의 낮은 생산성이 동독지역 전체의 생산성 정체 원인인 것으로 볼 수 있다.

동독지역의 노동생산성이 서독지역보다 낮은 상태인 것은 기업규모 측면에서 그 원인을 찾아볼 수 있다. 통일 이후 동독지역의 대규모 국영기업들이 해체되어 매각되면서 동독지역의 기업들은 서독지역에 비해 중소 규모 기업들이 많아지게 되었다. 2002년 기준으로 동독지역의 제조업 가운데 250인 이하인 기업에서 일하는 근로자의 비율이 70%에 이르는데, 이것은 서독지역이 50% 미만인 것에 비하면 높은 수준이다. 이후에도 이러한 비율은 큰 변화가 없었다.[272] 일반적으로 중소기업의 생산성은 대기업에 비해 낮으므로 동독지역의 생산성 정체 원인을 기업규모의 측면에서도 찾아볼 수 있는 것이다.

통일 이후 동서독 주요 지표 변화

구분		동독지역		서독지역	
		1989	2007	1989	2007
인구 (천명)		16,610	13,140	62,063	67,028
면적 (km²)		108,588	108,858	248,252	248,257
인구밀도 (인/km²)		153	121	250	270
전체 취업자 수 (만 명)		974.7	574.1	2,763.5	3,242.3
고용 비율 (%)	1차산업	10.8	3.0	3.9	2.0
	2차산업	50.4	25.2	39.7	26.0
	3차산업	38.8	74.5	56.4	72.0
1인당 GDP		5,840달러/ 7,330유로 (1991)	21,294유로	19,283달러/ 22,030유로 (1991)	31,330유로
1인당 주거 면적(m²)		27.6	38.6(2006)	37.2	44.0(2006)
하수정화시설 공급 비율(%)		58.2	84.0(2004)	96.9	97.0(2004)
가구재 소비수준 (%)	전화보유가구비율	17.2(1988)	99.1(2008)	96.8(1988)	99.0(2008)
	자동차보유가구비율	54.3(1988)	73.3(2008)	76.1(1988)	77.9(2008)
	인터넷연결비율	-	57.6(2008)	-	65.9(2008)
국토 면적당 총 고속도로 연장(km/km²)		0.02	0.03	0.04	0.04
국토 면적당 총 철도 연장(km/km²)		0.13	0.10(2005)	0.12	0.11(2005)
철도의 전철화율(%)		26	51	40	53

주 : 면적자료는 국가정보원. 2009. 통계에 나타난 독일통일 20년 참조, 1인당 GDP는 베를린 제외. 서독지역 인구자료는 베를린 포함.
자료 : Institut für Wirtschaftsforschung. 2009. "Bestandsaufnahme der Wirtschaftlichen Fortschritte im Osten Deutschlands 1989-2008", Dresden. Deutsche Institut für Wirtschaftforschung. 2009. "Vierteljahrshefte zur Wirtschaftsforschung. Die Wirtschaft in Ostdeutschland 20 Jahre nach dem Fall der Mauer - Rückblick, Bestandsaufnahme, Perspektiven". Berlin.

독일의 외국인직접투자 추이

(단위: 십억 달러)

년도	1989	1990	1991	1992	1993	1994	1995	1996	1997	1998	1999	2000	2001	2002	2003
금액	10.8	9.1	7.9	5.5	1.8	7.1	12.1	6.6	12.2	24.6	56.1	198.3	21.1	36.0	29.2

자료: UNCTAD, World Investment Report 1995, 2000, 2002, 2004. 박선화. 2009. "통일독일 이후 경제정책과 외국인직접투자(FDI)". 독일학연구 제25호(2009. 12). p9에서 재인용.

통일 이후 독일의 경제 상황 변화는 민간투자를 통해서도 살펴볼 수 있다. 통일 초기에 동독지역 투자에 대해서 연방정부가 여러 가지 세제와 금융상의 혜택을 부여하자 민간투자가 많이 증가하였다. 1991년부터 1996년 사이에 동독지역에서 이루어진 총투자액 9,500억 마르크 가운데 8,000억 마르크가 민간투자였다.[273]

전체적으로 볼 때, 통일 후 동독지역 개발에는 서독지역 민간기업들의 투자가 많았고, 외국인 투자가 상대적으로 적었던 것은 같은 시기에 시장이 개방된 폴란드, 헝가리, 체크에 대한 외국인 투자가 동독지역에 대한 투자보다 매력적이었기 때문이다.[274]

특히 독일통일 초기 1991년부터 1993년까지 독일로 유입된 외국인직접투자FDI가 감소하였는데, 이 시기 동독지역에는 대규모 실업 사태 등 경제환경이 악화하였다. 당시 독일 연방정부는 이러한 동독의 실업 사태와 경제환경 악화를 개선하기 위해 재정을 집중했다. 이 때문에 외국인직접투자를 유치하기 위한 제도나 정책은 적극적으로 이루어지지 않았고, 이 때문에 FDI 유치가 감소했음을 유추해 볼 수 있다.[275] 그러나 1994년 이후 외국인직접투자가 증가하였는데, 이것은 동독지역 경제발전이 안정기에 접어든 시점과 일치한다.

외국인직접투자의 증가 등으로 동독지역 기업들의 매출액 중 수출 비중도 증가하였다. 동독지역 광공업 분야 기업들의 수출 비중이 1991

1990년 이후 동독지역 내의 외국자본 투자액

(단위: 100만 유로)

부처	주요 기업	투자액
메클렌부르크-포어포메른	Eurowasser Suez Intercont.	461
	Recycling Corp.	410
	Kvaner Warnow Yard	256
베를린	Sony Deutschland	770
	TotalFinaElf	551
	Gillette Deutschland GmbH	268
브란덴부르크	DaimlerChrysler	370
	Campina	273
	E-Bay	273
작센-안할트	Dow Chemical Co.	4,400
	TotalFinaElf	2,610
	Mercer International	1,000
튀링겐	General Motors	512
	Mercer International Inc.	266
	Allied Signal	100
작센	AMD	4,600
	Infineon Technologies	1,023
	Motorola	767

자료: IIC Economic Overviews 2006. 통일연구원. 2008. 2006 독일통일백서. p32에서 재인용.

년 14.6%에서 2008년 29.6%로 두 배 이상 증가하였다.[276] 하지만 이 비율은 서독지역의 34.8%에 비해서는 여전히 낮은 수준이었다. 서독지역에 비해 낮은 동독지역 기업들의 수출 비중은 동독지역 기업들의 평균 규모가 서독지역보다 낮은 것에서도 그 원인을 찾아볼 수 있다.[277]

산업구조 변화

통일 이후 동독지역에서 진행된 급격한 사유화와 민영화는 대량 해고와 실업자 증가 등 많은 변화를 불러왔다. 이 과정에서 동독지역의 근로자 수는 급격하게 감소하였다. 1990년 약 800만 명 수준이었던 근로자 수는 2000년 이후 600만 명 수준을 넘지 못하였다. 이러한 근로자 수의 감소는 농업과 중화학공업 중심의 기존 산업구조의 변화와도 연관되어 있다.

전체적인 추세를 볼 때, 통일 이후 동독지역의 산업구조는 서독지역의 산업구조와 유사해지고 있다. 기존의 광공업 중심 산업구조(1·2·3차 생산액 기준 10/61/29%, 1989년)는 서독지역의 산업구조(3/28/69%, 2006년)와 같이 서비스업 중심(4/24/72%, 2006년)으로 재편되었다. 서독에서 20~30년이 소요되었던 '3차 산업화'가 동독지역에서는 통일 초기

통일 이후 동독지역 근로자 수의 변화

(단위: 백만 명)

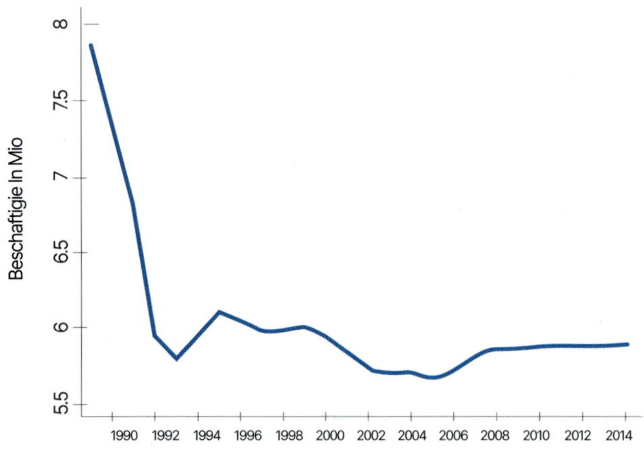

자료: Michael Fritsch, Alina Sorgner und Michael Wyrwich. 2015. "Die Entwicklung der Wirtschaft in Ostdeutschland nach der Wiedervereinigung". in GWP – Gesellschaft. Wirtschaft. Politik. Jg. 64, Nr. 2-2015. p228.

통일 이후 동서독지역 산업구조의 변화(1990~1999)

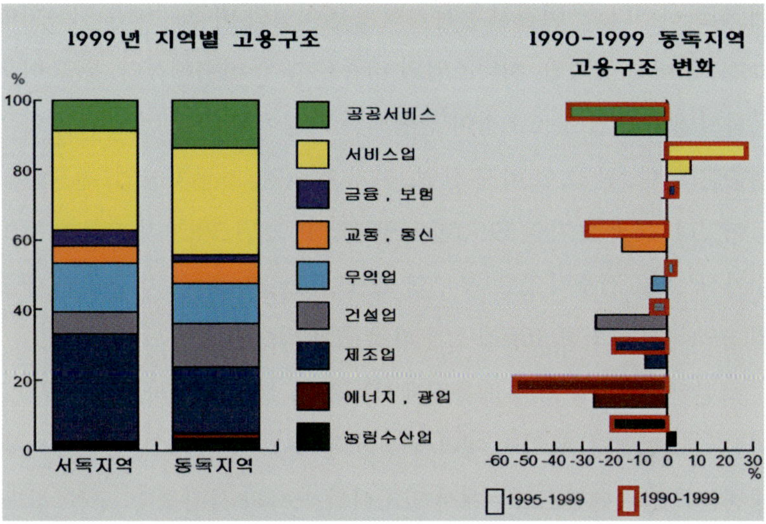

자료: 독일연방건설.지역계획청, 2000.

2~3년 사이에 급속히 진행되었다는 점이 특징이다. 이것은 국영기업 민영화의 결과 가운데 하나이기도 하다.

1999년 기준으로 동독지역의 서비스업종 중 공공서비스의 고용 비율이 서독지역보다 여전히 높았다. 이것은 공공부문의 구조조정이 계속 진행되어야 할 과제임을 시사하였다. 동시에 건설 부문의 고용 비율도 서독지역에 비해 크게 높았는데, 이것은 동독지역의 경제 재건 과정에서 건설업이 중심적 역할을 했음을 보여주는 결과이다. 그러나 동독지역에서 건설 부문의 비중이 서독지역에 비해 과도하게 높은 것은 부정적인 측면이 있다. 통일 직후 동독지역의 지원 정책 중 건설 부문에 대한 투자가 진행되는 과정에서 중복투자, 과잉투자의 문제가 많이 발생하였기 때문이다.[278]

2013년 기준으로 동독지역의 산업구조는 총부가가치 기준으로 제조업 17.3%, 서비스업 68.6%로 서독지역과 산업구조의 유사성이 확대, 심화하였다.[279] 여전히 동독지역 농림어업의 비중(1.7%)은 서독지역(0.7%)에 비해 높지만, 서비스업의 비중은 매우 비슷해졌다. 통일 이후 동독지역의 산업 구조조정이 진행되는 과정에서 가장 큰 타격을 입은 업종은 화학, 광업, 소비재 산업, 전기 기술업, 자동차산업, 철강산업 등이었다. 통일 초기인 1990년 11월부터 1992년 5월까지 고용 인구의 수가 약 25% 감소하였고, 북부의 메클렌부르크-포어포메른주와 베를린(동부)에서 이러한 고용감소가 가장 크게 나타났다.

브란덴부르크주와 동베를린에서는 농업 분야 종사자의 수가 60% 이상 감소하였다. 광업과 에너지 생산 분야에서는 1992년 5월까지 튀링겐주와 브란덴부르크주에서 일자리의 45%가 사라졌다. 교통, 철도, 우편 분야에서도 종사자의 수가 10% 이상 줄어들었다. 이와 반대로 은행, 보험 분야와 건축 분야에서는 전반적으로 종사자의 수가 증가하였다. 상업 분야에서는 튀링겐주(11.2%)와 작센주(7.9%)에서 뚜렷한 증가가 나타났다.

독일의 산업별 부가가치 비중 변화(1991~2013)

구분	1991		2013	
	서독지역	동독지역	서독지역	동독지역
농림어업	1.1	3.1	0.7	1.7
광공업	37.0	34.4	30.9	29.7
(제조업)	28.1	14.0	23.0	17.3
건설업	5.6	12.1	4.5	7.0
서비스업	61.9	62.5	68.4	68.6

주: 베를린 제외
자료: 이해정, 조호정. 2015. "독일통일 25주년의 경제적 성과와 한계 - 통일 리스크에 대한 사전 준비 강화 필요". VIP리포트 15-35(통권 632호). p4.

이처럼 과거 사회주의 체제하에서 왜곡되고 비효율적이었던 동독지역의 산업구조가 통일 이후 기업 민영화 과정을 통해 효율성을 중시하는 구조로 재편된 것은 통일의 주요 영향 가운데 하나로 볼 수 있다. 통일 이후 동독지역의 산업구조 변화는 도시 차원에서 살펴보면 그 특징을 더 분명하게 파악할 수 있다.

중공업 중심의 도시산업이 서비스산업 중심으로 전환되거나 ICT, 신재생에너지, 바이오산업 등 신산업 중심으로 전환되는 사례가 바로 그것이다. 도시산업구조의 성공적 전환 사례로 꼽히는 사례가 작센주의 라이프치히이고 그 반대의 경우가 인근의 할레이다. 라이프치히는 통일 이전 동독 정권이 중공업 도시로 육성코자 하였으나 별다른 성과가 없었다. 통일 이후에는 BMW 등 자동차산업과 대규모 전람회장, 대학도시 등으로 발전하였다. 특히 라이프치히는 대학생 수의 증가가 뚜렷한 도시이다.

통일 이후 동독지역 주요 도시들의 1인당 생산액 변화(1992~2005)

구분	1992	1999		2005		
	(유로)	(유로)	변화율(%) (1992-1999)	(유로)	변화율(%) (1999-2005)	변화율(%) (1992-2005)
Halle	12,497	20,338	62.7	21,944	7.9	75.6
Dresden	12,884	23,305	80.9	29,668	27.3	130.3
Chemnitz	12,596	21,716	72.4	25,348	16.7	101.2
Leipzig	12,337	21,235	72.1	24,396	4.7	97.7
Magdeburg	12,175	22,205	82.4	25,310	14.0	107.9
Erfurt	15,306	26,473	73.0	28,204	6.5	84.3
Jena	12,283	23,065	87.8	27,784	20.5	126.2

자료: Arbeitskreis Volkswirtschaftliche Gesamtrechnung der Länder. 2007. Gebietsstand 19.4.2007, Berechnungen des IWH.

라이프치히의 BMW 공장 및 박람회장(Messe) 전경

자료: Stadt Leipzig. 2006.

반면에 인근의 할레는 라이프치히 등 주변 지역으로의 인구 유출과 인력 부족으로 인해 상대적으로 산업구조 전환의 성과가 적게 나타났다. 할레는 태양광산업, 바이오산업 등 신산업을 중심으로 산업구조 전환을 도모하였다. 비교적 긍정적인 산업 발전을 한 도시로서 라이프치히와 함께 예나를 들 수 있는데, 예나는 광학 관련 기업의 투자로 도시경제가 활성화된 성공 사례이다.

로스토크는 과거 동독 시절에 유일한 대외 무역항으로서 기능했다. 하지만 통일 이후 항만 교역 기능은 함부르크가 담당하게 되면서 로스토크는 동해Ostsee를 중심으로 한 여객 중심 관광항으로서 그 기능이 크게 변화하였다.[280] 이것은 통일 이후 로스토크 항만의 처리 화물변화를 통해 확인할 수 있다. 통일 이전에는 유류, 석탄, 철강재의 점유율이 높았지만, 통일 이후로는 페리 화물과 화물열차 페리의 물동량이 크게 증가하였다.

로스토크항의 여객부두 전경

자료: 독일연방건설청. 2007.

통일 이후 로스토크항의 화물 특성 변화

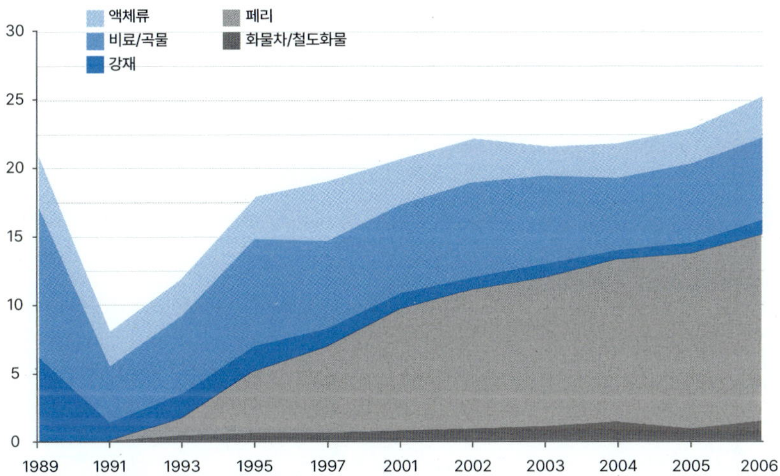

자료: 독일연방건설청. 2007.

건설 부문 변화

독일 산업에서 건설산업은 중요한 위치를 차지하는데, 2022년 기준으로 건설 부문이 독일 국내총생산에서 차지하는 비중은 12.3%에 이른다. 전체 고용 가운데 건설 부문은 5.8%를 차지하고 있다.[281] 독일의 건설산업은 통일 직후 크게 성장하여 1994년에 최고점을 찍은 후 2004년까지 10년 동안의 침체기를 겪었다.

침체기가 끝난 2005년 건설투자 규모는 1995년 대비 1/4에 불과하였다. 2009년부터 2021년까지는 낮은 금리와 이주 증가에 따른 주택 수요 등으로 건설투자가 다시 호황을 누리기도 하였다. 특히 주택 부문은 건설투자에 있어서 핵심 영역으로 2022년 기준으로 주택 부문 투자는 전체 건설투자의 61.6%를 차지하고 있다.[282]

통일 이후 동·서독지역의 주민 1인당 투자액 추이

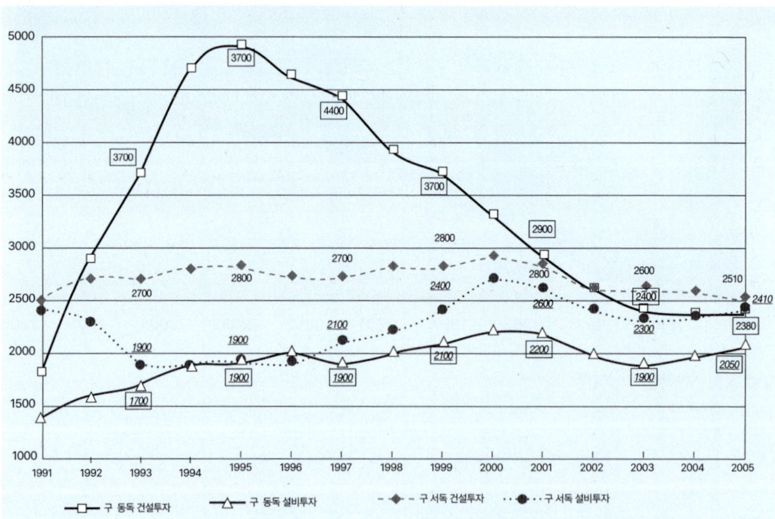

자료: Bundesministerium fuer Verkehr, Bau und Stadtentwicklung. 2006. Ibid. p170.

독일의 건설투자 변화 추이(1)

국내총생산과 건설투자
불변가격, 1991=100

주민 1인당 건설투자
불변가격, 단위: 1천 유로

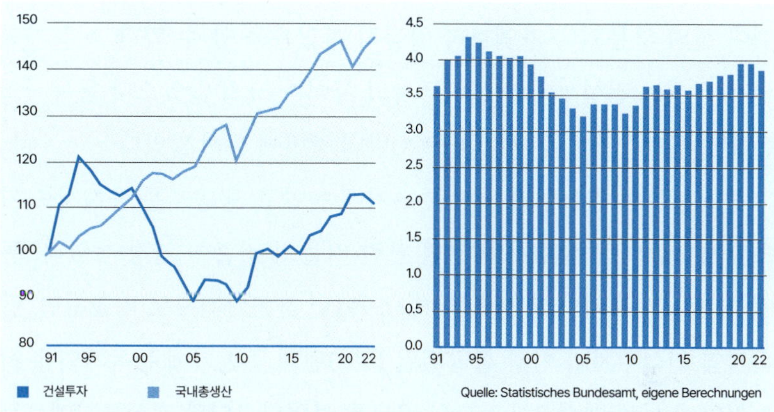

자료: Hauptverband der Deutschen Bauindustrie e. V.. 2023. BAUWIRTSCHAFT IM ZAHLENBILD. p2.

독일의 건설투자 변화 추이(2)

공공부문의 건설투자
(단위: 십억 유로)

투자 주체별 건설지출
(단위: 십억 유로)

전체 지출 중 건설지출 비율
(단위: %)

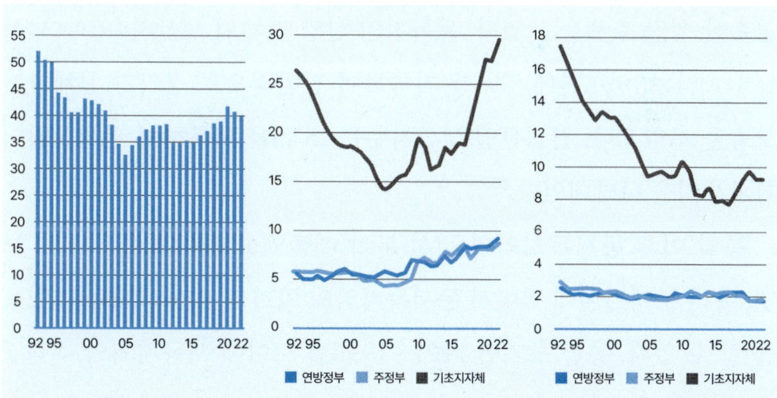

자료: Hauptverband der Deutschen Bauindustrie e. V.. 2023. BAUWIRTSCHAFT IM ZAHLENBILD. p9.

건설 부문 투자는 통일 이후 동독지역의 재건을 이끈 결정적 동력 가운데 하나라고 할 수 있다. 통일 이후 전개된 동독지역에서의 투자를 서독지역과 비교해 보면, 동독지역의 주민 1인당 건설 부문의 투자액이 설비 부문의 투자액보다 월등히 많았음을 알 수 있다. 서독지역의 경우에는 건설투자와 설비투자의 차이가 크지 않았으나 동독지역은 건설투자가 설비투자보다 1990년대 중반에 특히 많았다.

공공부문의 건설투자는 통일 초기에 높았고, 공공부문 중에서도 기초지자체들의 건설투자와 건설 관련 지출의 비중이 가장 높았다. 통일 이후 동서독지역의 건설투자를 1991년 불변가격으로 비교하면, 동독지역 건설투자가 가장 활발했던 1990년대 중반기에 동독지역은 서독지역에 비해 대략 2배 정도의 규모를 보였다. 1인당 건설투자액으로 비교할 때도 서독지역이 1991년부터 2009년 사이에 큰 변화가 없었던 데 비해 동독지역은 1994년부터 1998년 사이에 뚜렷하게 높은 수준을 보였다.

통일 과정에서 동독지역의 건설산업은 통일 초기에 타 산업에 비해 급속한 성장 추세를 보였다. 동독지역 산업 전체의 생산지수(1990년 하반기=100)는 1993년에 87.4를 기록하여 전반적으로 경기가 침체하는 모습을 보였으나, 건설산업 생산지수는 157.3을 기록하여 건설산업이 활황세임을 나타내었다.[283]

통일 이후 동서독지역의 건설 분야 매출액을 분야별로 비교해 보면, 특히 주택건설에 있어서 동서독지역의 차이가 크게 나타나고 있음을 알 수 있다. 통일 초기인 1991~1995년 사이에 서독지역의 주택건설 매출액 증가율이 약 33%였던 반면에 동독지역은 약 317%였다. 일반적인 경제건설 분야의 매출액도 같은 기간 서독지역이 약 1%의 감소세를 보인 반면에 동독지역은 약 195%의 증가율을 나타내었다. 공

독일의 건설투자 변화 추이(3)

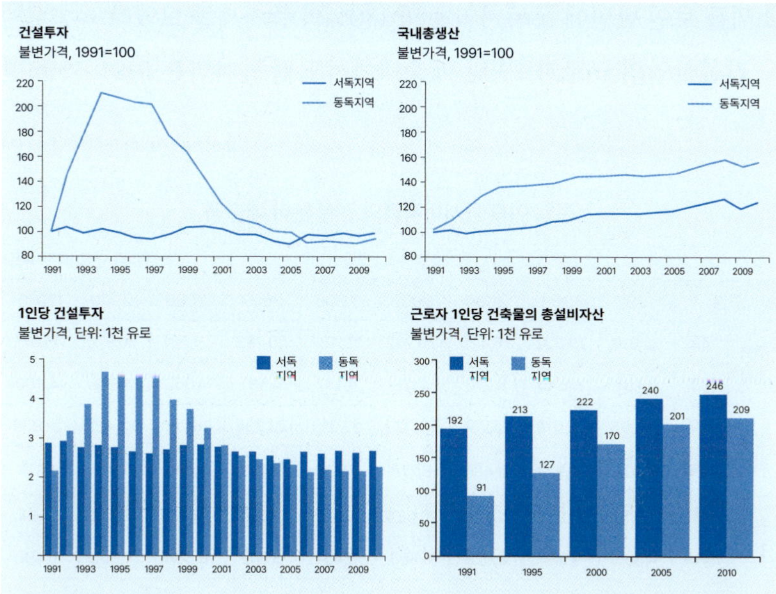

자료: Hauptverband der Deutschen Bauindustrie e.V. 2011. BAUWIRTSCHAFT IM ZAHLENBILD. GRAFIK2.

독일의 주요 산업 생산지수 변화

구분	독일 전체			동독 지역		
	합계	제조업	건설업	합계	제조업	건설업
1991	98.8	98.6	98.8	76.8	65.7	98.9
1992	98.6	97.4	110.8	79.1	64.6	129.3
1993	93.1	90.6	114.8	87.4	70.5	157.3

주: 1990년 하반기 = 100
자료: 빈재익. 2012. 독일통일 과정에서 동독지역 건설산업의 변화 및 동향. 건설이슈포커스 2012-13. p13.

공 건설 분야의 매출액에서도 서독지역이 같은 기간 동안 약 2%의 감소세를 보인 반면에 동독지역은 약 130%의 증가세를 보였다.

건설산업의 근로자 1인당 매출액에서도 동독지역은 1991~1995년

통일 이후 동서독지역의 건설 분야 매출액

(단위: 각 년도 백만 유로)

구분		1991	1995	2000	2005	2006	2007	2008	2009	2010
주택건설	서독	22,010	29,332	26,460	20,282	22,487	20,798	21,261	20,370	21,851
	동독	2,791	11,646	8,270	4,178	4,467	4,581	4,652	4,302	4,450
경제건설	서독	28,295	28,018	25,766	20,033	22,310	23,238	26,250	23,487	21,959
	동독	5,402	15,923	9,466	6,776	7,634	7,403	7,660	7,361	7,577
공공건설	서독	22,253	21,939	20,056	16,684	17,822	18,332	19,431	20,039	19,690
	동독	4,335	9,974	8,623	6,353	6,451	6,348	6,388	6,655	6,407

자료: Hauptverband der Deutschen Bauindustrie e.V. 2011. BAUWIRTSCHAFT IM ZAHLENBILD. GRAFIK4.

통일 이후 건설분야 동·서독지역 건설산업 근로자 1인당 매출액

(단위: 천유로)

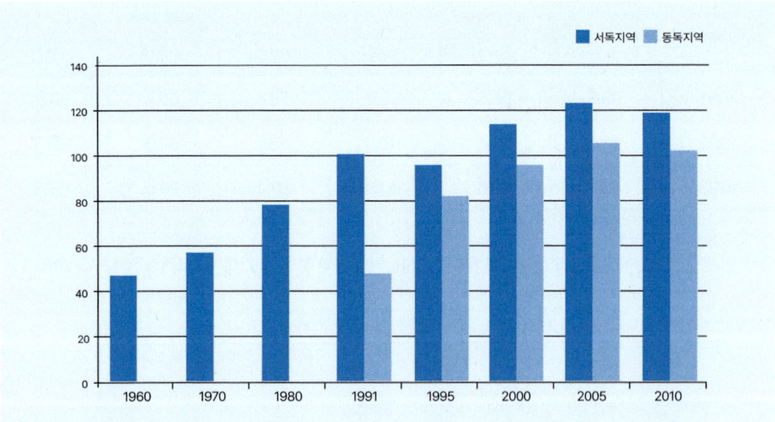

자료: Hauptverband der Deutschen Bauindustrie e.V. 2011. BAUWIRTSCHAFT IM ZAHLENBILD. GRAFIK16.

사이에 약 74%의 증가세를 보인 반면에 서독지역은 오히려 약 5%의 감소세를 보였다. 서독지역 근로자 1인당 매출액 대비 동독지역의 비율은 1991년 약 47%에서 1995년 약 86%까지 증가하였고, 2010년에도 같은 비율을 나타내었다.

통일 이후 동독지역의 건설 부문 생산성 향상은 건설산업 매출액 1백만 유로당 근로자 수로도 확인이 되는데, 1991년 서독지역에 비해 약 113% 많았던 근로자 수가 1995년에는 약 16% 많았다. 이 비율은 2010년에도 유지되었다.

동독지역 근로자들의 시간당 임금은 1991년에 서독지역 근로자들의 약 65% 수준이었다. 이것이 꾸준히 상승하여 2011년에는 약 90% 수준에 이르렀다. 2023년 기준으로 동독지역 건설 노동자들의 시간당 임금은 21.11유로로 서독지역 21.96유로의 96% 수준이다.

통일 이후 건설분야 동·서독지역 건설산업 매출액 백만 유로당 근로자수

(단위:인)

구분	1960	1970	1980	1991	1995	2000	2005	2010
서독지역	21.3	17.7	12.8	9.9	10.5	8.8	8.1	8.4
동독지역				21.1	12.2	10.5	9.5	9.8

자료: Hauptverband der Deutschen Bauindustrie e.V. 2011. BAUWIRTSCHAFT IM ZAHLENBILD. GRAFIK16.

통일 이후 동서독지역 건설산업 근로자들의 시간당 임금 변화

(단위:각 년도 1월 1일, 유로)

구분	1991	1995	2000	2005	2006	2007	2008	2009	2010	2010
서독지역	10.70	12.06	13.49	14.78	14.41	14.56	15.01	15.48	15.84	16.20
동독지역	6.95	10.85	12.29	13.18	12.85	12.98	13.39	13.80	14.16	14.52

자료: Hauptverband der Deutschen Bauindustrie e.V. 2011. BAUWIRTSCHAFT IM ZAHLENBILD. GRAFIK21

통일 이후 동독지역의 개발 과정에서 건설기업들의 흥망도 함께 했다. 독일의 주요 건설기업들로는 호흐티프Hochtief, 골드벡Goldbeck, 체흐그룹Zech Group, 빈치도이취란트그룹Vinci Deutschland Gruppe 등이 있다.[284] 통일 이후 동독지역 건설투자 증가는 민간기업들의 산업투자에 기인한 측면도 있다.

독일무역투자기구의 프랑크 로바쉬크 대표는 "동·서독의 경제통합과 동독지역 경제 부흥에는 서독기업들이 큰 역할을 했다"라며 "독일의 피렌체로 불렸던 드레스덴은 이제 독일의 실리콘밸리로 유명하다. 그 바탕엔 서독기업들의 과감한 투자가 있었다"라고 평했다.[285] 폭스바겐이 투자한 작센주 츠비카우, 바이엘, 바스프 등 서독 굴지의 화학·제약 업체들이 공장을 건설한 비터펠트, 독일의 대표적 전기·전자 기업 지멘스가 투자한 드레스덴, BMW가 투자한 라이프치히 등이 대표적 사례이다.

특히 통일 이후 동독지역의 건설산업은 민영화라는 구조적 변화 속에서 재편되었다. 1991년에 동독지역에 3,073개의 건설기업이 있었으나 1994년에는 1만 6,355개로 5배 이상 증가하였다. 통일 이전 40만 명이었던 건설산업의 고용자 수는 통일 직후인 1991년 말에는 34만 3,400명 수준으로 감소하였으나, 1994년에는 53만 9,100명 수준으로 다시 증가하였다.[286]

통일 이후 동독지역에서 지역 기반의 건설기업이 성장할 수 있도록 하는 정책적 배려도 있었다. 동독지역 중소 건설기업들이 시장 경제 체제에 적응할 수 있도록 독일 연방에 새로 편입된 동독지역 5개 주에서는 일반적인 건설계약절차VOB의 적용이 한시적으로 보류됐다. 연방에 새로 편입된 동독지역 주에서는 지역 중소 건설업체에 공사 물량을 배분할 수 있도록 10만 마르크까지는 제한입찰을 적용하거나 2만

통일 이후 동독지역 건설업 생산지수 변화

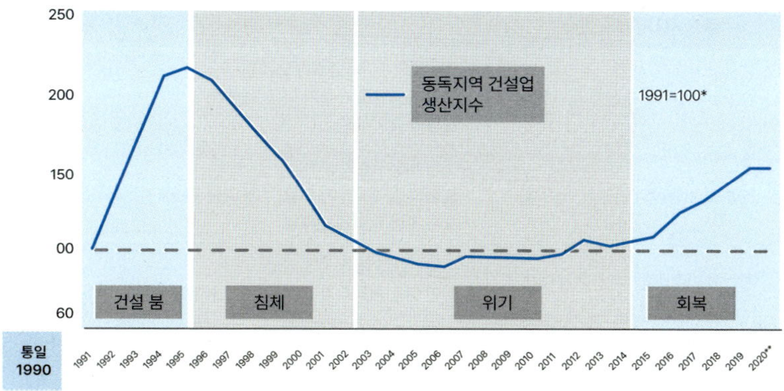

자료: Bauindustrieverband Ost e.V. 김영찬. 2025. "통일독일 국토개발과 한반도의 국토전략" 세미나 토론자료에서 재인용.

5,000마르크까지의 공사에 대해서는 수의계약을 통한 공사 배분이 가능하도록 조치하였다.[287]

통일 초기의 건설특수로 동독지역에서 큰 매출을 기록했던 건설기업들은 1990년대 후반 이후 서독지역이나 해외 건설로 활로를 모색하게 되었다. 특히 인프라건설 분야를 중심으로 서독지역이나 해외 진출을 많이 모색하였다.[288]

도시 공간적 변화

통일은 사회경제적 측면의 변화와 아울러 교외화 등 공간적 변화도 가져왔다. 사회경제적 변화보다 그 속도는 느리지만 주민들의 생활을 담아내는 공간도 점차 바뀐 것이다. 사회주의 시절 인위적으로 억제되었던 주민들의 이동성이 통일 이후 크게 높아졌고, 이것이 교외화를 추동한 힘이 되었다.

체제전환 이후 공간적 변화 추세

주요 사회경제적 변화	공간적 변화 추세
일자리와 거주지 선택의 자유	· 도시로의 인구집중(대도시화), · 교외 지역으로의 주거 이동(교외화) · 공장의 교외이전
기업 및 부동산의 민영화, 사유화	· 토지 이용구조의 분화 · 도심의 집약적 토지 이용(주거 기능 축소) · 도시 주변 지역의 신개발
개인적 가치관의 확산, 핵가족화	· 주택수요의 증가 · 주민 이동성의 증가 및 개인 교통 증가

자료: 이상준. 1999. "체제전환이 도시공간에 미친 영향에 관한 연구", 국토계획, 제34권, 통권 104호. p9.

사회주의 계획경제 체제가 자본주의 시장경제 체제로 전환되는 과정에서 가장 핵심적인 변화는 '국가'가 담당했던 역할을 상당 부분 '시장'이 대체하였고, 중앙집중적 정치구조가 민주적으로 분권화되었으며, 집단적 가치보다는 개인적 가치가 강조되었다는 점이다.[289] 이와 같은 사회경제적 체제전환은 필연적으로 토지 이용의 변화와 주민들의 이동성mobility 변화 그리고 이에 따른 지역 및 도시공간의 변화를 불러올 수밖에 없었다.

통일 이후 도시 공간적 변화를 가져오게 한 주요 원인 가운데 하나는 이동성의 증가이다. 동독지역 주민들의 이동성 증가는 통일 이후 승용차 이용 증가를 통해 파악할 수 있다. 동독지역 중소도시 콧부스Cottbus의 경우 전체 교통에서 승용차 교통의 비중이 1972년 13.5%에서 1998년 46.5%로 3.4배나 증가했지만 도보, 자전거, 대중교통의 비중은 86.5%에서 53.5%로 감소하였다. 인근의 할레Halle의 경우 버스와 전차의 이용 비율이 1982년부터 1996년 사이에 절반 아래로 감소했지만, 승용차 이용은 3배나 증가하였다.[290]

동독지역 할레의 교통수단 이용 비율 변화

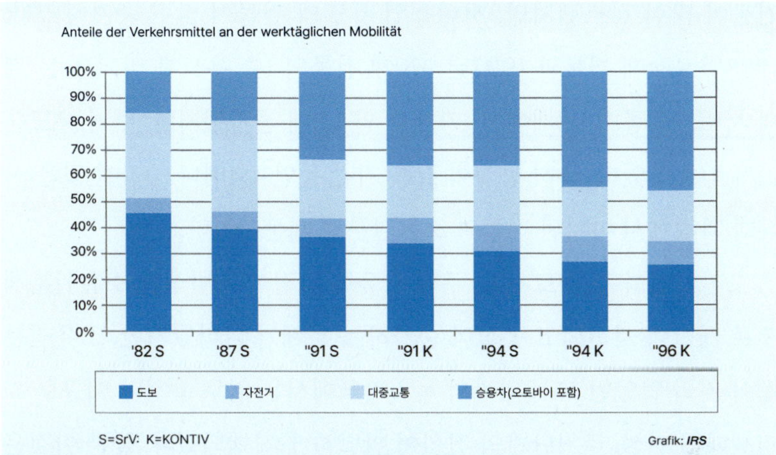

주: S 표본 도시교통량 조사 K 누적 교통량 조사(KONTIV: Kontinuierliche Erhebung zum Verkehrsverhalten)
자료: 할레(Halle) 도시계획국(1997). Markus Hesse. 1999. "'Mobilität und Verkehr in Ostdeutschland". Kommune 12/1999

통일 이후 동독지역에서 토지 및 주택의 사유화가 추진되고, 경제에서 서비스업이 차지하는 비중이 점차 증가함에 따라 토지이용에도 큰 변화가 나타났다. 공공시설이 대부분이었던 동독지역 도시들의 도심에는 쇼핑센터가 많이 늘어났다. 유휴 공장 터는 새로운 주거지나 위락시설이 자리잡게 되었다.

도시 주변에서는 대규모 아웃렛Outlet이나 단독주택단지들이 등장하는 등 교외화 현상이 나타났다. 이러한 교외화 현상은 도시의 광역화라는 공간적 변화로서 이해할 수도 있다. 통일 이후 동독지역의 대도시에서는 기존 시가지 내 기업의 교외 이전과 업무 상업시설 증가에 따라 도심의 인구 공동화 현상이 나타났다.

특히 통일 초기에 기존 구 시가지의 경우에는 주택의 소유권 관련 분쟁으로 인해 공실이 많이 증가하였다. 튀링겐Thueringen주의 주도인 에어푸르트Erfurt의 경우 도심지역에서 주거 및 제조업 관련 용도의 건물이 많이 감소했지만, 서비스업 용도의 건물이 많이 증가하였다. 1988년 924개 건물과 1992년 972개 건물의 1층 용도를 비교해 본 결과 서비스업종이 96개에서 171개로 약 1.8배 증가했지만, 주거 용도는 23% 감소하였다. 특히 공실이 같은 기간 동안 4.4배나 증가한 것은 사유화 과정에서 야기된 건물의 소유권분쟁 때문이었다.

도심지역의 경우 토지 및 주택 사유화 과정에서 발생한 소유권분쟁으로 개발이 지연되고 공실이 증가하는 문제가 나타났지만, 소유권분쟁이 거의 없었던 도시 외곽의 녹지지역에서는 업무 용지나 대규모 쇼핑센터의 건설, 주거단지의 건설이 활발하게 진행되었다. 물론 이것은 도심의 토지 소유권 분쟁 문제뿐만 아니라 도시 주변 녹지의 저렴한 지가에 기인한 측면도 있다.

그리고 도시의 경제구조 변화도 교외화를 가져온 한 원인이 되었는데, 도시 내 제조업체의 교외 이전이 바로 그것이다.[291] 시가지 내에 위치하던 제조업체들이 좀 더 저렴한 공장용지를 찾아서 교외 지역으로 이전함에 따라 자연스럽게 주거 이동도 발생한 것이다.

동베를린의 경우 통일 이후 5년 동안(1990~1995), 도심지역 3개 구의 인구밀도 증가율(0.19%)보다는 주변 8개 구의 증가율(1.8%)이 높게 나타났고, 1996년 기준으로 베를린 주변의 브란덴부르크주로부터 베를린으로의 통근자 수는 10만 4,000명으로 그 반대 방향의 4만 8,000명보다 5만 6,000명이 많았다. 이러한 결과는 교외화로 인한 대도시 통근 통행 특성의 변화를 보여주고 있다.

연방정부는 동독지역의 경제 재건을 위해 민간투자에 대한 금융 세제상의 지원을 하였는데, 민간 투자자들은 수익성을 고려하여 주로 대도시 주변 지역에 투자를 집중했다. 베를린을 둘러싸고 있는 브란덴부

베를린 주변의 브란덴부르크주 1990년 대비 2010년 인구변화

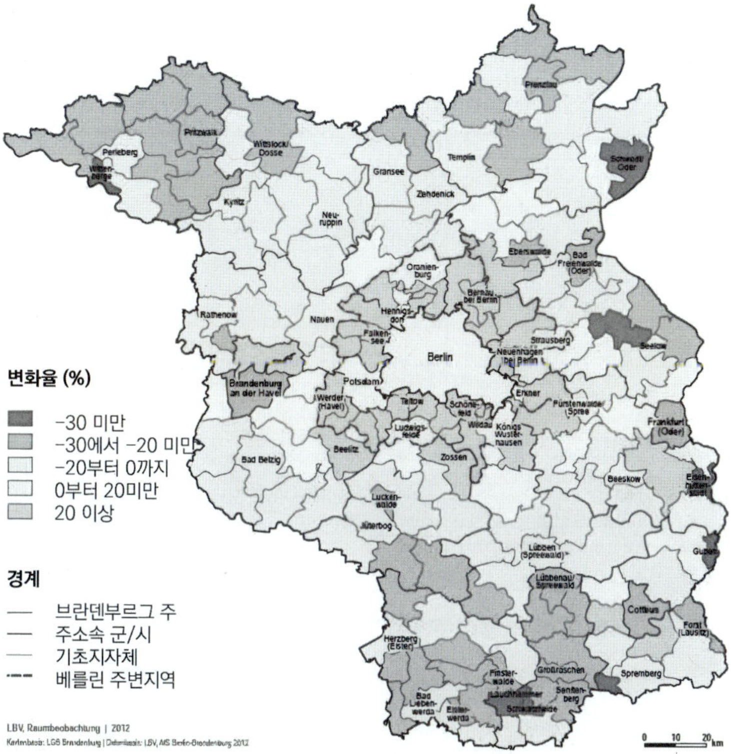

베를린 주변 지역의 주거단지 개발

베를린 장벽 (1989년 까지)

베를린 주변지역 (1996년)

자료: Manfred Kühn. 2014. "Ostdeutsche Städte seit der Wiedervereinigung Schrumpfung und Wachstum, Sub- und Reurbanisierung". Vortrag auf dem Workshop Koreanologie der Universität Wien

베를린 대도시권의 인구변화(누적)

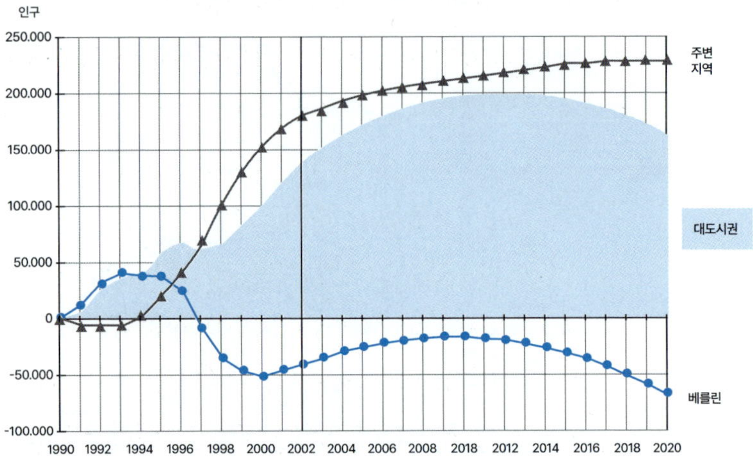

자료: Manfred Kühn. 2016." Metropolregion Berlin: zwischen Urban Sprawl und Grüngürtel-Plänen". Vortrag auf dem Workshop „Verstädterungsprozesse in Korea und Mitteleuropa" Koreanologie der Universität Wien am 6. Dezember 2016

통일 이후 베를린 주변 지역의 인구성장(2004~2008)

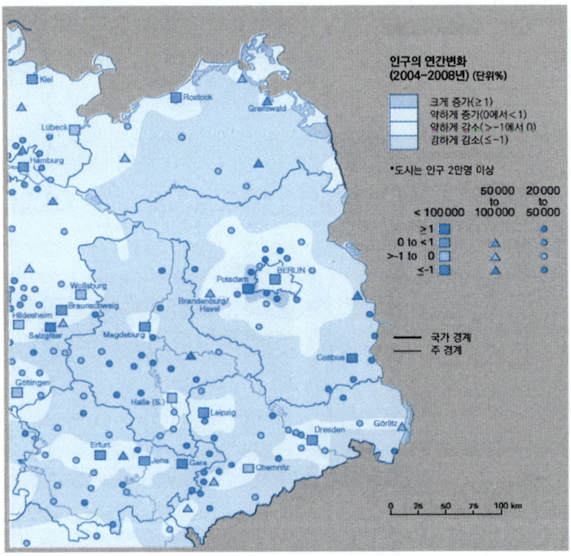

자료: Manfred Kühn. 2014. "Ostdeutsche Städte seit der Wiedervereinigung Schrumpfung und Wachstum,

르크지역의 경우 각종 투자유치정책이 베를린으로부터의 기업 이주를 촉진했다. 기업들은 도심에 비해 지가가 저렴하고 분쟁 없이 신속한 개발이 가능한 주변 녹지를 선호하였다.

이러한 도시 교외화는 통일 이후 도시의 토지이용 변화에 따른 자연스러운 결과로 볼 수도 있지만, 교통량 증가에 따른 사고 증가, 도시 주변 녹지의 무분별한 개발 등과 같은 부작용도 수반하였다. 특히 도시 교외화가 도심 토지의 소유권분쟁과 투자유인책 등 정책적 요인에 의해 유발된 측면도 유의할 필요가 있다.

기반 시설의 수요 변화

통일 이후 동독지역의 탁아소, 유치원, 학교 등 사회기반시설이 많이 철거되었다. 이것은 다음과 같은 두 가지 요인에 기인한 것이었다. 첫째, 수요의 감소 때문이었다. 통일 이후 젊은 계층을 중심으로 많은 주민이 서독지역 등 다른 지역으로 이주함에 따라 사회기반시설에 대한 수요가 감소하였다.

반면에 이러한 시설을 재활용하고자 하는 새로운 민간투자 수요는 거의 없었다. 그리고 통일 이후의 대규모 실업과 경제적 불안정에 따른 출산 기피는 보육 및 교육시설에 대한 수요를 많이 감소시켰다. 이 때문에 많은 유휴 기반 시설이 철거될 수밖에 없었다.

둘째, 사회주의 시절의 공급과잉 때문이었다. 사회주의 체제하에서는 여성 노동력도 철저히 활용되었고 이 때문에 탁아소나 유치원이 시장 경제 체제하의 국가들보다 많을 수밖에 없었다. 또한, 사회주의 체제하에서는 이른바 콤비나트 구조하에서 주거단지마다 독자적인 기반 시설들을 갖추게 되어 있었다. 이것 역시 공급과잉이 될 수밖에 없었다.

공실이나 공가가 증가하면 전기 공급, 난방, 온수 공급, 교통 및 통신서비스 제공 등 기술적 기반 시설 측면에서 유지비용이 높아질 수밖에 없다. 이 때문에 비용 측면에서 공실이나 공가가 많은 지역은 집단적으로 주택을 철거할 수밖에 없었다. 특히 주택이나 학교 등이 빈 채로 오래 남아있게 되면 슬럼화가 되고 이것이 도시 이미지에 악영향을 줄 수밖에 없다. 이 때문에 도시정부는 가급적 신속하게 이런 건물들을 철거하려고 하였다.

전체적으로 노령화되는 추세를 반영하여 빈 탁아소나 유치원은 양로원 등 고령자들을 위한 복지시설로 전환되었다. 그리고 공가나 기타 유휴 사회기반시설들을 철거하고 녹지를 조성함으로써 더 쾌적한 도시환경을 조성하려는 시도가 진행되었다.[292]

통일 국토개발의 주요 성과

통일 이후 동독지역에서 추진된 국토개발정책의 가장 커다란 성과로 볼 수 있는 것이 바로 주거환경과 교통인프라의 개선이었다.

주거환경 개선

일자리 문제와 함께 동독 주민들의 생활에 가장 직접적으로 영향을 미치는 것이 주거환경이었다. 통일 직후 서독지역으로 이주한 동독 주민들의 주요 이주 동기 가운데 하나가 열악한 주택문제였을 정도로 동독지역의 주거환경은 양적, 질적으로 낮은 수준이었다. 이 때문에 연방정부는 통일 이후 적극적으로 동독지역의 주택 및 생활 기반 시설을 확충하였다. 특히 갈탄 중심의 주택 난방시설을 도시가스 난방 등 현대화된 시설로 전환하는 것이 주요 사업 가운데 하나였다.

통일 이후 동독지역 노후 주택의 개보수와 신규 주택건설을 통해 동독지역의 평균 주거 면적은 크게 증가하였다. 1인당 주거 면적은 통일 이전 27.6㎡(1989)에서 통일 이후 38.6㎡(2006)로 40% 증가하여 서독지역(44㎡)의 88% 수준에 이르렀다. 신규주택 건설로 주택 재고가 700만 호(1989)에서 890만 호(2006)로 크게 증가하였다. 1인당 주택 수도 0.43호에서 0.53호로 증가하였는데, 이것은 서독지역의 0.47호보다도 높은 수준이었다.

동독지역에서 주택건설은 1997년 20만 호 건설을 정점으로 해서 공급이 수요를 초과하였으며, 자가주택 보유율이 서독지역과 비슷한 40%로 상승하였다.[293] 하수 정화시설 공급률은 1989년 58.2%에서 2004년 84%로(서독지역은 97%) 크게 개선되었다. 이와 같이 주택의 개보수와 신규 공급이 성과를 거두면서 주민들의 주택시설 만족도도 증가하였다.

동서독지역 주택규모 및 1인당 주거 면적의 변화

(단위: m², %)

구분		1989 (A)	1998 (B)	B/A (%)
주택규모	서독 지역	86(100)	91(100)	5.8
	동독 지역	64 (74)	74 (81)	15.6
1인당 주거 면적	서독 지역	36(100)	41(100)	13.8
	동독 지역	27 (75)	34 (84)	25.9

자료: 독일연방건설·지역계획청. 1999.

통일 이후 주민 생활 만족도의 변화

지역 구분	1993 (%)				1998 (%)			
	불만족	보통	만족	합계	불만족	보통	만족	합계
서독 지역	5	34	61	100	5	41	54	100
동독 지역	14	52	34	100	7	41	52	100

자료: 독일연방건설·지역계획청. 1999.

동·서독지역 주민들의 생활 및 주거 만족도 비교

<생활 만족도 비율> <주택 만족도 비율> <주택 주변환경 만족도 비율>

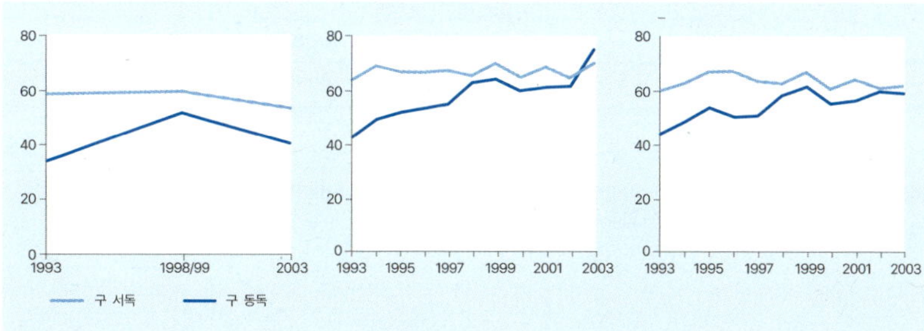

자료: Bundesamt für Bauwesen und Raumordnung. 2005. Raumordnungsbericht 2005. BBR Press. Bonn. p10.

주민들의 주택시설 만족도에 대한 독일연방건설·지역계획청BBR의 설문조사에 따르면, 1993년에 생활 여건에 대해 만족한다는 동독지역 주민들의 응답 비율은 34%였는데, 1998년에는 만족한다는 응답 비율이 52%로 증가하였다. 반면에 같은 기간 동안 서독지역 주민들의 만족 응답 비율은 61%에서 54%로 감소하였다.

독일사회경제총조사SOEP 결과에서는 2003년 기준 주택 부문의 만족도가 서독지역보다 높게 나타나기도 하였다. 동독지역은 여전히 서독지역에 비해 두 배나 높은 실업률 때문에 전체적인 주민들의 생활 만족도는 서독지역보다 낮게 나타났지만, 주택 만족도는 집중적인 개선 사업의 결과로 서독지역보다도 높게 나타난 것이다. 이렇게 개선된 주거환경이 서독지역으로의 인구 유출을 어느 정도 억제한 효과도 있었다.

이러한 만족도의 증가는 주민 생활에 직접적으로 영향을 미치는 환경오염의 감소와도 연관된 것으로 보인다. 기업의 구조조정 과정에서 에너지 소모가 크고 환경오염을 많이 유발하는 철강, 화학산업 기업들이 대부분 정비되면서 대기 및 수질오염이 감소되었다. 이러한 요인들

동·서독지역 주택의 설비 수준 비교

(단위: %)

구분	실내 화장실		중앙난방/층별 난방		발코니/테라스	
	1992	2008	1992	2008	1992	2008
동독 지역	86	98	54	97	42	63
서독 지역	99	100	90	97	71	82

자료: Institut fuer Wirtschaftsforschung Halle. 2009. Ostdeutschlands Transformation seit 1990 im Spiegel wirtschaftlicher und sozialer Indikatoren. p166.

이 종합적으로 동독지역의 주거환경 개선과 주민들의 만족도 증가를 가져온 것으로 보인다.

교통과 통신인프라 개선

통일 이후 동독지역의 공공 인프라는 많은 부문에서 서독지역 인프라의 기준에 근접해졌고, 일부는 오히려 서독지역보다 나아졌다.[294] 주거환경 개선과 함께 가장 두드러진 개선은 교통과 통신 분야에서 나타났다. 통일 초기 5년 간 교통, 통신 그리고 기타 기반 시설 부문에 약 1,300억 마르크가 투자되었는데, 이러한 대규모 공공투자를 통해 동독지역의 인프라 수준은 크게 향상되었다. 더 빠르고 안전한 교통망이 구축되고 통신망도 편리해졌다.

통일 초기인 1995년까지의 동독지역 기반 시설의 향상을 주민 1인당 총 시설 자산Bruttoanlagevermoegen으로 평가할 때, 에너지, 물 공급 부문에서는 동서독 지역간 격차가 매우 근소하게 나타났다. 또한, 통신 부문은 다른 부문들보다 동독지역에서 두드러진 성장을 나타냈다. 1991년 서독지역의 16.7%에 불과하였던 통신 부문의 주민 1인당 총 시설 자산이 1995년에는 65.4%까지 높아졌다.

이러한 기반 시설 부문의 전반적인 수준 향상은 동독지역의 민간 투자유치 경쟁력 강화에 큰 힘이 되었다.[295] 통신은 인프라 부문에서 괄목할 만한 성과가 나타난 부문이다. 통일 초기인 1992년에 동독지역에서 가정용 전화 설치를 신청하면 개통까지 평균 2년 이상이 소요되었다. 하지만 1990년대 중반 이후 전화 가설 소요일수가 5일로 줄어들었다. 통일 이후 7년 동안 동독지역의 전화 회선 수는 180만 회선에서 760만 회선으로 4.2배나 증가하였다. 현재는 광통신망을 기반으로 해서 정보통신기기의 보급이 서독지역과 비슷한 수준을 나타내고 있다.

1999년 동독지역의 전화 보급률은 서독의 17% 수준이었지만 2007년에는 100%로 증가하였다. 시외전화 망은 100% 디지털화되었다. 한편 텔레콤 2000사업의 추진 과정에서 4만 명의 직접적인 고용 창출이 이루어졌고, 조달 관련 중소기업에서 5만 명의 고용이 창출되는 성과도 나타났다.[296]

통신 분야와 함께 교통 분야도 양적, 질적 수준이 크게 개선되었다. 통일 이후 동독지역 철도 1,950km의 현대화를 통해 전철화율은 1989년 26%에서 2005년 51%로 향상되었다. 고속도로 780km의 신설을 포함해서 총 2,000km의 도로 건설로 국토 면적(km²) 당 연장이 1989

통일 초기 동독지역의 기반시설 투자(1990~1995)

부문	세부 항목	총투자액(억 마르크)
교통	철도, 도로, 대중교통, 수로	580
통신	전화 보급, 통신망 기반 시설	415
기타 기반 시설	공장 시설, 관광시설, 정화시설 등	303

주 : 교통부문의 투자액은 1996년 중반까지 650억 마르크에 이르렀다.
자료 : Bundesministerium fuer Wirtschaft. 1996. Aufbau Ost. Chancen und Risiken fuer Deutschland und Europa. Bericht der Bundesregierung, Nr. 407. Bonn. p20.
Bundesministerium fuer Wirtschaft. 1996. Bilanz der Wirtschaftsfoerderung des Bundes in Ostdeutschland bis Ende 1995. BMWi-Dokumentation Nr. 396. Bonn. p3.

주민 1인당 총 시설 자산 비교(1991~1995)

구분	1991				1995			
	독일 전체	서독 지역	동독 지역	동독/서독	독일 전체	서독 지역	동독 지역	동독/서독
	마르크			%	마르크			%
에너지,수자원	8,089	8,303	7,228	87.1	8,603	8,758	7,949	90.8
통 신	3,776	4,526	754	16.7	4,669	5,000	3,269	65.4
철 도	3,638	3,871	2,703	69.8	3,627	3,758	3,077	81.9
해운, 운하	525	546	440	80.5	466	485	385	79.3
합 계	16,028	17,246	11,125	64.5	17,365	18,001	14,680	81.6

자료: Frank Stille. 1996. Transfers und Infrastruktur -Entwicklung und Perspektiven in den neuen Bundeslaendern-. Halle.

독일 가구의 통신 및 정보화 수준 변화

(단위:%)

구분	동독지역 가구		서독지역 가구	
	1989[1]	1998[2]	1989[1]	1998[2]
유선전화	17	94.3	99	97.3
CD-ROM 내장 PC	-	24.9	-	30.1

자료: 1) Wessel. 1997. 2) 박병관. 2000.

년 0.02km에서 2007년 0.03km로 증가하였다. 공항시설의 확충을 통해 운항 횟수는 1989년 4만 4,000회에서 2007년 11만 8,000회로 2.7배, 항공 여객 수는 335만 명에서 548만 명으로 64% 증가하였다.

이러한 성과는 1991년부터 2005년까지 교통 분야에 640억 유로(76조 8,000억 원)의 공적 재원이 투입된 결과이다. 통일 독일은 철도와 고속도로를 통해 새롭게 유럽 연합EU에 포함된 폴란드, 체크 등 중동부 유럽국과의 교류 협력을 강화할 수 있게 되었다.

통일 후 동독지역의 접근성 개선에는 개인 승용차의 보급 확대가 크게 기여를 하였는데, 동독지역에서 승용차 보급이 확대되면서 독일 전체의 승용차 대수가 1990년을 기점으로 대폭 증가하였다. 이에 따라 운송 비율에 있어서는 도로 부문의 운송 분담 비율이 철도 부문보다 높아지게 되었다.

독일은 통일 이후 '통일독일교통프로젝트VDE' 등을 통해 동독지역의 교통인프라를 전면적으로 확충하였으며, 동서독의 물리적 통합의 실질적인 기반을 마련하였다. 통일 이전에 철도로 3시간이 넘게 걸리던 베를린-라이프치히 구간이 이제는 고속철도로 1시간 대로 좁혀졌고, 통일 이전에 고속도로로 9시간 걸리던 본-라이프치히 구간이 5시간으로 축소되었다. 이제 동독지역 주민들은 어디에서나 30분 안에 고속도로망에 접근할 수 있게 되었다.

독일의 교통수단 추이

(단위:대)

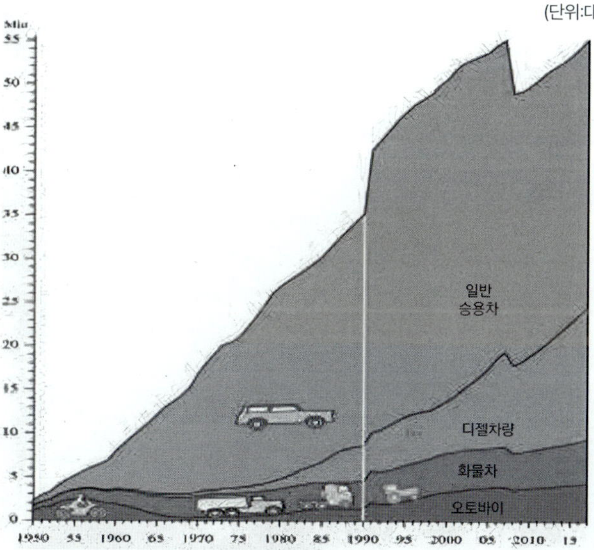

자료: Bundesministerium für Verkehr und digitale Infrastruktur. 2017. Verkehr in Zahlen 2017/2018 46. Jahrgang. p131

다만 동독지역 메클렌부르크-포어포메른Mecklenburg-Vorpommern주 북부의 고속도로망 등 경제성과 무관하게 정치적 고려에 따라 수립된 교통망 개발계획은 여전히 실현되지 못하고 있다. 통일 후 10년이 지난 2000년을 기준으로 볼 때 동독지역의 전체적인 인프라 수준은 서독지역과 비슷한 수준까지 향상되었다. 교통인프라와 교육, 의료, 주거인프라 측면에서 동독지역은 서독지역과 그 격차를 크게 줄였다. 그러나 지역 간 인프라 격차는 여전하다. 인구 밀집 지역에서 동독지역 주거인프라는 서독지역의 95%에 이르고 있으나 농촌지역에서 동독지역 주거인프라는 서독지역의 84%에 불과하다.

동서독지역 간 인프라 부문의 격차축소에도 불구하고, 동독지역의 인프라 개선을 위해서는 앞으로도 지속적인 투자가 필요한 상황이다. 현재와 같은 속도로 인프라 투자가 진행되면 동독지역의 인프라 부문 부족은 2030년 말에 가서야 극복될 수 있을 것으로 전망되고 있다. 이것이 현재에도 통일 관련 세금을 징수하는 근거가 되고 있다.

통일 후 현대화된 베를린 중앙역(2006)

주: 고속철도와 전철, 지하철 등이 복합적으로 연결됨.

현대화된 라이프치히-할레 국제공항과 라이프치히 중앙역

자료: Stadt Leipzig. 2006.

통일 이후 동서독지역의 인프라 수준 비교(2000, 2001)

구 분		접근성 (도시)	접근성 (물류)	인력	의료	주거
서독 지역	전체	95	47	2.3	1.6	40.5
	인구밀집지역	76	38	2.6	1.6	39.2
	도시화지역	99	48	2.2	1.5	41.6
	농촌지역	120	60	0.9	1.5	43.4
동독 지역	전체	112	66	2.2	1.5	37.0
	인구밀집지역	90	55	3.0	1.7	37.3
	도시화지역	110	59	1.9	1.4	36.8
	농촌지역	132	84	0.7	1.3	36.4
독일		99	52	2.3	1.6	39.8

주 : 접근성(도시): 3개의 대도시권까지의 도달시간(분; 2000)
접근성(물류): 화물 물류터미널까지의 도달시간(분; 2000)
인력: 주민 100명 당 대학생 수(인; 2001)
의료: 주민 1,000명당 의사 수(인; 2001)
주거: 주민 1명당 주거 면적(m2; 2001)
자료 : Bundesamt für Bauwesen und Raumordnung. 2004. Regionalbarometer neuer Länder. Fünfter zusammenfassender Bericht. p78.

산업입지 기반 조성을 통한 투자 활성화

앞서 살펴본 인프라의 현대화라는 성과는 산업 부문의 투자유치 확대로 이어졌다. 동독지역에 대한 각종 지원 자금의 배분을 담당한 재건은행KfW에 따르면, 1990년부터 1996년까지 1,058억 마르크의 공적 자금을 통해 동독지역에서 투자유치를 추진한 결과 총 1,860억 마르크의 민간투자를 유치하였고, 6만 개의 기업 지원을 통하여 250만 명의 고용이 창출되었다.[297]

연방정부는 기반 시설 부문의 확충과 더불어 동독지역에 국내외 기업들을 유치하기 위한 행·재정상의 다양한 지원책들을 시행하였는데, 이를 통해 통일 후 3년이 지난 1993년부터 동독지역에 대한 민간투자가 서독지역을 초과하기 시작하였다. 이것은 미약하나마 동독지역에서 산업입지 기반이 마련되고 있다는 증거였다.

통일 이후 재건 은행의 동독지역 지원 실적(1990~1996)

구분		단위	1996	누계	비 고
산업 투자	대출건	건	8,400	101,600	• 6만 개의 기업 지원 • 250만 명 고용 창출
	대출 금액	10억 마르크	5.3	47.6	
	총투자금액	10억 마르크	9.3	98.0	
주택 현대화	대출건	건	54,100	562,500	• 동독 전체 주택의 42%인 290만 호 개보수(이 중 70만 호는 조립식 아파트) • 7만 호의 주택신축
	대출 금액	10억 마르크	8.5	49.9	
	총투자금액	10억 마르크	14.7	73.1	
공공 투자	대출건	건	200	3,900	• 주로 하수처리와 댐.저수지 건설 등 3,600건의 인프라건설
	대출 금액	10억 마르크	0.6	8.3	
	총투자금액	10억 마르크	1.8	14.9	
합계	대출건	건	62,700	668,000	
	대출 금액	10억 마르크	14.4	105.8	
	총투자금액	10억 마르크	25.8	186	

자료 : 독일재건은행(KfW). Annual Report. 각 년도.

투자유치를 통해 조성된 라이프치히 북부 교외 지역의 BMW 공장

자료: Stadt Leipzig. 2004. Bericht zur Stadtentwicklung. Beiträge zur Stadtentwicklung 42. p39.

작센주의 IT 기업 유치(1990~2008)

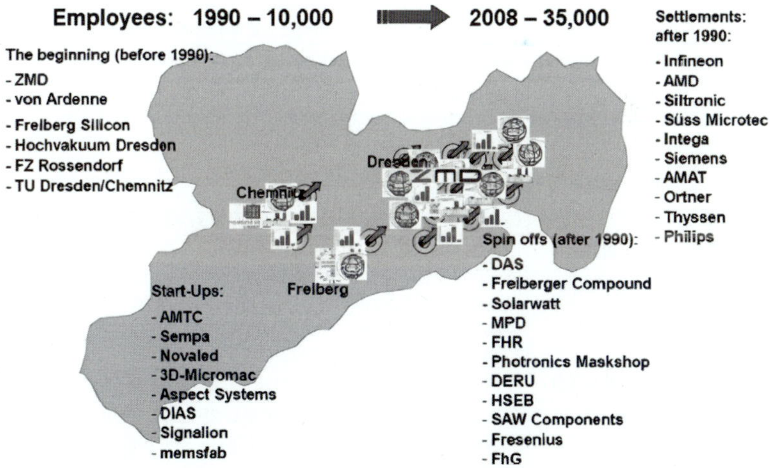

자료: 권영섭. 2009. "독일의 과학기술 산업도시, 드레스덴의 성공 사례와 시사점". 국토정책Brief . 제253호 2009. 11. 16. 국토연구원. p5.

인프라 확충을 통해 동독지역의 투자 여건이 개선됨에 따라 많은 해외기업이나 서독지역 대기업들이 동독지역에 투자하였는데, 동독지역 작센주의 철강 공업도시 리자Riesa는 통일 이후 동독지역에서 가장 성공적으로 철강회사의 구조 재편이 이루어진 사례로서 평가받는다. 과다한 인력과 낡은 생산시설들을 정비하는 전면적인 구조 개편 작업을 추진하면서 역량 있는 해외 민간기업들의 투자를 적극 유치하는 '모델 프로젝트-리자'를 통해 통일 당시 1만 2,000명의 근로자가 일하였던 철강회사가 구조 개편 추진 4년 만에 4,000명이 일하는 현대적인 회사로 변모되었다.

리자의 공장 민영화 사례

구분		내용
사업개요		· 국영기업 리자가 '리자 철강, 압연 주식회사'로 민영화
구조조정 결과		· 이 공장지대에는 1990년 당시 12,000명의 근로자가 근무했지만, 구조조정을 통해 1994년 4,000명이 근무
추진 전략		· 민영화가 불가능한 공장 부분 신속한 생산 중단 · 경쟁력 있는 부분의 민영화 추진(주로 스위스기업 유치) · 역량 있는 서독기업들을 이러한 민영화 과정에 참여시킴
추진 주체		· '리자 철강, 압연 주식회사', 리자시, 리자군, 작센주, 연방 노동청
추진 주체별 역할	주식회사	· 전체 사업을 주도 · 토지 재활용의 준비 조사, 외부 기관을 활용한 개발 구상안 수립, 투자유치홍보, 고용 창출 사업추진
	리자시	· 전 부서를 포괄하는 Task Force를 통해 프로젝트 추진이 마찰 없이 진행될 수 있도록 지원
	리자군	· 신속한 허가 절차와 수많은 투자 문의자의 집중적 관리 등을 통한 적극적 경제지원 · 군개발 구상의 수립 등으로 사업을 지원
	작센주	· 주의 가용자금을 지원하였고, 지원 지역 지정 외에도 "헤르쿨레스(Herkules)" 프로젝트(경제지원을 위한 다양한 전문가 그룹 참여)를 통해 범 지역적 차원에서 투자 홍보를 지원
	연방 노동청	· 대규모 고용 창출 사업(ABM) 지원
투자비용		· 1991~1994년까지 투입된 전체 투자액은 2억 1,300만 마르크
재원 조달		· 전체 사업비용의 80% 이상은 연방 재정과 유럽 연합의 지원금, 신탁공사를 통한 대출금으로 조달

자료: 이상준. 1997. "도시 내 낙후 공업지역의 재개발모델". 도시문제 7월호. p117.

이 프로젝트의 성공을 위해 리자 주식회사, 리자시, 리자군, 작센주, 연방 노동청 등이 긴밀히 협력하였고, 기반 시설 정비와 고용안정을 위해 전체 사업비용의 80% 이상을 연방 재정과 유럽 연합EU, 그리고 신탁공사가 조달하였다. 리자에 유치된 해외 투자기업들은 아보니아-포스터-홀딩Arbonia-Forster-Holding 등 주로 스위스기업들이었다. 그리고 베르휄-오토메이션Werfel-Automation 등 서독지역 기업들도 진출하였다.[298] 많은 외국기업과 서독지역 기업들이 리자에 입주한 것은 독일 연방정부의 적극적인 재정지원 외에도 동구 시장에 근접한 입지적 장점 때문이었다. 리자의 경우에는 기업 민영화뿐만 아니라 낙후 공업지역의 재개발 효과도 가져왔다.

또한, BMW를 유치한 라이프치히와 지멘스의 반도체공장 등 과학기술단지를 유치한 드레스덴도 성공 사례로 꼽히고 있다. 특히 독일 동남부 작센Sachsen주의 라이프치히Leipzig와 드레스덴Dresden, 그리고 작센-안할트Sachsen-Anhalt주의 할레Halle는 삼각 대도시권을 형성하면서 동독지역의 경제발전을 선도하고 있다.[299]

특히 지역경제 측면에서 고무적인 성과 가운데 하나는 동독지역의 주요 도시에서 기술혁신 기업이 증가하고 있다는 것이다. 전자산업의 경우 드레스덴, 광학 산업의 경우 예나Jena, 항공우주산업의 경우 베를린과 브란덴부르크 등에 주요 혁신기업들이 입지 하였다.[300] 대도시의 혁신기업 단지 가운데 대표적인 사례가 베를린-아들러스호프Berlin-Adlershof이다. 이 단지는 총 465ha의 규모로서 20년 동안 훔볼트대학의 자연과학 및 공학부(1819ha), 미디어단지와 첨단산업단지 그리고 주거단지와 70ha의 대규모 중앙공원 등이 건설되었다.[301] 동독지역에서 이러한 혁신기업의 등장은 지역경제의 구조 전환과 성장 촉진에 커다란 기여를 하였다.

환경오염 감소

통일 이후 동독지역의 생활환경에 있어서 가장 커다란 성과 가운데 하나가 바로 환경오염의 감소이다. 동독 정권하에서 소홀하게 다루어졌던 환경오염 문제들은 통일 이후 적극적인 연방정부의 재원 투입을 통해 개선되었다. 연방정부는 단기적으로 시급한 환경정화시설을 건설하였으며, 중장기적으로는 석탄 발전의 전환 등 구조적 측면에서 환경오염 개선을 도모하였다.

실제로 통일 직후부터 1992년까지 전체적으로 이산화황 배출량은 34%, 먼지 배출량은 53%가 감소하였다.[302] 작센-안할트Sachsen-Anhalt 주의 이산화황 대기오염은 동독 시절의 0.5~1% 수준에 머물렀다. 사회주의 시절 중화학공업 집중 육성과 환경 분야 공적 투자 미흡으로 발생했던 환경오염이 크게 개선된 것이다.

대기 및 수질오염 개선은 환경 정화를 위한 공공의 적극적인 투자와 산업구조 조정에 따른 효과라고 할 수 있다. 민영화를 통한 산업구조의 조정 과정에서 에너지 집약적이고 경쟁력이 약한 철강 및 화학산업 기업들이 대거 정비되었는데, 이것이 대기오염의 감소에 크게 기여하였다. 갈탄을 이용한 화력발전이나 일부 화학산업 등은 전체적인 수요 저감, 유럽 시장이나 세계 시장에서의 경쟁력 저하 등에 의해 에너지 절약적이고 국제경쟁력이 있는 산업들로 대체되었다.[303]

이러한 기업 폐쇄 및 조업단축에 의한 대기 오염 감소 효과는 상당히 큰 것으로 나타났는데, 1989년과 1990년 사이에 이산화황 및 먼지 방출의 감소 원인에 있어서 43%는 조업 중단, 55%는 조업단축에 의한 것이다.[304]

수질 개선 효과에 있어서 엘베강의 오염은 통일 이후 90% 감소하였고, 유역의 유해 물질 유입에 있어서 유기물질 10만 6,000톤, 수은 1

톤이 각각 감소하였다. 이와 함께 산업폐기물의 양도 많이 감소하였다. 이와 같은 환경 개선에는 정화시설의 확충이나 산업구조의 개편 이외에도 기업과 가계의 합리적인 에너지 소비 행태 변화도 한몫을 하였다. 생활 부문에서 석탄 중심의 난방을 현대화하고 하수시설을 현대화함으로써 대기오염 및 수질오염의 개선을 가져올 수 있었다. 통일 당시인 1990년 동독지역의 연간 가구당 에너지소비량은 75.6 기가줄Gigajoule로 서독지역의 73.4보다 높았으나 1992년에는 48.1 기가줄Gigajoule로 급감하였다가 1993년에는 54.1 기가줄Gigajoule로 약간 상승하였다.[305]

통일 이후 동독지역의 높은 환경정비 수요가 환경 관련 산업들의 커다란 성장 동력이 되었다. 연방정부는 통일 초기인 1990~1992년 기간 동안 동독지역의 급수, 하수처리, 배수, 쓰레기처리 등을 위해 약 12억 마르크를 투자하였으며, 환경오염의 경감을 위한 63개의 사업에 총 4억 9,600만 마르크를 투자하였다.

특히 동독지역 재건을 위한 투자촉진법을 통해 1995년부터 10년 동안 매년 66억 마르크가 기업들의 환경오염 제거 비용 지원을 위해 투입되었다. 또한 기업투자의 장애요인이 되었던 토양오염Altlasten 문제를 해결하기 위해 연방정부와 주정부들은 1992년 말에 맺은 행정협정을 통해 2002년까지 6:4 또는 7.5:2.5(대규모 사업의 경우)의 비율로 총 240억 마르크 규모의 토양오염 제거 사업을 지원하였다.[306]

통일 이후 환경산업의 육성은 환경 개선과 함께 고용 창출이라는 효과도 거두었다. 통일 이후 연방정부가 동독지역의 고용안정을 위해 시행한 '고용창출사업Arbeitplatzbeschaffungsmassnahme(ABM)'에 의해 새로 만들어진 40만 명의 일자리 가운데 30%인 12만 명의 일자리가 환경산업 부문에서 확보되었다. 이러한 환경 부문의 신규 고용은 주로 쓰레기 매립지의 정비, 쓰레기처리 등에서 이루어졌다.[307]

통일에 따른
부가적 편익

통일은 국토 분야의 성과뿐만 아니라 여러 가지 사회경제적 편익도 가져왔다.

독일 기업의 중동부 유럽진출 확대

통일로 인해 8,000만 명이 넘는 대규모 국내시장이 형성된 것은 서독기업들의 경쟁력 강화에 도움이 되었다. 또한, 통일에 따른 독일의 정치 사회적 위상 강화는 투자 매력도의 상승을 가져왔다. 독일은 동독지역에서 빠른 속도로 진행된 체제전환의 경험을 폴란드 등 주변 국가들에 전파할 수 있게 되었으며, 이것은 서독기업들의 중동부 유럽진출에도 도움이 되었다.

동독지역의 체제전환이 중동부 유럽 국가들보다 빠르게 진행되었고 나름대로 좋은 성과를 가져왔기 때문에 통일 독일은 향후 이들 국가의 체제전환에 모범이 될 수 있었다. 예를 들면, 대규모 아파트단지의 정비와 사유화 그리고 대규모 국영기업의 민영화 등의 경험은 이들 주변 국가에 큰 도움이 되었다.

서독지역 기업들은 통일 이후 동독지역을 발판으로 체크, 헝가리 등 중동부 유럽국가들로 투자를 확대할 기회를 얻게 되었다. 서독지역 기업들이 인수한 동독지역 기업들은 중동부 유럽 국가들의 기업들에 비해 상대적으로 경쟁력이 있었다. 서독지역 기업들은 동독지역에서의 기업경영 경험을 바탕으로 중동부 유럽 국가들에서 효율적으로 사업들을 수행할 수 있었다. 특히 도로 건설과 군수산업Ruestungssindustrie 그리고 군용지 활용 등에서 경쟁력이 있었다.[308]

물론 서독지역 기업들의 중동부 유럽 진출은 상대적으로 동독지역의 투자유치에 일부 부정적인 측면도 있었다. 통일 이후 동독지역이 동유럽 구 사회주의국가들로 진출하는 서독기업들의 전진기지가 될 수 있을 것이라는 낙관적 전망에도 불구하고, 폴란드 등 중동부 유럽에 투자하려는 서독지역 기업 및 기타 서방 기업들은 동독지역보다 저렴한 인건비 등 투자 여건이 유리한 중동부 유럽 국가들로 직접 진출하는 경우가 많았기 때문이다.[309]

내수 시장 확대

서독지역 주민들은 통일 이후 세금 증가 등 외형적 부담이 커졌지만, 기업으로서는 내수 시장 확대와 노동 인력 확보라는 측면의 편익도 컸다. 특히 통일 초기에 통일특수에 따른 생산 수요 증대가 제조업, 상업, 교통부문을 시작으로 발생한 후 전 산업으로 확대되었다.[310] 1:1의 화폐통합으로 확보된 동독지역 주민들의 구매력이 서독지역의 생산 및 고용을 확대한 측면도 있었다.[311]

통일 이후 시행된 원 소유권 회복(반환) 조치는 동독지역의 부동산 소유권을 확보하게 된 서독지역 주민들의 자산 증대라는 결과를 가져왔다. 자산의 사유화가 현금 매각 방식으로 진행됨에 따라 매각 재산의 6% 정도만이 동독지역 주민들에게 매각되었으며, 85%가 서독지역 주민들에게 매각되었다.[312]

통일에 따른 국내시장의 확대는 자연스럽게 정부의 조세수입 및 자산 증가로 연결되었다. 동독지역에 대한 대규모 공공투자와 민간기업 투자의 일부분은 조세수입 등을 통해 다시 연방정부로 회수되었다.

분단비용의 소멸

분단 동안에는 동독에 인접한 접경지역 지원, 섬의 위치에 있었던 베를린에 대한 지원 그리고 탈동독자 지원[313] 등 특별한 목적의 지원에 서독 정부의 재정이 소요되었으나, 이러한 특별지원이 통일로 인해 더 이상 필요 없게 되었다. 따라서 이러한 비용 소멸은 통일이 가져온 직접적인 편익으로 볼 수 있다.

또한, 과거 동서독 협약에 따라 동독의 외환관리를 위한 비용을 서독이 지급하였는데, 이것도 더 이상 필요 없게 되었다. 그 외에도 분단 기간 정치범의 석방을 위해 지급한 비용(1989년까지 30억 마르크), 서독 주민들의 동독방문에 따라 동독 정부에게 지급하였던 '통과일괄금(5,240억 마르크, 1989년)' 등도 통일과 함께 절약할 수 있게 되었다.

남겨진 과제들

통일된 지도 35년이 지나고 있는 현시점에도 동독지역은 여러 문제를 안고 있다. 산이 높으면 골도 깊듯이 통일의 성과만큼 많은 과제들도 여전히 남겨져 있는 것이다. 그 가운데 국토발전 측면에서 주목할 만한 과제들을 살펴보면, 대표적인 것으로 지역 간, 계층 간 불균형 문제와 도시 난개발 문제를 들 수 있다. 이 외에도 공공투자의 비효율 문제, 재정문제, 안전문제 등도 주요 과제로 남아있다.

지역 간, 계층 간 불균형

통일이 동독지역에 가져온 가장 커다란 사회적 문제 가운데 하나는 계층 간 괴리 문제이다. 동독지역의 젊은 층과 노년층이 통일의 최대 수혜자가 되었지만, 장년층이 가장 커다란 피해자가 되었다. 젊은 층은 이주를 통해 자유롭게 교육과 취업의 기회를 선택할 수 있었고, 노년층은 연금을 통해 사회주의 시절보다 상대적으로 안정적인 생활을 유지할 수 있었지만, 장년층은 실업과 재취업 기회의 상실로 사회주의 시절보다 더 어려운 경제 상황에 놓이게 되었기 때문이다.

이에 따라 향후 지역발전의 중요한 자산 가운데 하나인 인적 자산 측면에서 동서독지역 간 격차도 증가할 가능성이 높아졌다. 동독지역에서 지역발전을 담당할 젊은 인력이 부족하기 때문이다. 동독지역의 취학 연령층 인구는 지속해서 감소하고 있는 반면에 63세 이상의 노령 근로자들이 증가하는 추세가 이러한 비관적 전망의 근거가 되고 있다.

통일 이전에 서독지역에 존재하였던, 이른바 '남-북 격차Nord-Sued-Gefaelle' 문제[314]는 통일 이후 새로운 '동-서 격차Ost-West-Gefaelle' 문제로 대체되었다.[315] 지역 간 격차의 문제는 원인 제공자만 사회주의 시절의 정부government로부터 시장market으로 바뀌었을 뿐 지속되고 있다. 외형적으로 동독지역의 경제 규모는 많이 증가하였지만, 서독지역(9%)의 두 배에 가까운 높은 실업률(17.8%, 1999년 기준)은 동독지역의 경

동독지역의 취학 연령층과 63세 근로자들(2001-2020)

(단위: 인)

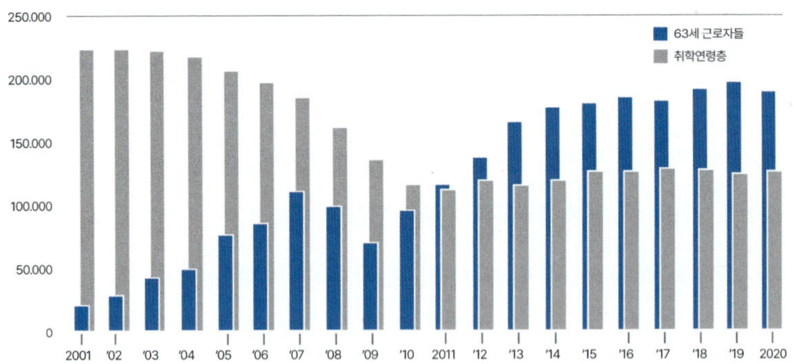

자료: Lutz(2010), Tim Leibert. 2014. "Abwandern nach dem Abi ist quasi ein Muss": Wanderungsmuster und -motive junger Ostdeutscher". Workshop „Verstadterung und Stadtgeographie Koreas" Wien, den 20.05.2014 에서 재인용

제적 취약성을 보여주었다. 2014년 기준으로 실업률을 비교해 보아도 서독지역의 남부 바덴-뷔르템베르크나 바이에른주가 4%대의 낮은 실업률을 보이는 데 비해 동독지역 연방주들은 대부분 9~13%대의 높은 실업률을 보였다.

동서독지역 간 불균형 문제를 상징적으로 보여주고 있는 것이 독일 고위 공직자들의 출신 지역이다. 2024년 독일의 연방 고위직 57명 가운데 베를린을 제외한 동독지역 출신자의 비율은 5.3%에 불과하였다. 지도자급 전체로 보아도 동독지역 출신은 7.8%에 불과하였다. 동독지역의 인구 비중이 2023년 기준으로 전체 인구의 14.9%라는 점을 고려하면, 동독지역 출신 고위직 비율이 매우 낮음을 알 수 있다.

독일의 실업률(2014.2)

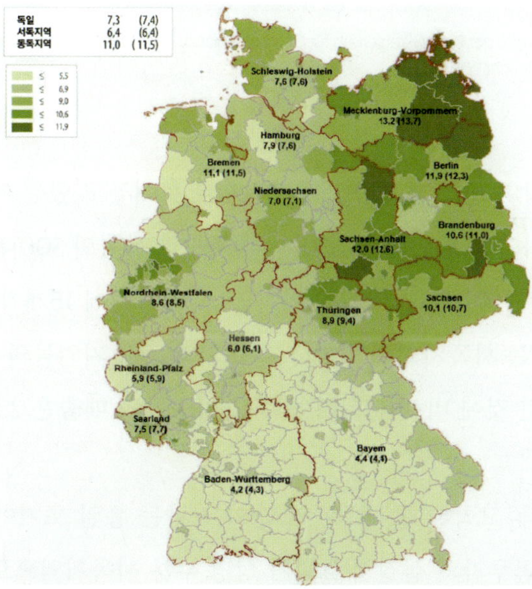

자료: Manfred Kühn. 2014. "Ostdeutsche Städte seit der Wiedervereinigung Schrumpfung und Wachstum, Sub- und Reurbanisierung". Vortrag auf dem Workshop Koreanologie der Universität Wien.

고위 공직자 가운데 동서독지역 출신 비율 비교

(단위: 인,%)

연방 고위직			고위직 출신지			
역할영역		고위직 전체수	외국	서독지역 (베를린 제외)	서독지역 (베를린 제외)	동독지역 (베를린 제외)
2022	지도자급	44	2.3	90.9	6.8	4.5
2023		60	3.3	88.3	8.3	5.0
2024		57	3.5	87.7	7.0	5.3
2022	부서 책임자급	184	3.8	87.5	8.7	2.7
2023		184	4.9	86.4	8.7	2.7
2024		217	5.1	85.7	9.2	2.8
2022	하위 부서 책임자급	375	0.8	89.6	9.6	5.6
2023		436	3.4	86.2	10.3	6.4
2024		527	3.2	86.5	10.2	5.1
2022	일선 부서 책임자급	2,391	2.8	82.1	15.1	8.2
2023		2,442	3.8	80.7	15.5	7.8
2024		2,937	3.8	79.7	16.5	8.7
2022	지도자급 전체	2,994	2.2	83.5	13.9	7.5
2023		3,122	3.8	81.9	14.3	7.3
2024		3,738	3.8	81.2	15.0	7.8
2023	일선 부서장급	8,827	6.2	70.2	23.6	12.0
2024		10,647	6.1	70.1	23.8	13.0

자료: Der Beauftragte der Bundesregierung für Ostdeutschland. 2024. Ost und West. Frei, vereint und unvollkommen. Bericht 2024. p137.

동서독의 경제적 불균형을 상징적으로 보여주고 있는 지표 가운데 하나는 대기업의 분포이다. 2007년 기준으로 독일의 500대 주요 기업 가운데 7개만이 동독지역에 위치하였다. 베를린에 15개가 있었고 나머지 478개는 서독지역에 있었다. 동독지역 주요 기업들의 매출이 215억 유로였던 것에 비해 서독지역 주요 기업들의 매출은 2조 8,000억 유로였다.[316]

통일 이후 고착된 동서독지역 간의 격차는 통일 초기에 동독지역에 대한 공공투자의 실질적 효과가 상당 부분 서독지역으로 재이전[317]된 것에서도 그 원인을 찾을 수 있다. 동독지역으로 이전되었던 공공 재원 중 상당 부분은 현지에 진출한 서독기업들의 세금 납부와 수익을 통해 다시 서독지역으로 재이전되었고, 이 때문에 투자의 과실이 동독지역에 제대로 축적되지 못했다. 유럽 연합이 발표한 구조기금 Structural Funds 2000-2006[318]에 따르면, 동독지역 전체는 유럽에서도 가장 우선적으로 구조기금이 투입될 지역 가운데 하나로 분류되었다. 이것은 통일 후 10년이 지난 시점에도 동독지역은 여전히 지원이 필요한 유럽 내 낙후 지역 가운데 하나임을 보여주는 지표였다.

동서독지역 간 불균형의 문제는 동독지역에 경쟁력 있는 기업이 상대적으로 적다는 문제와도 깊이 연관되어 있다. 통일 후 동독지역에서 민영화를 거치면서 중소기업의 성장이 뚜렷해진 것은 사실이나 국제 경쟁력을 갖춘 대기업 육성이 소홀해졌다는 지적이 있다. 국영기업의 민영화 과정에서 매각된 기업의 85%가 서독지역 기업에, 10%는 외국기업에 각각 소유권이 넘어갔고, 동독지역 토착 기업의 인수 비율은 5%에 불과하였다. 이 때문에 사실상 동독지역이 서독지역의 식민지로 전락했다는 비판이 제기되기도 하였다.[319]

통일 후 동독지역의 사회적 불평등이 서독지역보다 더욱 심화한 것은 지니GINI계수의 비교를 통해서도 확인할 수 있다. 통일 직후인 1991년 동독지역의 지니계수는 0.4013으로 소득 불평등 수준이 서독지역(0.4162)보다 상대적으로 낮았다. 그러나 6년 후인 1997년에는 동독지역이 0.4787로 서독지역(0.4480)보다 높은 수치를 보여서, 동독지역의 사회적 불평등이 서독지역보다 심화하였음을 알 수 있다.

통일 이후 2001년까지의 인구변화를 토대로 동서독지역의 성장 도시와 침체 도시를 살펴본 결과 서독지역 남부에 성장 도시들이 집중된 것을 알 수 있다. 반면에 침체 도시들은 동독지역의 남부와 북부에 집중되었다.

통일 이후 동·서독지역의 성장 도시와 침체 도시

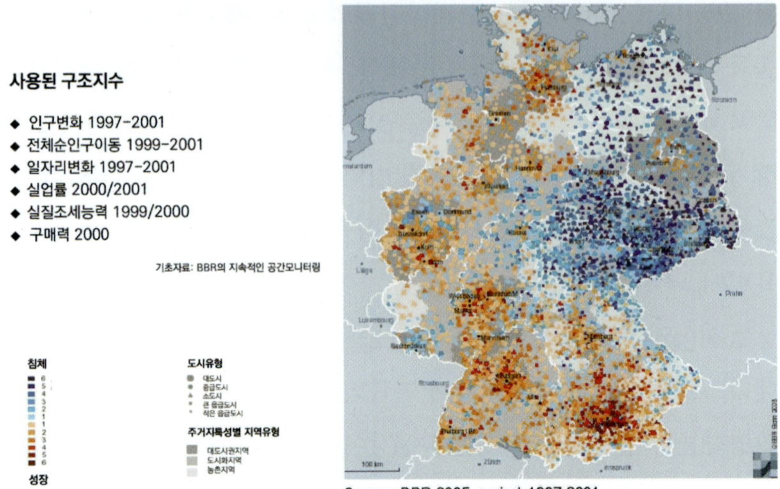

Source: BBR 2005, period: 1997-2001

자료: Manfred Kühn. 2014. "Ostdeutsche Städte seit der Wiedervereinigung Schrumpfung und Wachstum, Sub- und Reurbanisierung". Vortrag auf dem Workshop Koreanologie der Universität Wien.

동서독지역 간의 경제력 격차는 주택 소유 상태를 통해서도 살펴볼 수 있다. 아래 그림에서 보는 바와 같이 주택 소유 비율이 높은 연방주들은 주로 서독지역 연방주들이고 주택임대, 재임대로 인한 수입을 가진 가구 비율도 서독지역 연방주들이 높은 것으로 나타나고 있다. 평균 주택자산이 가장 많은 주는 서독지역의 바이에른Bayern과 함부르크Hamburg로 평균 35만 유로에 이른다.

그 다음으로 바덴-뷔르템베르크Baden-Württemberg, 헤센Hessen, 라인란트-팔츠Rheinland-Pfalz, 노르트라인-베스트팔렌Nordrhein-Westfalen 등이 평균 25만 유로에서 35만 유로 사이의 주택자산을 보인다. 반면에 동독지역 연방주들은 평균 주택자산이 10만 유로에서 15만 유로에 그치고 있다.[320]

독일의 주택소유 및 주택임대가구 비율

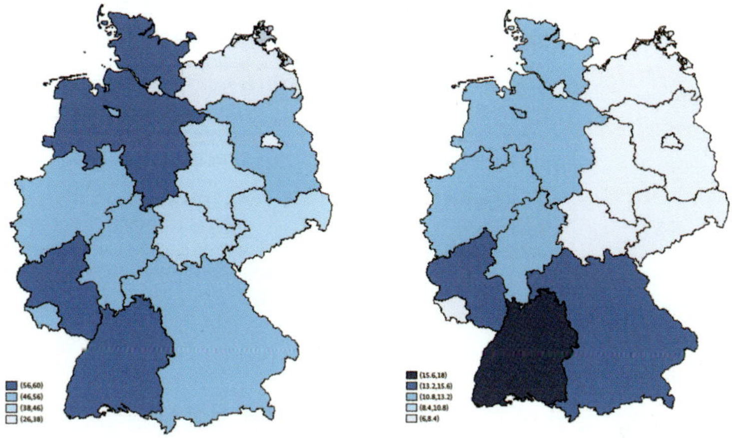

주: 왼쪽 그림은 주택 소유 가구 비율, 오른쪽 그림은 주택임대, 재임대로 인한 수입을 가진 가구 비율
자료: Der Beauftragte der Bundesregierung für Ostdeutschland. 2024. Ost und West. Frei, vereint und unvollkommen. Bericht 2024. p50-51.

동서독지역 간의 격차와 더불어서 동독지역 내 지역간 격차의 심화도 문제이다. 통일 이후 동독지역에서 새롭게 시장 경제체제가 구축되어 가는 과정에서 지역간 발전의 우열이 뚜렷하게 드러나게 되었다. 사회주의 시절 중공업과 대규모 농업생산 중심지로 발전하였던 지역은 산업구조 재편 과정에서 많은 문제를 안게 되었다. 반면에 서비스, 관광, 연구 교육 기능이 발달했던 지역들은 산업구조가 재편되는 과정에서 새로운 발전의 기회를 얻게 되었다. 동독지역 내에서 북부(저밀 농촌지역), 중부(베를린), 남부(공업중심지) 간 경제적 격차가 확대되었는데, 특히 북부 농촌지역의 실업률이 높게 나타났다.[321]

한편 '공동과제(GA) 지역 경제 구조의 개선 사업' 지원 대상 기준의 변화를 통해서도 동독지역에서 지역간 격차가 뚜렷해지고 있음을 확

통일 이후 지역간 발전잠재력의 차이

구 분	취약한 발전잠재력을 가진 지역	취약한 발전잠재력을 가진 지역
대상 지역	• 할레-라이프치히-데싸우 (Halle-Leipzig-Dessau)지역 • 칼-마르크스-슈타트(Karl-Marx-Stadt) 즈비카우-플라우엔(Zwickau-Plauen) • 오버라우지츠(Oberlausitz)와 포어포메른 (Vorpommern)	• 에어푸르트(Erfurt) • 게라(Gera) • 슐(Suhl) • 베를린지역(동베를린과 베를린 근교) • 드레스덴(Dresden) • 오버레 엘브탈(Obere Elbtal)
특징	• 남북측 접경지역 • 북부 농업지역 • 남부 중공업지역	• 서독 근접지역(남서부) • 베를린 등 수도권지역 • 서비스업 중심 지역

인할 수 있다. 통일 이후 6년간 동독지역은 전 지역이 동일한 지원 기준을 적용받았지만, 1997년부터는 A지역(경제취약지역)과 B지역(경제 양호지역)으로 구분된 지원 기준이 적용되고 있다. 이것은 공공지원의 효율화라는 측면에서 볼 때 긍정적 측면도 있지만, 그만큼 동독지역 내의 경제적 명암이 통일 초기보다 뚜렷해지고 있음을 방증하는 결과이다.

그리고 서독지역과 근접한 남부 튜링엔 지역, 베를린 주변의 브란덴부르크지역이 비교적 낮은 실업률을 보이지만, 폴란드와 인접한 브란덴부르크의 접경지역과 내륙의 작센-안할트지역은 평균 이상의 높은 실업률을 나타내고 있다. 이것은 서독지역과의 근접성이 지역의 경제상황과 깊게 연관되어 있음을 보여준다.

독일 전체로는 1999년 기준으로 93%의 인구가 자동차로 1시간 이내에 고속철도역에 접근할 수 있고, 모든 인구가 자동차로 30분 이내에 고속도로에 접근이 가능한 것으로 나타났다. 하지만, 동독지역 내에서는 북부와 남부지역 그리고 폴란드와 접하고 있는 동부지역의 일부가 다른 지역에 비해 접근성이 낮게 나타나고 있어서 인프라 개선이 균형적으로 이루어지지는 못하였음을 보여주고 있다.

고속철도역까지의 접근성

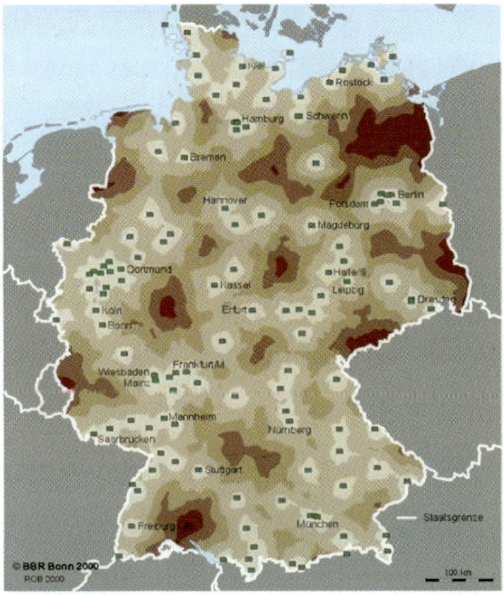

가까운 고속철도역까지 승용차 소요시간(분), 1999년 1월 1일 기준

- 20분 미만
- 20분~40분 미만
- 40분~60분 미만
- 60분~80분 미만
- 80분 이상

▪ IC-Bahnhof

Datenbasis: Laufende Raumbeobachtung des BBR

자료: Bundesamt fuer Bauwesen und Raumordnung. 2000. Raumordungsbericht 2000.

통일 이후 신탁공사를 통해 짧은 기간 내에 국영기업들을 매각하는 기업 민영화 정책은 개별 기업 입지에 있어서 체계적인 지역 분산을 가져오지는 못하였다. 이것도 불균형 발전의 원인 가운데 하나라고 할 수 있다. 물론 이것은 연방정부가 적극적으로 산업입지정책을 추진하기 어려운 연방제의 한계를 반영한 것이기도 하다. 또한, 서독지역에서 경쟁력이 뒤지는 기업들이 동독지역으로 이전하여 지역 활력이 감퇴하는 문제도 발생하였다.

부동산 사유화와 도시 난개발

통일 후 동독지역에서 국유 토지나 주택 등의 부동산을 원소유권자에게 반환하거나 매각하는 등의 부동산 사유화 정책은 도시개발에 긍정적인 기여도 하였지만 부정적인 영향도 미쳤다. 통일 이후 5년이 되는 시점까지 소유권 회복 신청 건수 대비 반환 비율이 20~30% 수준에 머물렀는데, 이러한 소송 처리 지연이 도시개발의 지연을 가져온 것이다.

전체 반환 소송 가운데 지역적으로는 농지가 많은 메클렌부르크-포어포메른주가 가장 높은 처리 비율을 보인 반면, 서독과 인접한 튀링겐주는 가장 많은 소송 건수와 낮은 처리 비율을 보였다. 엄청난 규모의 반환 소송과 느린 행정 처리의 악순환은 원활한 도시개발을 제약하는 주요 원인이 되었다.[322]

동독지역에서 불투명한 토지 소유권의 처리 문제 때문에 신속한 산업 용지 공급이 지연되자 시급한 투자유치를 위해 원 소유권 반환 대신에 보상을 허용하는 법률도 도입되었다. 그러나 보상액에 대한 시비, 행정절차의 지연 등으로 효율적인 용지 공급이 이루어지지는 못하였다.

엄청난 반환 소송 문제를 사전에 예상했었다면, 통일조약 당시에 부동산 소유권 처리에 있어서 보상 우선의 원칙이 설정되었을 것이다. 많은 전문가는 부동산 원 소유권 반환 추진정책을 실패한 정책으로 평가하고 있다.

사유화가 단기간 내에 졸속 추진됨으로써 서독지역으로부터 진출한 일부 투자자들이 개발이익을 독점하고, 경제력이 취약한 동독지역 세입자들의 주거 안정성이 위협받는 문제도 발생하였다.[323] 예를 들어서 동독지역 작센주의 라이프치히의 경우 노후 주택의 2/3가 서독지역

통일 이후 지역별 반환처리 실적

지 역	신청건수(건)	처리 비율	반환 결정 (처리 건수에서 %)
Berlin	75,401	43	21
Brandenburg	607,887	40	25
Mecklenburg-Vorpommern	155,881	69	28
Sachsen	380,651	64	29
Sachsen-Anhalt	394,604	64	29
Thueringen	489,677	41	30

자료 : Hartmut Haeussermann, 1996, Opladen, p301.

투자자의 소유로 넘어가게 되었고, 투자자들은 이를 고급 아파트로 정비해서 되팔거나, 높은 임대료를 받을 수 있는 아파트로 활용했다. 도심에서 가까워 교통이 편리하고, 근처에 공원이 있어 조용하기까지 했던 중심가 남쪽의 젠트룸쥐드ZentrumSüd와 서쪽에 있는 발트슈트라세Waldstraße가 월세가 가장 높은 부촌으로 자리매김했다. 반면에 서독지역 투자자들의 선택을 받지 못했던 지역은 슬럼가로 변모하기도 하였다.[324] 또한, 주택소유권 문제는 동독지역의 주거환경개선사업에도 직접적인 영향을 미쳤다. 통일 직후 동독지역에서의 주택건설 및 개선 사업들은 연방정부의 대규모 재정지원에도 불구하고 불투명한 주택소유권 문제와 세입자들의 빈약한 재정 상태, 주택 행정 체제의 미흡 등으로 시행에 큰 차질을 빚었다. 중소도시의 노후주택들에는 대부분 원소유주가 거주하고 있었기 때문에 소유권 반환이 비교적 단순하였고, 주택 정비사업도 순조롭게 진행될 수 있었다.

그러나 대도시의 경우에는 이러한 노후주택들이 대부분 임대주택으로서 소유권 관계가 복잡하여 시급한 주택 정비사업이 지연되는 문제가 발생하였다. 이와 같이 동독지역에 있어서 토지와 주택의 소유권 재분배 과정은 복합적인 사회 문제와 함께 도시 정비 측면에서도 문제를 일으켰다.

통일 이후 동독지역의 도시개발 과정에서 나타난 몇 가지 주요 문제 가운데 하나가 바로 취약한 자치행정 역량이었다. 갑자기 자치행정과 계획 수립 권한을 갖게 된 동독지역 도시정부들이 이것들을 제대로 수행할 능력이 부족했다. 이 때문에 도시마다 대규모 쇼핑센터와 연구단지 개발을 계획하는 등 비현실적이고 비합리적인 도시개발계획들이 수립되기도 하였다.

사회주의 시절에는 모든 것이 중앙정부의 계획에 따라 이루어졌기 때문에 지자체들이 자치행정을 제대로 할 수 있는 역량을 가질 수 없었던 것이 난개발을 불러온 것이다. 시장 경제 만능주의적 이데올로기가 만연하였던 것도 도시개발에 커다란 혼란을 초래하였다. 지방자치제에 따라 등장한 민선시장들은 도시행정과 관련이 없는 비전문가들이 많았다. 자치행정 역량이 취약하다 보니 도시개발에 대한 체계적인 구상이 존재하지 않았고, 경제개발과 도시개발이 서로 연계되지 못하고 제각기 이루어지는 문제도 발생하였다. 또한, 환경 정화 사업에서도 일부 상호 모순되는 사업들이 진행되었는데, 대규모 쓰레기소각장의 건설과 쓰레기 분리수거 및 매립 사업이 동시에 추진되었던 것이 그 사례이다.[325]

통일 이후 동독지역에서의 산업구조 조정은 환경오염산업 및 에너지 집약적 산업의 정비 등 긍정적 결과만을 가져온 것은 아니었다. 짧은 시간 내에 급격한 산업구조재편이 추진되는 과정에서 기업투자가 효율성만을 우선시하여 추진되는 경향을 보이기도 하였는데, 특히 대도시 주변의 녹지에 건설된 대규모 유통센터들은 환경 파괴적 도시 난개발의 전형적 사례가 되고 있다.

동독지역 대도시 주변부에 난립한 대규모 유통 업무단지들은 부동산의 소유권 반환 문제와도 직접적으로 연관되어 있다. 투자자들은 소유권 관계가 복잡한 도심보다는 개발이 쉽고 비용도 적게 소요되는 도시 주변 지역 투자를 선호하게 되었고, 이것이 도시의 외연적 확산과 과다한 녹지 훼손을 일으키는 부정적 결과를 초래하였다.

단기간 내에 개발을 추진하기 위해 도입된 각종 특별법들도 난개발을 일으키는 한 원인이 되었다. 특별법[326]들을 토대로 도시 주변의 녹지대에 집중적으로 택지가 조성되기도 한 것이다. 동독지역에 투자를 유치하기 위하여 시행된 각종 특별법은 기존의 전통적 사업추진 방식과는 달리 각종 심의 절차를 생략해 주었기 때문에, 사업의 사회적, 환경적 영향에 대한 고려가 소홀해질 수밖에 없었다.

국토개발 관련 공공투자의 비효율

통일 이후 동독지역에 대한 공공투자는 시장경제로의 체제전환과 활력있는 생산활동에 결정적 역할을 하였다. 동독지역 내에서 통일 초기에 연방정부를 중심으로 추진된 공공투자는 당시 지역 개발에 있어서 거의 유일한 물적 기반이었다.

도로 및 철도망의 건설, 에너지 생산시설의 현대화, 통신망 확충 등 민간이 담당하기 어려운 부문뿐만 아니라 주택건설, 환경정비, 산업생산에 이르는 각종 공공투자는 동독지역의 거의 모든 부문에서 핵심적 역할을 하였다. 하지만 이러한 공공투자는 민간투자의 유도와 생산 기반의 구축이라는 긍정적인 성과와 함께 중복투자, 과잉투자에 따른 재정낭비 문제도 동반하였다. 이것은 갑작스러운 통일을 맞아 단기간 내에 대규모 공공투자가 실행됨에 따라 발생한 부작용 가운데 하나이다.[327]

공공투자정책의 성과 및 과제

부문	목표	성과	과제
생산 부문	재정적인 지원을 통해 민간투자 유도	1993년 이후 민간투자 활성화	지원 수단의 효율적 운용(지원의 축소, 단순화, 집중화)
사회간접 자본 부문	생산 기반 확충, 산업입지 경쟁력 강화	교통, 통신망의 확충	효율적인 에너지 공급
사회복지 부문	사회적 안정성의 유지	사회적 동요의 억제, 복지혜택 확대	복지 수단의 합리성, 효율성 제고
생활환경 부문	주거, 환경 부문의 쾌적성 확보	환경오염의 감소, 주택개선 사업 활성화	주거 지원 수단의 효율성 제고

특히 통일 초기 인구감소가 예상되는 동독지역에서 주택의 개보수와 신규 공급이 과다하게 진행되어 2000년대 초반에 100만 호에 이르는 빈집이 발생하게 한 것은 가장 치명적인 공공투자 실패 사례가 되고 있다.[328] 2007년 기준으로 대도시지역에서는 5%~11.5%의 빈집 비율을 보였다.[329]

1996년부터 2001년 사이에 주택 수가 7% 증가하였지만 같은 기간 주택수요와 연결되는 가구 수의 증가는 3%에 불과하였다.[330] 100만 호의 빈집 처리를 위해 2012년까지 공적 자금 300만 유로를 투입하여 30만~40만 호의 공가를 철거하는 프로그램이 진행되었다. 라이프치히의 경우 통일 이후 재정지원을 통해 개보수된 주택의 23%가 공가 문제로 다시 철거되었다.

2000년 이후 동독지역 도시들에서 진행된 동독지역 도시재건 Stadtumbau Ost 프로그램은 애초 통합적 도시개발을 지향하였으나 부분적인 공가 철거라는 제한적인 성과만을 가져왔다. 독일의 전체적인 공가 실태를 조사한 결과에 따르면, 2011년 기준으로 독일의 공가들은 주로 동독지역에 집중된 것으로 나타났다. 베를린과 그 주변 지역을

독일의 공가 실태(2011)

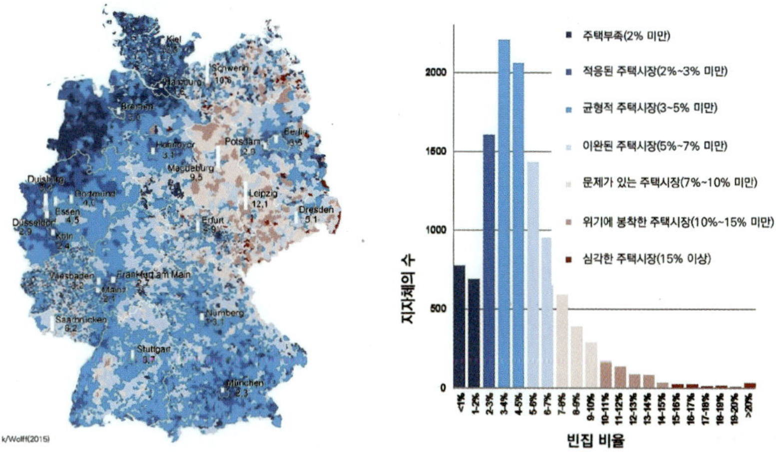

자료: Tim Leibert. 2016. "Trends der Bevölkerungsentwicklung in Deutschland: Ein Blick in die Glaskugel für Südkorea". Vortragsreihe „Verstädterungsprozesse in Korea und Mitteleuropa", Wien.

제외한 동독지역 전역에서 공가의 비율이 높게 나타났다.

통일 이후 동독지역의 연방주들은 각종 개발사업 추진 과정에서 많은 시행착오를 경험하였다. 이것은 정책 추진에 필요한 전문인력이 부족했을 뿐만 아니라 행정담당자들의 인식이 시장경제에 완전히 적응하지 못했던 것에도 원인이 있다. 통일 이후 동독지역에서 추진된 각종 개발사업은 서독의 계획 및 개발 체계를 기초로 추진되었으나, 대부분 지방자치단체는 이러한 서독 시스템을 제대로 소화해 낼 수 없었다. 통일 이후 동독지역 내의 각종 제도는 일시에 서독의 제도로 대체되었지만, 사람들의 제도 수용성은 제도 보다 느리게 바뀐 것이다.

특히 사회주의 시절 자치행정의 경험이 없었음에도 통일과 동시에 전면적인 자치행정을 실시했던 것도 시행착오를 확대한 한 원인으로 볼 수 있다. 지방선거에서 구사회주의 정치인들이 배제됨에 따라 행정 경험이 짧은 시민이 시장이 되어 지방행정을 이끄는 일도 있었다.

대규모 공공투자가 진행되는 과정에서 중복투자, 과잉투자의 문제가 발생한 것은 상당수의 연방정부 투자사업이 지역 실정을 정확히 파악하지 못한 상태에서 졸속으로 추진되었음을 의미한다. 통일 이후 1994년까지 집행된 전체 공공투자의 1/3 정도는 연방정부의 적절한 감독이나 통제 없이 주정부 혹은 지방자치단체에 의해 지출되었는데, 전체 투자액의 10% 이상이 낭비되었을 것으로 재정 전문가들은 추정하였다.[331] 예를 들면, 동독지역의 브란덴부르크Brandenburg주에 있는 인구 1만 명의 엘스터베르다Elsterwerda시에서는 24만 명의 분뇨를 처리할 수 있는 정화시설 건설사업이 추진되기도 하였다.

경제정책들과 공간개발 정책들이 적절히 연계되지 못하고 경제적 지원이 공간적으로 조율되지 못해서 낙후 지역에 투자가 제대로 이루어지지 않는 문제도 발생하였다. 투자가 필요한 동독지역 내 낙후 지역보다는 대도시 주변 지역에 투자(쇼핑, 물류센터 등)가 집중됨으로써 공공의 투자지원 수단들이 낙후 지역개발에 별다른 효과를 발휘하지 못하였다.

지역 균형발전 측면에서 지자체의 재정 확보는 매우 중요한 의미를 지니는데, 지역 내 민간투자가 미흡함에 따라 조세수입도 저조해지는 문제가 발생하였다. 결국 민간투자 부진이 지역 침체를 가져오고 이것이 다시 지방재정의 부실을 가져오는 악순환이 지속되었다.[332]

생활안전 확보

통일 후 동독지역에서 도로 확충과 승용차의 증가는 이동성의 증가라는 변화와 함께 교통사고의 급증도 불러왔다. 독일의 도로교통사고 건수는 1990년대에 급격히 증가하였다. 이것은 동독지역의 승용차 공급 및 이용 증가와 연관된 것이다. 교통사고 가운데 사망 사고의 주요 원인은 승용차와 보행자 간 사고인데, 이 역시 1990년대에 급격히 증가하는 추세를 보였다.

독일의 교통사고 추이

(단위: 천 건)

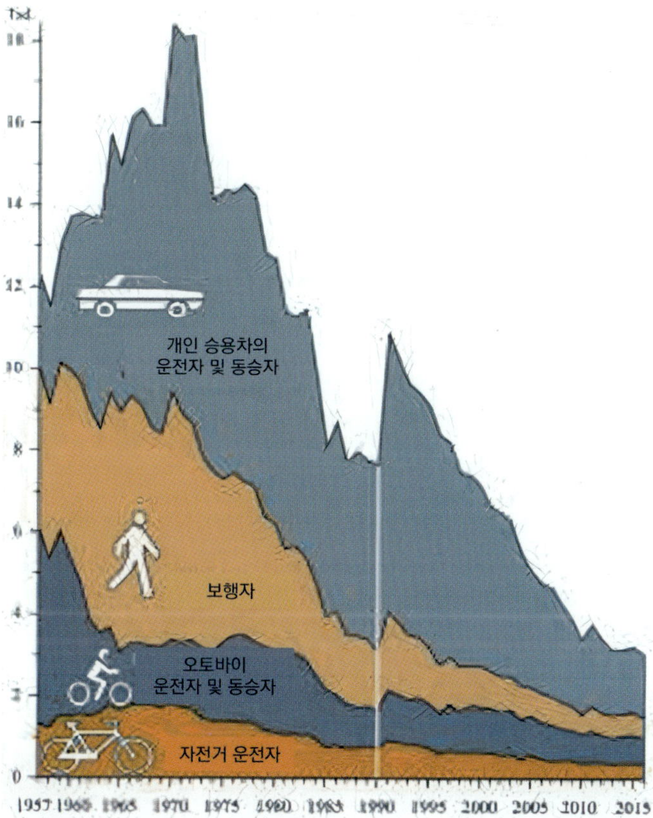

자료: (좌) Bundesministerium für Verkehr und digitale Infrastruktur. 2017. Verkehr in Zahlen 2017/2018 46. Jahrgang. p164 (우) Bundesministerium für Verkehr und digitale Infrastruktur. 2017. Verkehr in Zahlen 2017/2018 46. Jahrgang. p167.

통일 이후 동서독지역 연방주별 교통사고 추이

(단위: 건)

구분	연 방 주	1991	1992	1993	1994	1995	1996	1997	1998	1999	2000	2000 /1991
서독지역	바덴-뷔르템베르크	260,268	252,376	235,869	193,808	181,269	185,212	194,017	205,101	223,997	223,759	0.86
	바이에른	336,570	329,935	327,068	317,146	316,606	317,962	307,025	304,304	343,993	336,139	0.99
	베를린	159,545	169.247	159.785	160.207	153.161	154.809	151.588	142.166	153.385	148.107	0.93
	브레멘	22.490	22.269	21.219	20.332	19.329	18.555	18.648	19.026	19.305	19.309	0.86
	함부르크	62.990	61.317	56.990	54.538	53.733	52.507	53.674	56.155	57.581	56.517	0.90
	헤센	174.576	171.016	135.639	124.605	120.379	125.464	121.376	124.013	133.091	133.809	0.77
	니더작센	217.411	219.320	215.470	203.630	197.946	204.911	197.204	193.342	203.326	197.541	0.91
	노르드라인-베스트팔렌	524.987	528.810	524.542	507.788	502.304	503.618	502.630	525.915	558.637	553.297	1.05
	라인란드트-팔츠	122.794	117.742	114.978	110.957	111.274	113.083	113.943	115.229	123.818	124.609	1.01
	잘란트	33.037	29.028	26.006	25.731	27.937	26.508	25.565	25.780	27.642	26.116	
	슬레스비히-홀슈타인	88.164	79.985	76.383	75.996	68.654	66.666	63.156	61.788	63.939	59.960	0.68
동독지역	작센	81.310	109.477	122.309	137.796	139.298	143.714	137.895	138.713	146.024	137.488	1.69
	작센-안할트	67.588	86.578	99.023	103.590	103.779	107.619	101.586	101.995	104.334	95.839	1.42
	튀링겐	55.671	68.036	74.999	74.182	75.893	77.613	75.037	74.979	77.114	72.428	1.30
	브란덴부르크	60.593	82.446	91.227	95.863	102.223	103.892	101.178	100.079	104.805	98.702	1.63
	메르켄부르그-포어포메른	43.472	56.997	63.889	64.649	64.516	67.437	67.857	69.064	72.482	66.607	1.53
합계		2,311,466	2.384.579	2.345.396	2.270.818	2.238.301	2.269.570	2.232.379	2.257.649	2.413.473	2.350.227	1.02

자료: Deutschland in Zahlen (https://www.deutschlandinzahlen.de/tab/bundeslaender/infrastruktur/verkehr-und-transport/verkehrsunfaelle)

정부 재정 악화와 조세부담 증가

통일 이후 서독지역의 경제적 부담의 증가는 통일의 불가피한 대가였다. 서독지역 경제는 통일 직후 일시적인 특수를 제외하고는 동독지역에 대한 막대한 재정 이전 지출 때문에 증세 등 어려움을 겪게 되었다.[333]

통일 이후 동독지역으로의 대규모 재정 이전 지출은 연방정부의 부채 증가로 이어질 수밖에 없었다. 2010년 기준으로 독일 연방정부의 부채는 통일 직후보다 대략 3배 이상 증가하였다.

이 과정에서 소요 재원을 조달하기 위한 증세가 이루어졌다. 1991년 예산법에 따른 공기업의 분담금 인상, 연대가산금법에 따른 증세,[334] 부가가치세 증세,[335] 고정이자 적용세, 연대가산금법 II 등이 이어졌다. 이 외에도 연금 및 보험 등의 사회보장 부담금 인상 등이 있었는데, 이러한 부담은 주로 서독지역 주민들이 안게 되었다. 동독지역 주민들도 사회주의 시절에 없던 실질적인 세금 부담을 안게 되었다.

독일의 재정수지와 정부 채무 추이

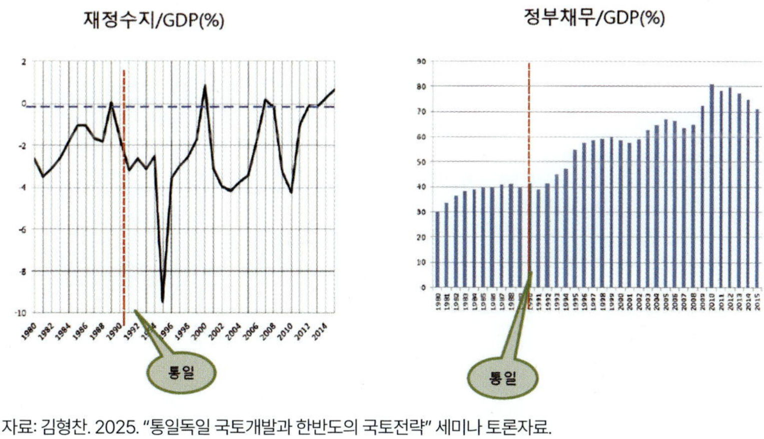

자료: 김형찬. 2025. "통일독일 국토개발과 한반도의 국토전략" 세미나 토론자료.

통일 이후 동독지역 국토개발의 성과와 과제

부문	주요정책	성과	과제
종합		• 동독지역 경제의 외형적 성장 • 인프라, 도시 주거 부문의 개선을 통한 동독지역의 입지 경쟁력 강화	• 동서독지역 간 경제 수준 격차 고착화 • 동독지역 내 대도시와 기타 지역 간 지역 격차 고착화 • 사회적 불평등 심화
인구성장/인구이동	-지역균형개발의 공간전략 -지역간 격차 완화를 위한 사회, 경제적 지원	-1990년대 중반 이후 서독지역으로의 인구이동 안정화	-인적 자원의 부족 심화(취학 연령층 인구 지속해서 감소) -동독지역의 대도시 집중화 -농촌지역의 지속적 침체
산업입지	-동독지역 및 기타 낙후 지역 투자에 대한 행·재정상의 인센티브 제공 -에너지 교통 등의 간접자본시설확충을 통한 입지 경쟁력 제고	-국내외 민간기업 유치를 통한 지역경제 활성화 -과감한 민영화를 통한 서독기업들의 투자와 일자리 창출 -첨단 산업벨트 형성(작센주의 드레스덴 주변, 베를린-아들러스호프)	-경쟁력 있는 대기업 부재 -인위적인 기업 폐쇄와 실업 -서독 공해기업들의 동독진출 -대도시와 그 주변 지역으로 신규 입지 집중
사회간접자본/공공투자	-단기적으로 시급한 교통 에너지 부문에 집중적 공공투자 추진	-교통시설 현대화, 접근성 개선 -교통시설 고속화 -동서독지역 간 연결교통망 확충 - 광통신망 등 통신 부문 첨단화	-중복 투자, 과다 투자 등 재정 낭비 -농촌지역의 인프라 낙후 -연방정부의 부채 증가
주택/토지/도시개발	-주택/토지의 사유화 -신속한 택지 및 기업 용지 공급을 위한 개발 촉진 징책 추진 -서독지역은 주택건설, 동독지역은 주택 보수 및 개선 중심의 정책 추진	-노후 주택 개보수를 통한 주거환경개선 -주거 면적, 난방시설, 상하수 시설개선 -자가주택 보급 증가 -주택 만족도 서독지역 능가	-소유권 회복 관련 분쟁으로 주택, 도시개발 지연(특히 대도시 도심지역) -인구감소로 100만 호 빈집 발생 -도시 주변 지역의 난개발
환경 /안전	-에너지원의 개편을 통한 오염 발생 저감 -산업구조의 조정을 통한 환경오염원 제거 -환경시설의 현대화와 환경산업의 육성	-산업구조 조정과 환경시설투자, 주거 난방, 상하수도 개선, 차량 개선 등을 통한 대기. 수질오염의 개선 -환경산업 분야의 신규고용 창출	-도시 주변 대규모 유통.업무단지 입주에 따른 환경파괴 -교통사고 증가

제7장

통일 독일 국토개발의 시사점

여기에서는 지금까지 살펴본 통일 독일의 국토개발 사례가 우리에게 주는 시사점을 살펴본다. 독일의 국토개발 경험이 우리에게 주는 가장 중요한 시사점 가운데 하나는 우리의 역량에 맞는 통일 준비를 지금부터 시작해야 한다는 점이다. 통일 이전에 이루어진 동서독 교류가 통일의 중요한 토대가 되었다는 점에서 그 의미를 먼저 살펴본다.

통일 이전 동서독 교류 협력의 시사점

교통연결 협력의 중요성

국토발전 측면에서 볼 때, 약 40년의 동서독 교류협력과정에서 가장 긍정적인 평가를 받는 것은 교통 분야 협력이었다. 동독 내 도로, 철도 등 교통인프라에 대한 서독 측의 지원과 이를 통해 확충된 교통인프라는 통일 이후에도 동독지역 국토개발을 위한 중요한 토대로 기능하였기 때문이다.

물론 서독 정부로서는 분단 기간 동독 내 섬처럼 고립되어 있던 서베를린의 생존 유지 차원에서 교통인프라 지원을 추진한 측면도 있었다. 남북한도 경의선 복원 등 교통인프라 개선에 따른 경제적 효과를 남북한이 공유할 수 있으므로 남북 교통인프라 연결 사업이 중요한 교류 협력 사업으로 추진될 필요가 있다. 남북 교통인프라 연결을 통해 한국 일본과 유럽지역 간의 물동량의 일부가 경의선을 이용하면 남북한 모두 운송 수입 증대와 시간비용의 절약 효과가 기대된다.

상호주의 기반의 질서 있는 교류 협력 추진

분단 기간 서독 정부는 동독 정부와 교류 협력을 추진하면서 경제지원에 상응하는 정치적 반대급부를 획득하였고, 동독 정부는 정치적 양보의 대가로 서독 측으로부터 경제적 실리를 얻어내었다. 상호주의 원칙에 입각한 이러한 교류 협력의 확대는 동독의 대서독 경제의존도를 심화시킴으로써, 동서독 경제통합의 중요한 기반이 되었다는 것을 주목할 필요가 있다. 동서독의 교류 협력은 분단국가 교류 협력의 대표적인 성공 사례이다.

이러한 측면에서 볼 때 우리도 북한에 대한 경제협력과 지원을 주민들의 상호방문 기회 확대 등 상호주의 원칙에 기반하여 추진할 필요가 있다. 북한의 성의 있는 자세 변화 없이 일방적으로 경제지원을 계속하는 것은 구조조정을 하지 않는 부실기업에 일방적으로 공적 자금을 지원하는 것과 다를 바 없다.

동서독은 교역 관련 양측간 협약을 비교적 잘 준수하였고, 교통로 개설에 따른 통행 관련 제반 사항을 양측이 명확하게 준수함으로써 안정적인 교류와 협력이 가능하였다. 그리고 양측은 교통로의 운행계획을 철저히 이행하였고, 수송에 이용되는 교통수단의 운행 및 재난 시 구호 조치 등에 대해서도 긴밀히 협력하였다.

이러한 동서독의 경험을 볼 때, 남북한도 육상, 해상, 항공 부문의 통행 및 교역과 관련한 제도적 기반을 구축하고 이것이 안정적으로 작동될 수 있도록 노력하는 것이 중요하다. 그러나 북한의 여건과 역량을 고려할 때, 남북한 간에는 동서독의 경우보다는 낮은 수준과 느린 속도로 협력을 위한 제도적 기반이 구축될 가능성이 높다. 시간이 소요되더라도 서로가 수용하고 준수할 수 있는 수준의 제도적 장치를 만들고 이것을 안정적으로 운용하는 것만이 교류 협력의 결실을 담보할 수 있을 것이다.

접경지역 협력, 도시 자매결연 등 다양한 형태의 교류 협력 추진

동서독 정부는 분단 기간 접경지역 협력, 도시 간 자매결연 등 다양한 형태의 교류 협력을 진행하였다. 동서독 접경지역에서의 자원 협력 및 환경 보호 협력은 상호 간 경제적 실익과 함께 낙후 지역개발 촉진 효과도 가져왔다. 그리고 도시 간 자매결연은 상호 간의 신뢰 구축뿐만 아니라 통일 후 동독지역의 신속한 자치행정체계 구축에도 크게 기여하였다. 분단 기간 진행된 다양한 교류와 협력이 통일 후의 사회경제적 통합 과정에서 커다란 자산이 되었던 것을 주목할 필요가 있다.

이러한 동서독의 경험을 볼 때, 우리도 지금부터 접경지역에서의 공동 협력 사업이나 도시 자매결연을 추진하는 것이 통일 기반의 강화 측면에서 도움이 될 것이다. 자매도시의 선정은 가능한 한 유사한 특성과 과제를 가진 도시 간에 이루어지는 것이 합리적일 것이다.[336]

통일 이후 국토개발의 시사점

통일 독일의 국토개발 사례를 살피다 보면 정부와 시장의 역할을 다시 한번 돌아보게 된다. 계획경제하에서 일당 독재가 국토와 도시발전에 많은 문제를 가져왔다면, 통일 이후 시장경제하에서는 거대 자본이 많은 문제를 가져온 것은 아닌지 돌아보게 된다. 동독지역의 사회적 약자들은 통일 이전이나 이후나 많은 도전에 시달리고 있는 것이 현실이다. 통일 독일의 국토개발이 주는 중요한 교훈과 시사점들은 국토의 균형발전을 위한 인적 자원 확보의 중요성 그리고 적절한 도시 주거환경과 인프라 개선의 중요성 측면에서 찾아볼 수 있을 것이다.

고령화와 인구감소의 문제를 대비해야

국토의 발전 여부는 그 공간 안에서 활동하는 인적 자원의 양적, 질적 특성에 따라 크게 좌우된다. 현재 동독지역의 국토발전에 있어서 가장 커다란 장애 요소 가운데 하나는 인적 자원의 부족이다. 젊고 유능한 인력이 서독지역으로 이주하고 젊은 가임 여성들이 부족하여 동독지역은 지역발전의 토대가 될 최소한의 인구 규모를 유지하는 것이 절박한 과제가 되었다.

통일 후 남북 간의 인구이동은 불가피할 것이다. 초고령화 사회로 접어든 남한[337]의 경우 북한지역의 인적 자원이 일정 수준 필요한 측면도 있다. 통일 후 북한지역에서는 동독지역의 경우처럼 고령화와 저출산에 따른 인구감소가 주요 문제로 제기될 가능성이 높아 보인다. 평양 등 일부 대도시를 제외하고는 대부분 도시에서 인구감소가 나타날 가능성이 높다.

통일 이후 북한지역에서 고령화와 남한지역으로의 이주 자체를 막을 방법은 없을 것이다. 이러한 문제에 대처해서 현재 우리나라에서 추진하고 있는 관련 정책 수단을 검토하여 북한의 실정에 맞는 인구 전략을 수립하는 것이 필요할 것이다.

지역간 불균형 문제를 대비해야

통일 이후 동서독지역 간의 격차는 많이 축소되었다. 하지만 2020년대 이후 격차축소 속도가 정체되어 있다. 이것은 동독지역의 발전잠재력이 인적 자원 측면에서 한계에 이르렀음을 시사하고 있다. 막대한 공공투자를 통해 인프라와 경제 수준을 단기간에 일정 수준으로 끌어올리는 것은 가능하지만, 젊은 인력 등 인적 자원의 뒷받침 없이 지역발전이 지속되기는 어렵다는 것을 독일의 사례는 보여주고 있다.

독일 전역에서 나타나는 추세와 마찬가지로 동독지역 내에서도 지역간 격차가 심화되고 있다. 특히 대도시와 나머지 지역으로 성장과 침체가 양극화되는 현상이 나타나고 있다. 이 때문에 중소도시와 농촌지역의 쇠퇴가 지역 균형발전 측면에서 큰 문제가 되고 있다.

앞에서 살펴본 바와 같이 베를린, 라이프치히, 드레스덴 등 동독지역 내 일부 대도시들만이 2000년 이후 인구증가세를 뚜렷하게 보일 뿐 대부분의 중소도시들에서는 인구감소 추세가 지속되고 있다. 젊은 여성들의 비율도 서독지역 중소도시들에 비해 뚜렷하게 낮은 추세를 보이고 있다. 이러한 지역간 불균형적 인구성장은 대도시와 기타 지역 간의 정주 환경 양극화라는 새로운 과제를 제기하고 있다.

통일 이전 사회주의 시절에 정부에 의해 야기되었던 국토 불균형의 문제가 통일 이후에는 시장에 의해 지속되는 독일의 교훈을 우리는 주목할 필요가 있다. 통일 이후 북한지역 개발 과정에서도 지역간 불균형 문제가 제기될 가능성이 매우 높다. 평양과 그 주변 지역만 승자가 되고 나머지 지역이 패자가 되는 바람직하지 않은 결과가 나타나지 않도록 적극적인 정책 준비가 필요할 것이다.

지역간 경제력 격차의 심화는 그 자체로도 문제지만 사회적 통합을 해치고 사회적 양극화를 가속한다는 데 더 큰 문제가 있다. 2024년 9월 독일의 지방선거에서 나치 패망 이후 처음으로 극우 정당인 독일을 위한 대안당AfD이 동독지역 튀링겐주에서 1위를 차지하였다. 2025년 2월 23일 실시된 연방의회 총선거 결과 극우 성향인 '독일을 위한 대안AfD'은 20.8%의 득표율을 기록하며 2위를 차지했다.[338] 이것은 동독지역을 넘어선 독일 사회의 양극화를 잘 보여주고 있다.

주거 안정과 신속한 주거환경 개선이라는 두 마리 토끼 잡기

독일 연방정부는 예상 못 했던 갑작스러운 통일 때문에 대부분의 정책들을 단기간 내에 수립하고 추진하여야 했다. 이 과정에서 정책의 문제점이나 부작용에 대한 충분한 검토가 이루어지지 못하였으며, 많은 시행착오를 거듭하게 되었다. 통일 이후 시행된 정부 정책 가운데 가장 대표적인 시행착오가 부동산 원 소유권의 반환 원칙이었다.

반환 대신에 보상할 때 예상되는 막대한 보상비 문제를 피하고 헌법적 원칙에 따르기 위해 반환 원칙을 결정하였지만, 예상치 못했던 엄청난 부동산반환 소송 때문에 부동산의 원 소유권 반환이 지역발전의 걸림돌이 되었다. 통일 초기 5년간 진행된 관련 반환 소송에서 반환이 결정된 비율은 30%를 넘지 못하였다. 결국 반환도 제대로 하지 못하고 시간만 소모한 것이다.

또한, 원소유권자에 대한 보상액을 설정할 때, 객관적 보상기준이 미비하여 과다 또는 과소 보상의 문제들이 발생하였으며, 보상 시에도 장기간 다른 지역에 거주하였던 원소유권자와 오래 거주하면서 재산가치 상승에 기여한 기존 거주자 간의 형평성 문제도 제기되었다. 또한, 단기간 내에 많은 부동산을 매각하는 과정에서 매각 가격이 실제 가치보다 크게 낮아지는 문제도 발생하였으며, 사유화를 담당한 주무기관(신탁공사, 지자체 담당 부서 등)이 업무 과잉으로 인해 많은 시행착오를 범하기도 하였다.[339]

통일 이후 북한지역의 국토개발 과정에서도 토지 소유권의 회복과 사유화는 매우 중요한 과제가 될 것이다. 북한은 1946년 '무상몰수, 무상분배의 원칙'에 따라 토지개혁을 하였다. 당시 일본인, 부재지주, 5정보 이상 소유한 대지주의 토지 9만 1,390 정보(2억 7,417만 평)가 몰수되었다.[340]

장기간 현지에서 거주하고 있는 북한지역 주민들의 기득권을 보호하면서도 효율적으로 주택 및 도시개발이 가능하도록 관련 정책을 준비할 필요가 있을 것이다. 통일 후 추진할 토지와 부동산의 사유화는 북한 주민들의 주거 안정성 보장과 신속한 주거환경 개선이라는 두 마리 토끼를 동시에 잡아야 하는 어려운 과제가 될 것이다. 이에 대한 제도적 준비를 지금부터 차분하게 할 필요가 있다.

통일 이전부터 동독지역 주민들은 TV 방송 등을 통해 서독지역 주민들의 주거환경이 자신들보다 월등하다는 것을 알고 있었다. 그래서 통일 이후 서독지역의 우월한 주거환경이 동독지역 주민들의 서독지역 이주를 유발한 주요 요인 가운데 하나가 되었다. 좋은 주거환경이 좋은 일자리와 교육환경과도 연관이 깊다는 점을 고려할 때, 주거환경의 개선이 지역발전에 있어서 핵심 요인 가운데 하나라는 것은 의심의 여지가 없다.

이러한 측면에서 통일 후 북한지역 주민들의 대규모 남하를 방지하기 위해서 북한지역의 주거환경을 개선하는 것은 통일 직후 시급히 추진해야 할 과제 가운데 하나이다. 다만, 이 경우에도 주의해야 할 점은 북한지역의 인구감소 추세를 고려해야 한다는 것이다. 당장 시급한 주거환경 개선은 어쩔 수 없다고 하더라도 신규주택의 공급은 인구감소 추세를 고려해서 신중하게 추진할 필요가 있다.

하지만, 독일의 사례는 개발이 반드시 합리적인 방향으로만 진행되지는 않는다는 점을 보여주고 있다. 정치적인 고려로 인해 과다한 양의 주택이 공급되거나 지나친 개보수에 재정이 낭비되는 것을 막기 위한 지혜가 필요하다.

균형발전과 효율성을 동시에 도모해야 할 인프라 개발

통일 이후 동독지역의 인프라 개발 가운데 가장 빨리 성과가 나타난 것이 통신 부문이었다. 동독지역의 통신망은 1997년 말까지 100% 디지털화되어 서독지역보다도 현대화된 통신망을 구축하게 되었다. 교통, 통신, 에너지 등 핵심 인프라 가운데 통신 부문이 가장 빨리 성과가 나타날 수 있다는 점을 주목해야 할 것이다. 그리고 통신 부문의 신속한 민영화를 통해 인프라 공급의 효율성을 높인 독일의 사례를 주목할 필요가 있다.

에너지 부문의 경우 통일 직후 전력 분야 개선을 위해 서독지역으로부터 동독지역으로의 대규모 송전이 추진된 점도 주목할 필요가 있다. 이러한 사례는 우리도 통일 초기 접경지역을 중심으로 대북 송전을 위한 준비가 필요함을 시사한다.

교통부문의 경우 단기적으로는 동 서독지역 간의 교통연결 사업이, 중장기적으로는 유럽 교통망과 연결된 전국적인 교통망 구축이 추진되었다는 점을 주목할 필요가 있다. 우리도 단기적으로는 접경지역을 중심으로 남북 연결교통망 구축이 필요하고 중장기적으로는 한반도 차원의 교통망과 유라시아 대륙 육상교통망 연결이 추진될 필요가 있다.[341]

통일독일교통프로젝트에서 애초 수립된 도로 건설 프로젝트 가운데 동독지역 북부를 연결하는 노선은 수요 부족으로 사업이 추진되지 않았다는 점도 주목할 필요가 있다. 균형발전 측면에서 교통망 구축을 시도하는 것도 중요하지만, 최소한의 교통수요가 확보되지 않으면 수립된 계획이라도 과감히 철회하는 것이 필요하다.

정치적 결정에 따른 공공투자의 비효율과 통일수도 문제

통일 직후 동독지역에 대한 공공투자 결정이 졸속으로 이루어지고, 집행되는 문제들이 발생한 바 있다. 특히 수요에 맞는 공급계획의 수립이나, 부문별 공공투자의 상호 조정 없이 단기간 내에 대규모 공공투자가 진행됨으로써 중복 투자, 과잉 투자 등의 부작용이 나타났다. 우리는 이러한 독일의 전철을 밟지 않도록 주의할 필요가 있다.

이러한 독일의 문제는 예상하지 못했던 갑작스러운 통일 이후 연방정부가 체계적인 공공투자를 계획하고 시행할 시간적 여유가 없었던 것에도 연유하지만, 공공투자가 지역의 정치적 요구에 따라 결정되고 집행된 것에서도 그 원인을 찾을 수 있다. 이와 같은 공공투자 문제와 함께 민간투자 부문에서도 과잉 투자의 문제들이 발생하였는데, 과다한 주택 공급과 도시지역의 업무공간 과잉 공급 등이 그 대표적 사례이다.

정치적 정책 결정의 폐해를 보여주는 또 하나의 사례가 바로 본과 베를린 간의 연방정부 기능 분할이다. 연방정부 분할 이전 후 막대한 추가 비용지출 문제가 발생하였지만, 한 번 분할 이전한 부처들을 다시 하나로 통합하기가 쉽지 않은 실정이다. 통일 이후 북한지역의 국토개발 과정에서도 정치적 이해관계 때문에 국토개발이 왜곡되는 문제가 발생할 가능성이 있다. 현재의 세종시와 서울처럼 통일수도와 서울 간의 정부 기능 분할이 시도될 가능성도 있다. 우리는 독일이 비록 연방정부의 부처를 본과 베를린에 분할 배치하였지만, 정부와 의회의 소재지를 분리하지는 않았다는 점을 주목할 필요가 있다.

통일 후 북한지역에서 인구가 감소할 것이 분명한 지방 중소도시와 농촌지역에서 과다한 개발이 정치적 결정으로 진행될 가능성에 대비할 필요가 있다. 서부지역의 평양과 남포에 비해 동부지역의 청진과 함흥은 대규모 구조조정과 이로 인한 인구감소가 예상된다. 그럼에도 불구하고 이들 도시에서 정치 논리에 따라 공공투자가 과다하게 이루어질 가능성을 경계해야 할 것이다.

난개발을 초래할 수도 있는 특별법

통일 후 동독지역 개발을 신속하게 집행하기 위해 제정된 각종 특별법으로 인해 기존의 계획 및 개발 체계가 교란되는 문제들도 나타났다. 동독지역에서 개발을 신속히 추진하기 위해 제정된 각종 특별법(투자우선법, 투자촉진법)과 이에 따른 사업은 사회적, 생태적 공간개발을 위한 기존의 계획들과 상충 되기도 하였다. 특히 주택건설을 촉진하기 위한 특별사업은 주로 도시 주변의 녹지대를 택지로 활용함으로써 도시의 무분별한 외연적 확산을 가져왔다.

통일 후 북한지역의 국토개발을 신속하고 효율적으로 추진하기 위해 북한지역의 실정을 반영한 특별한 제도적 수단이 필요할 수 있다. 그러나 관건은 이러한 특별한 제도적 수단이 기존의 계획체계를 과도하게 흔들지 않으면서 소기의 성과를 거둘 수 있도록 하는 데 있다. 특별법에 따른 사업들이 사회적 양극화와 도시 난개발을 초래하지 않도록 적절히 관리할 필요가 있을 것이다.

모니터링과 정책 평가의 중요성

독일 연방정부는 동독지역 개발을 위해 많은 계획을 수립하고 공공투자를 시행하였다. 그러나 이에 대한 모니터링과 평가가 미흡하여 과잉 투자, 중복 투자 등 많은 문제가 나타났다. 전체적으로 동독지역 도시개발을 위한 정부 지원의 효과를 포괄적으로 분석한 사례는 없다. 부분적으로 프로그램의 효과를 분석한 사례만이 있을 뿐이다. 예를 들면, 문화재 보호Denkmalschutz 프로그램이 관광 측면에 가져온 성과(관광객 증가 등)를 분석한 사례가 있다.

연방정부와 주정부는 2000년대 중반에 가서야 동독지역에서 진행되고 있는 동독지역 도시재건 프로그램Stadtumbau Ost Programm의 중간 성과를 평가하고 개선책을 마련하려는 시도를 한 바 있다. 연방정부는 프로그램의 진행 상황을 관찰monitering하고 평가하기 위해 '도시 및 지역개발 평가실무그룹Arbeitskreis Stadt- und Regionalentwicklung der Gesellschaft fuer Evaluation(DeGEval)'을 설치하는 등 노력을 기울이고 있으나, 통일 초기부터 이러한 시도가 있어야 했다.

통일 후 동독지역 건설 및 경제 현황을 진단하는 연방정부 차원의 연례보고서도 1997년 9월에 처음으로 의회에 제출되었다.[342] 이것 역시 통일 초기에 제대로 된 모니터링이 부재했음을 보여주고 있다. 통일 이후 독일에서는 도시개발을 위한 정부 지원에 있어서 어떠한 공간적 전략을 추진할 것인지에 대한 논의가 없었다. 당시에는 막대한 공적자금을 동독지역에 시급히 투입하는 것 만이 주요 과제였고 자금의 투자 효과에 대한 평가는 거의 없었다.[343]

독일의 경제 전문가들은 각종 지원프로그램 통제를 위한 모니터링 체계가 필요하며, 평가를 통해 지원 자금을 더욱 효율적으로 투입하는 것이 필요하다고 지적하고 있다. 주정부와 기초지자체가 지원 자금의 효율적 활용을 위해 서로의 개발 목적을 조정하고 협상하는 노력이 필요하고 지원을 받기 위해서는 지자체와 주정부들은 통합적인 실행구상을 제시할 필요가 있다는 점도 지적하고 있다. 방법론적 측면에서 제시된 구상이 우수할수록 더 많은 자금을 지원하는 보너스 제도 Bonussystem도 고려할 필요가 있다고 지적하고 있다.[344]

전체적으로 볼 때, 막대한 자금이 투입되고 있는 정부의 지원프로그램에 대해 사전에 평가시스템을 구축하지 못하고 뒤늦게 평가를 논의하는 것은 안타까운 일이었다. 통일 초기에 정부의 지원프로그램이 어떠한 효과를 나타내고 있는지를 객관적으로 규명하고자 하는 의지가 부족했던 것이 문제였다.

공공투자가 제대로 효과를 거두기 위해서는 도시건설 측면의 지원과 경제개발 측면의 지원이 효과적으로 연계될 필요가 있고, 자금지원이 공간적으로 통합되어 이루어질 필요가 있다. 하지만 현재 우리나라에서도 이것이 제대로 이루어지고 있지 못한 실정이다.[345]

인적 역량 확보의 중요성

통일 후 발생한 난개발 등 사업 집행 과정의 문제들은 관련분야의 전문인력 부족 등 인적 역량 문제와도 깊게 연관되어 있다. 통일 이후 동독지역의 도시개발사업을 법에 근거해 체계적으로 집행할 전문인력이 크게 부족하였기 때문에 많은 도시개발사업의 추진이 지연되거나 파행을 겪었다. 이 때문에 연방정부는 동독지역의 도시개발사업의 계획 수립과 시행 과정에 재정적 지원을 하였고, 동독지역 도시의 체계적 개발을 위한 각종 연구 활동과 서독지역 도시행정 전문가들의 자문을 지원하기도 하였다.

동독지역의 인적 자원과 역량의 부족은 독일 사회의 지도층에서 동독지역 출신이 상대적으로 적은 비중을 차지하는 결과로 나타났고, 이것은 동독지역 시민들의 열등감 확대 등 사회심리적 측면에서 많은 문제를 일으키기도 하였다.[346] 우리도 통일 후 북한지역에서 체계적인 국토개발 계획 수립과 이에 기반한 사업추진이 이루어질 수 있도록 인적 역량을 준비하는 것이 중요하다. 특히, 북한지역의 국토 및 도시개발을 지원하기 위해 통일 후 일정 기간 남측 인력의 파견과 북측 인력의 집중적인 교육훈련이 필요할 것이다. 이러한 인적 역량 구축 작업은 통일 이전부터 장기적인 관점에서 준비되고 추진될 필요가 있다.

경제개발과 환경보존 조화의 중요성

통일 이후 동독지역의 자연환경이 전반적으로 개선된 것은 사실이다. 매연이 줄어들고 오염된 하천이 깨끗해졌으며 공장과 군부대의 토양오염도 상당 부분 제거되었다.[347] 하지만 이러한 성과 뒤에 가려진 또 다른 그늘이 있다. 사회주의 계획경제 체제하에서 정부에 의해 저질러진 환경 훼손은 많이 복구되었지만, 통일 이후 거대 자본에 의한 도시 주변 녹지대의 무분별한 개발 등 새로운 환경 훼손이 발생하고 있는 것이다.

신속한 이익의 회수를 도모하는 민간 자본은 소유권 관계가 복잡하고 철거에 시간이 많이 소요되는 시가지보다는 도시 외곽의 녹지개발을 선호하였다. 이것은 도로 등 관련 인프라의 추가 공급을 불러왔고, 녹지의 훼손이라는 환경문제를 초래하게 되었다.

향후 북한지역의 개발 과정에서도 신속한 경제개발과 환경보호라는 정책 목표들이 서로 충돌할 가능성이 있다. 신속한 경제개발 측면에서 기존 시가지보다는 도시 주변부에서 공장이나 주택, 쇼핑 관련 시설들이 개발될 가능성이 높다. 미래에 우리는 탄소중립 실천이라는 새로운 숙제도 받아 놓은 상태이기에 이러한 개발에 대해서는 매우 신중한 접근이 필요할 것이다.

최소한 중복 투자나 과잉 투자로 인한 환경 훼손이 발생하지 않도록 하는 것이 필요하다. 더 나아가 지속 가능한 국토발전이라는 규범적 목표를 통일 후 북한지역 국토개발 과정에서 어떻게 달성해 갈 것인지에 대한 구체적인 방안이 모색될 필요가 있다.

실효성 있는 재원 조달 방안의 중요성

독일은 통일조약에 따라 통일 비용의 조달을 주로 국가차입 등을 통해서 추진하려 했으나 1991년부터는 세금 인상과 동독부흥사업 Gemeinschaftswerk Aufschwung Ost을 통해 재원을 조달하였다. 이것은 결국 재원 조달 측면에서 일반 국민의 세금 부담 증가가 불가피함을 시사하고 있다. 우리도 이에 대한 준비가 필요할 것이다.

통일 비용의 대부분을 연방정부와 주정부의 재정으로 조달한 독일은 정부 부채의 증가라는 결과를 초래하였다. 통일 당시 서독의 경제력이 이러한 재정적자와 정부 부채의 증가를 감당할 만한 수준이었기에 통일 비용 조달이 가능하였다. 하지만 우리의 경우에는 독일처럼 개발비용을 정부 재정으로 감당하기에는 어려움이 많을 것이다.

정부 부채가 과도하게 늘어나면 국가 신인도에 직접적인 영향이 있을 것이고, 이것은 해외 차입의 제약으로 이어지게 될 것이다. 따라서 우리는 재정 건전성과 대외 건전성 확보를 위한 노력을 최대한 경주하면서 다양한 재원 조달 방안을 준비할 필요가 있을 것이다.

정책 총괄조직의 중요성

국토정책의 추진에 있어서 주목할 만한 과제 가운데 하나는 정책 추진체계이다. 통일 이후 동독지역 개발을 위한 여러 정책이 추진되었는데, 이것이 일관된 정책 총괄조직control tower 없이 진행되었다는 점이 문제였다. 통일 이후 많은 정치인과 전문가들이 동독지역 개발을 전담할 총괄 부서의 신설을 제안했지만, 통일 초기에 동독지역 개발과 관련한 각종 정책을 결정하고 조정한 것은 총리실의 동독지역 재건 담당 조정관이었다.[348] 이후에는 기존 연방 부처들이 이러한 역할을 담당했다. 정책 총괄조직의 부재가 여러 정책 실패와 부작용 발생의 한 원인이 되었다고 할 수 있다.

통일 직후인 1991년부터 1995년 사이에 동독지역 개발 특임관은 총리실의 재건 담당 조정관이 맡았고, 그 이후 연방 경제부 차관, 총리실 차관, 연방 교통건설주택부 장관, 연방 내무부 장관 등이 특임관 역할을 하였다.[349] 연방제라는 한계를 고려하더라도 아쉬운 부분이 아닐 수 없다. 동독지역의 체계적이고도 효율적 개발을 위한 별도의 조직이 공식적으로 만들어진 것은 통일 후 8년이 지난 1998년이었다.

사민당SPD/녹색당Die Gruenen 연립정부는 "신연방주를 위한 연방정부의 특임관Beauftragter der Bundesregierung fuer die Neuen Bundeslaender" 직을 신설하였다. 이 특임관이 동독지역 관련 업무를 조정하는 권한을 갖고 내각에서 동독지역 재건을 위한 전반적인 정책을 총괄하게 되었다. 특임관의 주요 과제는 동독지역 재건이 관련된 문제를 다루는 부처들 간의 업무를 조정하고 여러 개의 부처가 관련된 공동과제 Querschnittsaufgabe의 원활한 진행을 관리하며, 동독지역 재건Aufbau Ost 프로젝트의 중점 사안을 확정하고, 통일 현황에 대한 연례보고서를 작성하여 의회에 보고하는 것이었다.[350]

통일 초기부터 이러한 조직이 있었다면, 더욱 효율적인 동독지역 개발이 가능했을 것이라는 아쉬움이 남는다. 통일 초기에 이러한 조직을 만들지 않았던, 또는 못했던 것은 당시 정치인들이 동독지역 재건을 너무 쉽게 생각했던 측면도 있었고, 연방제의 특성상 동독지역만을 위한 새로운 조직의 도입에 소극적이었던 측면도 있었다. 이 외에도 기존 부처들의 기득권 유지 측면의 원인도 있었다.

통일 초기에 동독지역 개발 과정에서 중복 투자나 과잉 투자와 같은 정책 실패가 발생한 것은 정책 총괄조직이 부재했던 것과 연관이 없을 수 없다.[351] 통일 이후 연방정부는 동독지역이 이른 시일 안에 서독지역과 근접한 수준의 산업생산력, 정주체계, 인프라, 부동산시장 그리고 쾌적한 환경을 갖출 수 있도록 각종 특별법과 특별프로그램들을 수립, 시행했다. 그러나 이러한 정책 수단들이 부문별로 분산되어 재정이 낭비되는 문제가 나타났다. 이러한 문제도 정책 총괄조직의 부재에서 그 원인을 찾을 수 있을 것이다.

통일 이전까지 유지했던 연방정부 내 내독 관계부를 폐지하지 말고 동독지역 재건을 위한 특임부서로 확대 재편하였더라면 더 좋은 성과가 나타날 수 있었을지도 모른다. 이러한 독일의 교훈을 돌아 볼 때, 우리는 통일 이후 북한지역 재건을 위한 강력한 권한의 정책 총괄 기구를 반드시 준비할 필요가 있을 것이다.

도시 간 협력 확대로 도시행정의 안정화 도모

통일과 동시에 동서독 도시 간 교류에 제약이 되었던 장애물들이 제거됨으로써 실질적인 지방자치단체 간 협력이 가능해졌다. 통일 이전까지 도시 간 교류가 '형식적'이었다면, 통일 이후에는 보다 '실질적'인 교류가 시작되었다고 할 수 있다. 특히 서독지역 도시들의 인적, 행정적 지원을 통해 동독지역 도시들이 빠른 속도로 자치 행정체계를 구축할 수 있었고, 관련 행정적, 재정적 비용을 크게 줄일 수 있었던 점은 커다란 성과가 아닐 수 없었다.

그러나 긍정적 성과만이 있었던 것은 아니었다. 동독지역 전체 지자체 공무원들 가운데 서독지역으로부터 파견된 인력의 비율은 7%에 불과하였지만, 이러한 인력파견이 동독지역 주민들로 하여금 서독인들에 대한 피해의식과 열등의식을 갖게 했다는 비판도 있었다. 또한, 경험이 적은 서독지역 파견 공무원들이 여러 가지 시행착오를 범하기도 하였다. 하지만 이러한 문제에도 불구하고 이러한 파견 인력들이 동독지역 도시자치행정의 신속한 재편과 안정화에 크게 기여를 한 것은 분명한 사실이다. 종합적으로 볼 때, 통일 이후 거둔 도시 교류협력의 성과는 분단 기간 꾸준히 이루어진 동서독 교류가 있었기 때문에 가능하였다.

제8장

통일에 대비한 우리의 국토전략

통일 시나리오 검토

언제, 어떻게 통일이 될 것인지는 그 누구도 정확하게 예측하기 힘들다. 지금까지 많은 학자가 제시한 미래의 통일 시나리오는 그들이 생각해 낸 가상의 시나리오일 뿐이다. 어느 것이 더 높은 가능성을 가진 시나리오일지는 아무도 모른다. 이 때문에 우리는 다양한 통일 시나리오를 대비할 필요가 있다.

'바람직한' 통일은 남북이 점진적으로 교류와 협력을 확대해 가면서 평화적으로 합의 통일하는 것이다. 하지만 지금까지의 세계 역사는 반드시 '바람직한' 방식으로 미래가 도래하지 않는다는 것을 이미 보여주고 있다. 동북아시아의 역내 국가들이 공존과 번영을 위해서는 상호 간의 교류와 협력을 확대 심화시켜 가는 것이 바람직하지만 이미 우리는 그렇지 못한 상황 전개를 목도하고 있다. 그래서 미래의 통일 시나리오도 바람직하다고 볼 수 없는 시나리오까지 고려할 필요가 있는 것이다.

지금까지 우리 사회에서 논의되어 온 통일 시나리오는 다음과 같다.

첫 번째 통일방안은 우리 정부의 공식적인 통일방안으로서 '민족공동체통일방안民族共同體統一方案'에서 제시한 평화적, 점진적 통일방안이다. 이 방안에 따르면, 남북한은 다음의 세 단계를 거쳐 통일을 이루게 된다. 첫 번째 단계는 민족공동체헌장을 채택하는 단계로서 통일이 될 때까지 남북 관계를 이끌어갈 수 있는 규칙을 세우고 상호 신뢰를 쌓아가는 단계이다. 두 번째 단계는 남북연합Korean Confederation 단계로서, 민족공동체헌장에 기초하여, 남북정상회의와 실행 기구인 남북각료회의, 남북평의회 등의 과도기구를 설치하는 단계이다. '1국가 2체제'와 비슷한 단계이다.[352] 세 번째 단계는 통일 헌법 제정으로 통일민주공화국Unified Democratic Republic을 건설하는 단계이다. 통일 헌법을 바탕으로 총선거를 시행해 통일 국회와 통일 정부를 구성하는 것이다.

두 번째 통일방안은 단기간 내에 북한 정부가 남한 정부와 정치 경제적 통합을 이룩하는 급진적 통일이다. 통상적으로 급진적 통일은 북한의 급변 사태를 상정한다. 급변 사태는 북한 정권이 내부 상황을 통제하기 어렵게 되어 주변국이나 국제사회가 개입할 가능성이 높은 상황을 의미한다. 이러한 상황은 독일의 경우처럼 시민혁명으로 인한 급변 사태의 발생이나, 루마니아의 경우처럼 군부 쿠데타로 인한 급변 사태의 발생 등을 가정할 수 있다. 이 경우 내전, 무정부 상태가 지속되어 북한이 한국에 흡수통일이 되는 상황이 발생할 수 있다.

급진적 통일방안도 통일 독일의 경우처럼 단기간 내에 정치경제통합을 이룩하는 경우와 통일 이후 일정 기간 북한지역을 홍콩의 경우처럼 별도 지역으로 관리하는 1국가 2체제 유지방안으로 구분할 수 있다. 급변 사태 이후에 북한에 대안적 정부가 등장하고 그 정부가 주도하여 남한과의 통합을 원하는 국민의 지지를 기반으로 남한 정부와 통일조약을 체결하여 통일을 이룩하는 것이 독일식 통일방식이다.

우리 정부의 공식적인 통일방안인 '민족공동체통일방안'은 남북 교류를 기반으로 점진적으로 통일을 이룩한다는 측면에서 가장 이상적인 통일방안이라 할 수 있다. 이 경우에는 통일에 따른 비용을 최소화하고 편익을 극대화할 수 있을 것이다. 하지만 급변 사태에 의한 통일의 경우에는 여러 가지 부작용이 예상되기 때문에 철저한 대비가 필요하다. 급변 사태에 의한 급진적 통일방안의 장단점을 간략하게 정리하면 다음과 같다.

첫째, 독일식 평화 통일방식은 단기간 내에 경제사회통합을 이룩할 수 있는 장점이 있는 반면에 통일 정부에게는 재정적 부담이 큰 단점이 있다. 이 방식은 북한의 주민들과 기업에 단기간 내에 시장경제에 적응해야 하는 부담을 안겨주게 된다.

둘째, 통일 이후 북한지역을 일정 기간 구분 관리하고 점진적으로 경제사회통합을 추진하는 통일방식은 급진적 통합의 부작용을 최소화할 수 있다는 장점이 있지만, 1국가 2체제 운영의 정치적 부담이 크고 통합의 과정이 장기간에 거쳐 진행되는 것에 따른 비용 증가의 단점도 갖고 있다.

급진적 통일방식의 장·단점 비교

주요정책	장 점	단 점
독일식 통일	· 단기간 내 경제사회통합 성과 획득 가능	· 통일정부에게는 재정적 부담 · 북한 주민과 기업의 단기간 내의 시장경제 적응 부담
통일 후 한시적 1국가 2체제 유지	· 통합 부작용 최소화	· 1국가 2체제 운영의 정치적 부담 · 통합의 과정이 장기간에 거쳐 진행됨에 따른 또 다른 비용 증가
군사적 통일	· 가장 빠른 통일 가능	· 점령국과 피점령국의 심리적 괴리 극복 · 재정적 부담 · 북한 주민과 기업의 시장경제 적응 부담

셋째, 군사적 충돌에 의한 통일방식은 가장 빠른 속도로 통일이 이룩될 수 있는 통일방식이 될 수 있으나 점령국과 피점령국의 심리적 괴리 극복이 큰 부담이 될 수 있다. 군사적 충돌의 기간 여부에 따라서는 경제적 복구 비용의 증가까지 고려해야 하는 문제도 있다.

통일에 대비한 정책을 수립 할 때에는 항상 최악의 상황을 대비하는 것이 중요하다. 그래서 여기에서는 여러 가지 통일방안 가운데 바람직한 단계적 평화 통일 시나리오가 아니라 많은 문제가 예상되는 급진적 통일 시나리오를 전제로 미래 북한지역의 국토개발 전략을 검토하였다. 그리고 1990년 동서독의 경우처럼 북한의 민주적 정권이 우리 정부와 통일조약을 맺고 통일을 이룩하는 시나리오를 전제하였다.

통일 한반도의 국토발전 목표

통일 한반도는 어떠한 국토발전을 지향해야 할 것인가? 어떠한 원칙과 기준을 가지고 국토발전을 도모해야 할 것인가는 매우 중요한 과제가 아닐 수 없다. 이와 관련해서 많은 선행 연구에서는 급변하는 대내외 환경을 반영한 국토 비전과 목표를 제시하고 있다. 이 글에서는 통일 독일의 국토개발 경험과 시사점 그리고 대내외 여건 변화 등을 종합해서 다음과 같은 세 가지 목표를 설정해 보았다.

포용적 국토 균형발전[353]

통일 독일의 국토개발 경험이 우리에게 주는 가장 큰 교훈 가운데 하나는 국토 균형발전의 어려움이다. 통일 이전부터 서독의 국토계획은 균형발전을 지향해 왔고 이러한 원칙은 통일 후에도 변함이 없었다. 동서독지역 간의 격차는 많이 줄었지만, 극우세력이 득세할 정도로 동독지역의 침체는 여전하고 동독지역 내의 지역간 격차는 고령화, 인구감소 추세와 맞물리면서 더 심화하고 있다.

미래 통일 한반도의 국토발전은 균형발전을 지향해야 함과 동시에 사회경제적으로 포용적 발전을 도모할 필요가 있다. 통일 후 한반도의 경제, 사회, 환경의 포용적인 발전이라는 측면에서 북한지역의 도시, 농촌, 인프라 개발을 도모하는 것이 필요할 것이다. 이를 위해서는 기존의 성장 중심 발전 패러다임을 지양하고 포용적 동반 발전의 패러다임을 기반으로 국토개발과 관리에 접근할 필요가 있을 것이다.

포용적 국토발전을 위해서는 북한지역 주민들이 새로운 체제에 순조롭게 적응할 수 있도록 하는 세심한 정책 수립과 집행이 필요할 것이다. 이와 동시에 국토 이용을 위한 계획 수립 및 시행 과정에서 북한 주민들의 참여를 보장하고, 공정한 기회를 부여하는 것이 필요할 것이다. 이를 통해 남북 사회경제통합이 원만하게 이루어지도록 하는 것이 중요하다.

지속가능하고 혁신적인 국토발전

환경친화적 국토와 도시개발은 서독이 통일 이전부터 지향해 온 중요한 공간 개발 원칙이었다. 하지만 통일 이후 동독지역의 도시개발 과정에서 도시 주변부가 난개발되는 문제가 나타났다. 도심지역의 토지 소유권 분쟁과 서독지역 거대 자본의 신속한 개발 추진 등이 복합적으로 작용한 바람직하지 않은 모습이었다.

미래의 북한지역 개발 과정에서도 독일과 같은 전철을 밟지 않도록 지속가능한 국토발전이 중요한 국토발전 목표로 설정될 필요가 있다. 이러한 측면에서 지속가능발전목표SDGs에 기반한 북한지역의 국토개발이 도모될 필요가 있을 것이다. 지속 가능한 국토발전은 포용적 국토발전과 함께 한반도 국토발전의 중요한 토대가 되어야 할 것이다.

통일 후 동독지역 작센주의 라이프치히와 드레스덴은 문화, 유통,

관광, 첨단 제조업을 기반으로 새로운 도시 경쟁력을 만들어 냈다. 이러한 혁신은 도시민들의 삶의 질과 경쟁력을 동시에 향상하기 위해 노력한 시장들의 리더십과 시민들로부터 만들어졌다. 통일 후 북한지역 도시들이 새로운 경쟁력을 만들어 가는 과정에서 이러한 혁신이 일어날 수 있도록 중앙정부가 역할을 하는 것이 중요하다.

동독지역의 인프라를 개발하는 과정에서 광통신망이 서독지역보다 빨리 구축되는 등 첨단기술이 바로 접목될 수 있었던 것처럼 북한지역의 국토 인프라를 개발하는 과정에서 스마트시티smart city 등 첨단기술 플랫폼이 구축될 수 있도록 하는 것이 필요할 것이다. 동북아시아에서 가장 혁신적인 국토와 도시발전 모델이 되도록 북한지역의 도시와 인프라 개발을 추진하는 것이 필요하다. 다만, 기술 혁신이 사회경제의 양극화를 심화시키지 않고 포용적 국토균형발전과도 조화를 이룰 수 있도록 신중하게 추진할 필요가 있다.

동북아시아 공동 번영을 지향하는 열린 국토발전

통일이 독일에 가져온 중요한 기회 가운데 하나는 중부유럽의 중심국가로서 등극하는 토대가 마련된 것이었다. 동독지역을 기반으로 이웃한 폴란드, 체크, 헝가리 등 주요 국가들과의 협력이 더욱 긴밀해지는 기회를 통일 독일은 갖게 되었다. 서독지역 기업들은 동독지역 개발의 경험을 토대로 유럽 시장에서 경쟁력을 확보하게 되었다. 통일을 통해 독일은 비로소 5억 2,000만 명의 유럽과 제대로 연결된 것이다.

통일은 우리에게도 동북아 교류의 중심 무대로서 한반도의 위상을 강화할 중요한 기회가 될 것이다. 이러한 기회를 잘 살려가기 위해서는 한반도와 주변국 간의 물리적, 제도적 연결을 강화하는 노력이 국토개발 측면에서 모색될 필요가 있다. 대륙권과 해양권의 교류 중심지로서 한반도의 입지를 더욱 강화하는 방향으로 국토개발이 추진될 필요가 있는 것이다. 15억 5,000만 명의 동북아시아와 한반도 발전의 지속가능한 선순환이 가능하도록 국토개발을 추진하는 것이 필요하다.

현재 나타나고 있는 동북아에서 갈등의 악순환을 상생과 공동 번영의 선순환으로 전환하기 위한 새로운 국제협력 틀을 통일 후 북한 지역 국토개발 과정에서 모색할 필요가 있을 것이다. 포용적이고도 지속 가능한 발전이라는 가치를 중심으로 동북아시아가 공동 번영할 수 있는 단초를 통일 한반도의 국토개발 과정에서 발굴하는 노력이 필요하다.

통일에 대비한 국토전략

앞에서 언급한 국토발전 목표를 달성하기 위해서는 정교한 실천 로드맵이 필요하다. 이러한 측면에서 핵심적인 국토전략을 살펴본다.

인구, 기후, 기술변화 등 여건 변화를 고려한 국토개발

우리가 통일에 대비한 국토전략을 모색할 때, 가장 중요한 고려 요소 가운네 하나는 통일 당시의 독일은 경험해 보지 못한 최근의 여건 변화이다. 통일 당시의 서독도 인구 고령화를 경험하고 있었지만, 지금 우리 한국이 경험하고 있는 세계 최고 수준의 고령화 추세와는 달랐다. 그리고 통일 당시의 독일이 경험하지 못했던 급격한 기후변화와 기술변화도 현재 우리가 직면한 중요한 여건 변화라고 할 수 있다. 이러한 여건 변화를 고려하여 국토전략을 모색해야 하는 숙제가 우리 앞에 놓여 있다.

첫째, 인구변화를 고려한 국토개발이 필요하다. 북한의 국토개발 과정에서 고령화, 인구감소 등 인구변화에 가장 큰 영향을 받을 분야 가운데 하나가 주거와 교통인프라이다. 지역간 인구이동으로 인해 평양 등 일부 지역의 주택과 교통수요는 크게 증가할 것이지만, 대부분의 지방 도시는 인구감소로 인해 주택과 교통수요의 감소가 예상된다. 통일독일의 경우 동독지역에서 약 100만 호의 공가가 발생하여 재정적, 사회적 문제가 되었다는 점을 주목할 필요가 있다.

다만, 전체적인 북한 인구의 감소에도 불구하고 고속철도와 항공 중심의 새로운 교통 수요는 고려할 필요가 있다. 예를 들면, 북한 주민들의 소득 증가와 이에 따른 관광수요 증대로 고속철도와 항공에 대한 수요 증가가 예상된다. 인구감소가 예상되는 중소도시와 농촌지역에서는 수요 변화에 따른 공유 모빌리티Shared Mobility 확대도 검토할 필요가 있다.

둘째, 기후변화에 대응한 국토개발이 필요하다. 탄소중립 실현을 고려해서 북한지역의 국토개발을 추진할 필요가 있다. 이러한 측면에서 토지 소요를 줄이는 방향으로 도시개발과 인프라 개발을 추진할 필요가 있다. 기존 도로망, 철도망의 개보수 시에 인구감소에 따른 장기적인 수요 변화를 고려하여 과다한 규모의 개보수를 지양할 필요가 있다.

기후 위기에 대응하고 탄소중립 실현을 도모한다는 측면에서 에너지절약형, 토지절약형 교통네트워크 구축이 고려될 필요가 있다. 불필요한 교통수요의 발생 억제를 위해 '콤팩트 시티Compact City'와 같은 미래형 도시개발 추진도 고려할 필요가 있다.

셋째, 기술변화를 반영한 국토개발이 필요하다. 인공지능AI시대의 국토개발은 기존 주거와 인프라 개발에 있어서 혁신적 변화를 불러올 것이다. 노후한 북한의 주택과 인프라를 정비하는 과정에서부터 부분적인 신기술 도입이 추진될 필요가 있을 것이다. 실제로 독일은 동독지역 개발 과정에서 서독지역에서 시행하지 않았던 혁신적인 도시개

발 기법을 적용하기도 하였다.[354]

북한의 국토개발 과정에 혁신 기술이 도입될 경우, 기존 인프라 가운데 일부는 폐쇄하고 일부는 새롭게 도입될 필요가 있다. 도시 내 유휴 공공시설부지를 드론을 이용한 물류센터, UAMUrban Air Mobility(도심항공모빌리티)등으로 활용하는 것이 그 예가 될 것이다. 장기적으로 북한지역의 교통인프라 개발을 동북아 교통물류 혁신을 위한 신기술의 실험무대test bed로 활용하는 것을 고려할 필요가 있다.

인구이동의 안정화와 국토의 균형개발

통일 후 동독지역의 국토개발이 추진되는 과정에서 가장 중요한 기반 가운데 하나는 동서독 지역간의 인구이동 안정화였다. 1989년 여름부터 1990년 상반기까지 약 58만 명의 동독 주민들이 서독지역으로 이주할 정도로 탈 동독 추세가 강했지만, 1990년대 중반부터 동서독 지역간 인구이동은 안정되었다.

그러나 젊은 계층과 전문직 계층의 서독지역 이주는 동독지역 노동시장의 질적 저하라는 문제를 가져왔고, 농촌지역에서의 인구 유출은 지역경제의 재건 과정에서 커다란 제약 요소로 작용했다. 통일 당시의 동독보다 양적, 질적으로 크게 취약한 북한의 생산 기반을 고려할 때, 기존 공업 및 농업지역으로부터의 인력 유출 문제는 동독의 경우보다 더 심각할 수도 있다.

산업구조의 재편 과정에서 일정 수준의 직장 및 주거 이동은 불가피할 것이나, 단기간 내에 급격히 노동력이 유출될 경우, 지역경제의 기반 자체가 붕괴할 수도 있다. 따라서 대규모 인구 유출이 예상되는 지역에 대한 지원과 투자를 통일 초기에 집중시킴으로써 인구 유출을 최소화하는 것이 필요할 것이다.

1990년대 중반부터 동서독지역 간 인구이동이 안정화된 것은 동독지역에 대한 집중적인 공공투자 및 민간투자 덕분이었다. 그리고 분단기간 동서독 양 지역 주민들의 정기적인 상호방문이 가능하였다는 점도 통일 이후 양 지역간 인구이동 안정화의 주요 요인 가운데 하나였다. 만약 남북한도 동서독과 같이 일정 수준의 자유 왕래가 가능해지고, 경제협력을 통해 남북한 간의 경제력 격차도 상당 수준 좁혀진다면, 통일 이후 인구이동도 커다란 문제가 되지 않을 수 있다.

그러나 현재와 같은 상황에서 통일이 될 경우, 남북 간의 인구이동은 엄청난 문제를 일으킬 가능성이 높다.[355] 따라서 통일 후 북한지역으로부터 남한지역으로의 이주를 최소화할 수 있도록 북한지역 개발을 추진하는 것이 매우 중요한 과제가 될 것이다. 이러한 인구이동의 안정화는 북한의 균형발전을 위해서도 핵심적인 과제 가운데 하나이다.

인구이동의 안정화와 함께 중요한 과제가 지역간 균형발전이다. 통일 후 동독지역은 통일 이후의 지역경제 재건 과정에서 지역간 개발 격차가 심화되었다. 특히 도시지역과 농촌지역간의 개발 격차 문제는 주요 과제 가운데 하나인데, 이것은 통일 후 북한지역 국토개발 과정에서도 재현될 가능성이 높다. 북한지역의 경우 통일 이후 동독과 같이 급진적 방식으로 시장경제가 도입된다면, 중공업과 농업 중심 지역들의 침체로 지역간 불균형이 심화될 가능성이 높다.[356]

대도시지역의 집중을 완화하고 효율적인 지역개발 체계를 구축하기 위하여 '분산적 집중'의 개발 원칙과 '도시 간 연결망'의 구축 등 통일 후 동독지역 개발을 위해 추진된 정책들이 북한지역의 균형적 개발을 위해서도 준비될 필요가 있는 것이다.

이러한 측면에서 볼 때, 사유화와 민영화 등 주요 경제정책을, 균형발전을 촉진하는 방향으로 추진할 필요가 있을 것이다. 동유럽 국가들의 사례에서도 사유화, 민영화가 급진적으로 추진될 경우 지역간 불균형 문제가 더 심해졌다는 교훈을 주목할 필요가 있다.[357]

독일의 경험을 고려할 때, 장기적으로는 북한지역의 균형적 지역발전에 기여하는 공공투자 사업의 추진이 무엇보다도 중요할 것이다. 이것은 통일 이전 남북 교류 협력 단계부터 주요 과제로 다루어질 필요가 있다. 북한 내 특정 지역으로의 투자집중은 북한으로서도 바람직하지 않을 뿐만 아니라 미래 한반도의 균형발전 측면에 도움이 되지 않을 것이다.

따라서 통일 이전의 교류 협력 단계에서부터 남북경협 사업들이 특정 지역에 집중되지 않도록 남북한 당국이 긴밀히 협력하는 것을 고려할 필요가 있다.[358] 독일의 경제구조재편 과정은 북한의 경우 농촌지역에 대한 특별관리가 필요함을 시사하고 있다. 노동력의 도시 유출과 농업 부문에 대한 투자 부진으로 농촌지역이 상당 기간 경제 침체에 빠질 가능성이 높다. 북한은 농업 부문의 고용 비율이 통일 당시의 동독보다 높아서 독일과 같은 방식의 급진적 농업구조 개편은 커다란 혼란을 가져올 가능성이 높다.[359]

독일의 사례로부터 얻을 수 있는 또 하나의 교훈은 통일 이후 북한지역 내에서도 남한과 인접한 지역과 기타 지역 간의 경제발전 격차가 크게 발생할 수 있다는 것이다. 남한의 수도권과 같은 대규모 시장으로의 접근성이 지역의 입지 경쟁력을 크게 좌우할 수 있기 때문이다. 따라서 북한 내에서도 입지적으로 취약한 지역(자강도, 양강도 등)의 교통 기반 시설 확충이 지역 균형발전을 위한 주요 과제 가운데 하나가 될 전망이다.

한시적인 특별구역의 설정과 특별법의 적용

통일 이전에 일정 부분 사유재산이 존재하였던 동독[360]과는 달리 모든 사유재산이 허용되지 않는 북한의 실정을 고려할 때, 통일 이후 남북한의 경제통합 속도는 통일 이전까지 북한이 어느 정도의 사회경제적 개혁과 개방을 이룩하는가에 따라 달라질 수밖에 없을 것이다. 동서독의 경우에는 경제력 격차에도 불구하고 급진적으로 화폐통합을 단행함으로써 동독지역의 생산 기반이 일시에 무너지는 부작용이 나타났다.

동서독보다 경제력 격차가 큰 남북한의 실정을 고려할 때, 북한이 통일 이전 상당 수준의 개혁을 추진한다고 하더라도 통일 이후 경제통합의 속도는 독일의 경우와는 차별화될 필요가 있다는 의견이 있다. 특히 통일 당시의 서독보다 현재의 남한이 사회경제적 역량 측면에서 상대적으로 취약하다는 점을 고려할 때, 급진적으로 남북한 경제를 통합하는 것은 많은 문제를 발생시킬 가능성이 높다.

독일과 유사한 방식의 통일이 가시화되었을 경우 통일과 동시에 남한의 제도를 그대로 북한지역에 적용하는 시나리오는 현실적이지 않다. 양 지역의 사회경제적 격차를 고려해서 점진적인 제도통합이 필요할 것이다. 이러한 측면에서 통일 후 한시적으로 북한지역을 특별구역으로 지정하고 일부 남한 법률의 적용을 유예하는 방안을 검토할 필요가 있다.

통일 독일도 동독지역을 한시적으로 특별구역으로 지정하자는 주장이 통일을 전후로 제기된 바 있다. 동독지역 브란덴부르크Brandenburg주의 총리 만프레드 슈톨페Manfred Stolpe는 신연방주(동독지역)를 특별 경제구역으로 선포하기를 제안하면서 통일 이전에 특별지원을 받았던 서독의 동독 접경지역도 그가 제안하는 특별 경제구역에 포함하자고 제안하였다.[361]

비록 여러 가지 이유로 특별구역지정이 이루어지지는 못하였지만, 통일조약 등을 통해 서독 법률의 동독지역 적용을 한시적으로 유예하는 조치는 이루어졌다. 우리도 통일 이후 남북 간의 자유 이동을 막기는 어렵지만, 특별한 지원이 필요한 최소한의 기간 동안 북한지역을 특별구역으로 지정하는 방안을 적극 검토할 필요가 있을 것이다. 그리고 이 구역을 대상으로 각종 특별법을 통해 신속하고도 안정적인 국토개발을 추진할 필요가 있을 것이다.

국토 균형발전을 고려한 부동산 소유권의 재편

일반적으로 어느 정책이 추진될 때, 다른 정책들에 미칠 영향을 모두 고려해서 추진하는 것은 사실상 불가능에 가깝다. 통일 독일도 부동산 소유권 재편 관련 정책이 균형발전을 지향하는 국토정책과 상충되는 문제가 발생한 바 있다. 하지만 우리는 미래 북한지역의 토지와 주택 사유화를 국토 균형발전 방향에 맞게 추진할 필요가 있다.

국토 균형발전을 위해 모든 토지를 동시에 사유화할 것인지 아니면 특정 지역과 특정 용도의 토지부터 사유화할 것인지의 결정도 중요하다. 북한지역의 국토개발은 일단 주요 거점도시들을 중심으로 도시개발 관련 인프라 개발을 먼저 추진하고 그 이후 주변 지역으로 개발을 확대해 가는 로드맵을 고려할 필요가 있다. 따라서 토지와 주택의 사유화, 기업의 민영화도 이러한 국토개발의 로드맵에 맞게 추진하는 것이 필요할 것이다.

이러한 측면에서 볼 때, 북한 전역의 토지와 주택을 동시에 사유화하기보다는 단계적이고도 차별화된 사유화 전략이 필요할 것이다. 일단 점진적이고 단계적인 사유화를 추진한다는 전제하에 도시와 농촌지역의 차별화된 사유화 방안을 모색할 필요가 있다. 지역적으로는 농촌지역의 토지, 주택부터 사유화하고 점차 도시지역의 토지, 주택을 사유화하는 방안을 고려할 필요가 있다.

이것은 부동산투기의 발생 가능성을 최소화하고 북한지역의 균형발전을 도모할 수 있다는 점에서 긍정적인 대안이라 할 수 있을 것이다. 다만, 이 방안은 토지와 주택을 전면적으로 사유화하는 방안에 비해 투자유치에 지장을 초래할 수도 있다는 한계도 있다. 북한 지역 자산의 사유화 우선순위에 있어서 식당, 매점, 호텔 등 서비스 부문의 사유화를 일반 토지 및 주택의 사유화보다 먼저 추진할 필요가 있다.

공업 용지의 경우에는 외국자본의 신속한 투자를 유도하기 위해 일정 기간 무상 임대제를 시행하거나 저렴한 임대료를 검토할 필요가 있다. 농업용지의 경우에는 영농법인 중심의 소유권 재편이나 농장 구성원에 대한 일정 소유 지분을 인정하는 방안도 고려할 필요가 있다.[362]

미래 통일 국토의 균형발전을 위해서는 혁신 기술의 활용과 탄소중립 실현도 중요한 과제이다. 이러한 측면에서 혁신 기술의 활용과 탄소중립 실현을 고려한 토지·주택 사유화를 추진하는 것도 필요하다. 기술혁신에 따른 스마트 인프라 구축과 이에 따른 토지 수요 변화를 고려하여 공공용지 확보를 추진할 필요가 있다.

탄소중립 실현을 위해 토지 수요를 줄이는 방향으로 도시개발을 추진해야 하며, 이를 반영한 토지 사유화를 추진할 필요가 있다. 이러한 측면에서 토지를 집약적으로 활용하는 컴팩트 시티Compact City의 도입 등 복합개발이 촉진될 수 있도록 사유화를 추진하는 것도 고려할 필요가 있다. 에너지 과다 소비 시설의 규모 축소를 유도하도록 사유화를 추진하는 것도 필요하다.

공공임대제를 통해 사유화의 부작용을 방지하는 방안도 검토할 필요가 있다. 독일의 경우에 사유화 과정에서 서독지역의 거대 자본들이 주요 도시의 토지들을 선점함으로써 동독지역 주민들이 소외되는 문제가 발생한 바도 있다. 우리도 이러한 부작용을 최소화하기 위해 북한지역 토지의 일정 부분을 공공임대제로 관리하는 방안을 대안으로 검토할 필요가 있을 것이다. 다만, 이 경우에 통일 후 남북한 양측에서 서로 다른 토지제도가 시행된다는 부담과 북한지역 주민들의 토지 소유 요구를 어떻게 반영할 것인지가 과제이다.

투자유치를 위한 특별프로그램 추진

통일 후 동독지역의 산업구조는 중화학공업 중심에서 고부가가치의 첨단산업과 서비스업 중심으로의 전환이 진행 중이나 산업입지 경쟁력은 여전히 미약한 상태이다. 이것은 무엇보다도 근로자들의 높은 임금 비용이 주요 원인이 되고 있다. 따라서 미래 북한지역에서는 생산시설의 자동화 지원, 고용인력의 재배치와 직업재교육의 확대 등 인건비 관련 비용의 축소를 유도할 수 있는 정책이 필요하며, 기반 시설이나 기타 입지 요소들(환경, 주택 등의 생활 여건)의 수준을 높이는 것도 필요하다.[363]

통일 이후 북한지역의 본격적인 경제 구조 개편 과정에서 핵심 과제 가운데 하나는 청진, 함흥 등 기존 중화학공업 도시의 경제 구조 재편이 될 것이다. 이러한 재편 과정에서 얼마나 신속하게 민간 자본이 유치되고 기업 경쟁력을 회복하는지에 따라 도시 전체의 발전이 좌우될 것이다. 따라서 도시정부, 중앙정부, 국내외 민간기업 등이 다자간 협의체를 구축하는 등 긴밀히 협력하는 가운데 신속히 민영화를 추진할 필요가 있다.

투자유치를 위해서는 국제학교의 설립 등 수준 높은 교육환경 조성을 위한 특별한 노력도 필요하다. 또한, 각종 행정비용 감면과 재정지원 확대 등도 산업입지의 경쟁력 강화를 위해 추진되어야 할 과제이다. 통일 후 북한지역에서 민간투자 활성화를 위한 특별프로그램도 추진될 필요가 있다.

기업의 투자 환경 개선 차원에서 북한지역의 조세, 금융, 무역 관련 제도들이 새롭게 재정비될 필요가 있다.[364] 이것은 북한지역 전체의 투자 매력도 증진 차원에서 추진되어야 할 과제이다. 통일 이후에는 특정 지역에 대한 적극적인 투자유치 수단이 필요하다. 독일의 경우에는 통일초기에 동독지역 내 투자유치 과정에서 지역적 특성을 고려한 차별적 투자유치 수단이 없었지만, 1997년부터는 경제적으로 취약한 지역과 양호한 지역에 대해서 차별적 지원을 시행하고 있다.

따라서 통일 이후 북한지역에서도 투자가 시급한 특정 지역에 대한 세제 혜택 및 지원 자금융자 확대 등이 고려될 필요가 있을 것이다. 그리고 이러한 투자유치정책이 성과를 거두기 위해서는 지역적 차원에서 금융정책, 산업정책, 건설정책 등이 상호 유기적으로 연결된 특별프로그램이 추진될 필요가 있다.[365] 이러한 측면에서 독일의 특별프로그램과 유사한 북한판 '공동과제 지역경제 구조의 개선 사업' 추진이 검토될 필요가 있다.

통일 후 북한지역에서는 임금 상승으로 인한 경쟁력 약화는 어느 정도 감수해야 할 요인으로 보인다. 임금보다는 첨단 인프라와 규제 자유 등을 통해 입지 경쟁력을 강화할 수 있는 전략이 필요할 것이다. 현재 북한이 지정해 놓은 경제개발구와 같은 경제특구를 통일 초기에 투자유치의 거점으로 활용하는 방안도 검토할 필요가 있다.[366]

인프라의 현대화와 첨단화

인프라는 국토의 균형적 발전을 위해서 가장 기초가 되는 요소이다. 뿌리가 깊은 나무가 잘 자라듯이 인프라가 튼튼해야 한 나라의 경제와 사회가 안정적으로 발전할 수 있다. 통일 후 북한지역의 인프라 개발에 있어서는 두 가지 과제가 동시에 제기될 것으로 예상된다. 하나는 기존 인프라를 최대한 효율적으로 활용하는 것이고 다른 하나는 첨단 인프라를 새롭게 구축하는 것이다.

첫 번째 과제에 대해서는 그동안 많은 논의가 있어 왔지만, 두 번째 과제에 대해서는 아직 논의가 많지 않다. 먼저 첨단 인프라를 기반으로 한 대규모 프로젝트를 준비할 필요가 있다. 특히 교통인프라 개발에 있어서 독일에서 통일 직후 시행된 '통일독일교통프로젝트'와 같은 특별한 정책 수단을 우리도 준비할 필요가 있다.

통일 이후 동독지역의 신속한 개발을 위해 가장 시급했던 과제가 바로 동서독지역을 연결하는 교통망의 현대화였다. 동서독 분단 기간 양 지역을 연결하는 교통망을 유지하기 위한 일부 협력이 있었지만, 통일 이후 대규모의 물자와 인력이 이동하기 위해서는 '통일독일교통프로젝트'와 같은 특별프로젝트의 추진이 필요했다. 독일의 사례처럼 우리도 첨단기술을 기반으로 새로운 '(가칭)통일한반도교통프로젝트'를 준비할 필요가 있다.

에너지와 수자원 인프라의 전면적 현대화와 첨단화도 중요하다. 탄소중립 실현을 위한 신재생에너지의 확충을 위해 첨단기술을 활용할 필요가 있을 것이다. 수자원 인프라의 확충 측면에서 북한지역의 7대 주요 하천 유역을 중심으로 종합적인 인프라 정비사업이 추진될 필요가 있다.

인프라 가운데 통신인프라는 가장 빠른 속도로 건설될 수 있을 것이다. 첨단 통신망을 기반으로 인공지능AI 기반의 인프라를 북한지역 전역에 구축하기 위한 구상이 지금부터 준비될 필요가 있다.

환경문제를 우선 고려하는 지속가능한 국토 및 도시개발

통일은 동독지역에 많은 경제적 성과를 가져온 것이 사실이다. 수많은 주택과 공장이 새롭게 건설되고 도로, 철도 등 기반 시설도 크게 확충되었다. 그러나 이러한 개발 과정에서 자연환경에 대한 보호와 관심이 상대적으로 소홀했던 것도 사실이다. 통일 이전 서독의 계획 및 개발 체계는 환경에 대한 고려를 기반으로 하고 있었다. 그러나 이러한 계획 및 개발 체계가 동독지역에 그대로 적용되었음에도 도시 주변부의 녹지 훼손 등 적지 않은 환경문제를 일으켰다.

이러한 독일의 경험을 볼 때, 향후 북한지역의 국토개발 과정에서 환경적으로 많은 문제가 발생할 가능성이 높다. 따라서 우리의 계획 및 개발 체계를 더욱 환경친화적으로 정비하고 북한지역에서의 각종 계획 수립 시 지속가능발전목표SDGs를 반영하는 것이 필요하다. SDGs의 세부 지표들을 반영한 도시계획의 수립과 집행이 적극적으로 추진될 필요가 있다.

이와 함께 북한의 국토개발을 위한 각종 계획의 수립 시 환경 분야 계획들과 연계하는 것이 필요할 것이다. 국토계획을 수립하고 개발사업을 추진하는 과정에서 사회적, 생태적 도시개발의 원칙이 유지되도록 하는 것이 필요하다.

현재 주민들의 자유로운 주거 및 일자리 이동이 원천적으로 불가능한 북한에서는 도시 교외화가 발생하지 않고 있다. 그러나 통일 후에는 교외화가 나타날 가능성이 높다. 독일의 사례는 교외화 등 공간적 변화가 사유화 등 경제정책에 따라 좌우될 수 있으며, 교외 녹지의 난개발 등 부작용을 가져올 수도 있음을 보여주고 있다.[367] 따라서 통일 이후 북한지역의 경제 구조 개편 과정에서 선택될 각종 정책은 지속가능한 국토발전을 고려하여 매우 신중하게 추진될 필요가 있는 것이다.

동북아 주변국들과의 개방적 인프라 네트워크 구축

독일통일이 중부유럽에서 독일의 위상을 확대하고 동유럽 지역으로의 시장 확대에 큰 기회가 되었듯이 우리의 통일도 한국이 동북아 주변 국가들과의 네트워크를 확대하고 공동 번영을 도모할 수 있는 큰 기회가 될 것이다. 이러한 측면에서 통일 국토의 개발도 주변 국가와의 긴밀한 인프라 네트워크 구축을 고려하여 추진할 필요가 있을 것이다.

먼저 한반도 육상교통망과 중국, 러시아 육상교통망의 연결 확대를 추진할 필요가 있다. 이러한 측면에서 아시안하이웨이AH, 대륙횡단철도TCR, TSR와 한반도 종단철도TKR의 연결이 필요하다. 동북아 항만 도시 간 네트워크 확대 측면에서 제도와 물리적 인프라 연계 협력이 추진될 필요가 있다. 동북아 에어 셔틀air shuttle도 추진할 필요가 있다. 현재의 베이징-서울-도쿄Be-Se-To 셔틀을 기타 주요 도시들로 확대할 필요가 있는 것이다. 통일 이후 평양은 새로운 국제도시로서의 위상을 갖게 될 것이다. 동북아 주변 국가들과의 인프라 네트워크 구축에 있어서 평양의 적극적 역할을 고려할 필요가 있을 것이다.

다각적이고도 실효성 있는 재원 조달 방안 마련

1990년 통일 이후 베를린으로의 수도 이전이 거의 마무리되어 가던 1998년까지 동독지역에 대한 도시개발, 인프라개발 등 물리적 개발에 투입된 공공 재원은 약 1,225억 700만 마르크(61조 2,535억 원)였다. 이것은 동 기간 전체 동독지역 투입 공공 재원 9,680억 1,400만 마르크(484조 70억 원)의 12.7%였다. 통일 후 북한지역의 인프라 개발을 위해서도 대규모 투자가 필요할 것이다.

국회예산정책처는 철도, 도로, 공항, 항만, 발전소, 산업단지, 보건, 농업, 통신 등 인프라 분야별 투자액을 총 323조 5,083억 원(2017년 가격 기준)으로 추계한 바 있다.[368] 한국산업은행은 철도, 도로, 항만, 공항, 발전소 등 인프라를 중심으로 북한 서해권에서 26개 프로젝트에 6조 7,691억 원, 동해권에서 38개 프로젝트에 9조 7,922억 원, 평양 등 5개 지역 산업단지개발에 2조 5,225억 원 등 19조 838억 원의 인프라 투자가 중단기적으로 필요할 것으로 예측하였다.

한국건설산업연구원은 북한의 본격적인 경제성장을 지원하기 위한 필수 인프라를 약 10년간 신규로 건설하거나 현대화하는데 개략적으로 약 306조 원이 필요할 것으로 추정하였다.[369] 국토연구원은 20년에 걸쳐서 총 224조 6,000억 원의 투자액을 주산한 바 있다.[370] 하지만 이러한 기존 추정치들은 현시점에서 전면적인 재검토가 필요하다. 무엇보다도 비용 추정의 기준이 되는 수요와 공사비에 큰 변화가 예상되기 때문이다.

가속화하는 남북한 인구의 고령화와 저출산 추세가 인프라 수요에도 큰 변화를 불러올 것으로 예상되며, 인공지능AI 시대의 인프라 수요는 현재의 그것과 크게 다를 수밖에 없을 것이다. 지난 몇 년간 급등한 자재비용 등 공사비의 증가도 기존 추정치들을 전면적으로 재검토할 필요성을 제기하고 있다.

하지만 어떠한 경우에든지 통일 후 북한 인프라 개발에 막대한 투자가 필요할 것이라는 점에 대해서는 이론의 여지가 없다. 따라서 이에 대한 철저한 대비가 필요할 것이다. 통일 후 동독지역의 경제 재건과 인프라 개발 과정에서 연방정부와 서독지역 연방 주들의 역할은 거의 절대적이었다. 동독지역 개발의 주요 재원은 연방정부와 서독지역의 연방 주들로부터 갹출되었는데, 이것은 연방정부와 주정부들이 견실한 재정 상태에 있었기 때문에 가능한 일이었다. 그러나 우리 남한은 통일 당시의 서독에 비해 크게 취약한 재정 상태이다.[371]

통일 직전인 1989년 서독 정부가 720억 달러의 세계 최대 무역흑자[372]를 기록하였던 경제 강국이었던데 반해, 2023년 기준 남한의 정부 부채는 GDP 대비 55.2%에 이르고 있다. 2029년에는 이것이 59.4%에 이를 것이라는 전망도 있다.[373] 이러한 지표를 볼 때, 현시점에서 통일이 된다면 연방정부가 동독지역에 시행했던 것과 같은 대규모 경제지원을 우리 정부의 재정만으로 감당하기는 어려울 것이다.

통일 이후의 북한지역 개발 재원 조달 방식으로는 정부 예산, 정책금융기관을 통한 정책자금, 국내외 민간투자 재원 등을 고려할 수 있다. 현재까지 통일 비용의 재원 조달 방안과 관련된 연구를 종합해 보면, 공적 재원 조달 방법으로서는 일반회계 증대나 목적세 신설, 채권발행, 기존 기금의 분담 등을 고려할 수 있다. 민간 재원 조달 방법으로서는 외국인 투자유치, 개인사업자와 민간기업의 투자, 복권이나 상품권을 통한 재원 마련 등을 고려할 수 있다.[374]

통일 이후 북한지역 개발 초기에는 재원 조달의 주요 행위자가 정부와 정책수행을 지원하는 공공기관들이 될 것이다. 정부 예산의 경우 대규모 개발사업은 국비, 지역단위 개발사업은 지방비를 통한 예산 조성 체계가 적용되나, 북한지역 지자체의 경우 충분한 지방비 수입을 기대하기 어려우므로 지방재정교부금의 형태로 사실상 국비가 예산 재원의 대부분을 차지할 것으로 보인다.

정책금융기관 정책자금의 경우, 북한지역 도시개발사업과 연관성이 있는 정책자금 담당 기관 가운데 업무위탁형 공공기관인 한국토지주택공사, 한국관광공사, 한국농어촌공사, 한국산업단지공단 등은 북한지역 도시개발, 산업단지개발 및 농업지구 조성·운영 사업 등에 직접 참여할 수 있을 것이다.

향후 북한지역 개발의 기본 조건들이 갖추어져 안정기와 성숙기로 들어서게 되면 상업성 중심의 프로젝트에 투자하는 민간 재원이 개발을 주도해 갈 것이다.[375] 통일 이후에는 남한에서 시행되는 제도의 상당 부분이 북한지역에도 적용되기 때문에 정치적 위험과 시장 위험이 개선되고[376] 예상하지 못한 위험이 발생할 가능성은 매우 낮아진다. 따라서, 수익성을 높이기 위해 타 인프라 사업 우선 개발권 부여, 주변 토지 이용권 부여 등 패키지 개발권을 제공하거나 수익성 낮은 사업에 대한 최소수입보장제MRG 적용 등 북한지역 투자유치를 위한 다양한 대안 마련이 필요하다.[377]

우리가 통일 시점에 서독 수준의 경제력을 갖는 것이 현실적으로 어려울 것으로 예측되기 때문에, 정부 재정보다는 국제 민간 자본을 더욱 적극적으로 유치하는 것도 고려할 필요가 있을 것이다.[378] 아시아인프라투자은행AIIB[379] 등의 국제개발은행을 활용하는 방안도 검토할 필요가 있다. 그리고 민간 재원과 공공 재원의 혼합을 통해 자금을 조달하는 혼합금융 방식도 적극 검토할 필요가 있다. 혼합금융은 '민간 재원과 공공 재원의 혼합'으로 정의되는데, 공공 재원이 밑바탕이 돼서 적정 수익률을 보장함으로써 민간 재원을 끌어들이는 개념이다. 특정 프로젝트 추진을 목적으로 투자재원을 조성하는 '프로젝트 파이낸싱'과 같은 금융기법도 혼합금융의 한 형태라고 할 수 있다.

탄소중립 등 기후 위기 대처 측면에서 지속가능발전목표SDGs와 연관이 있는 환경·사회·지배 구조ESG 관련 기금[380]을 유치하여 북한지역의 인프라 개발에 활용하는 것도 고려할 만한 대안이다. 그리고 법적 통일 이전에라도 북한 정부가 일본 정부로부터 전후 배상금을 받아내 인프라 개발에 활용하는 방안도 검토할 필요가 있다.[381]

통일 수도 준비

통일 후 동독지역 개발에 있어서 베를린으로의 수도이전은 경제적, 사회심리적 측면에서 큰 동력이 되었다. 우리도 통일 수도 문제를 한반도 균형발전이라는 큰 틀에서 검토할 필요가 있을 것이다. 우리가 독일의 사례에서 주목할 부분은 정부 기능의 분할이 비효율적이었다는 점이다.

일단 정부의 기능 분할이 실행되면 많은 비효율과 비용에도 불구하고 이것을 수정하기가 쉽지 않다는 것을 독일의 사례가 보여주고 있다. 통일 수도와 관련해서 초기 결정의 중요성을 간과해서는 안 된다는 것이다. 독일은 연방정부와 의회의 입지가 분리되어 있지는 않다. 현재 우리나라는 의회는 서울특별시에 행정안정부, 기획재정부 등 정부 부처 상당수는 세종특별자치시에 분리되어 있다. 이러한 비효율이 통일 한반도에서 재현되어서는 안 될 것이다.

인구구조의 변화, 기후변화, 기술변화라는 커다란 여건 변화 속에서 통일 수도가 한반도에서 어떠한 역할을 해야 할 것인지에 대한 충분한 논의 속에 효율적인 입지 결정과 기관 배치가 추진되어야 할 것이다.

단계별
실천 과제

앞에서 언급한 국토전략의 실천을 위해서는 단계적 접근이 필요하다. 통일 이전인 1989년 말에 서독 콜 정부가 발표한 10개 조의 통일강령은 통일을 위해서 동서독이 우선 논의해야 할 것들이 무엇이었는지를 잘 보여주고 있다. 우리가 통일 이후 먼저 해야 할 일도 이 강령을 통해 어렴풋하게나마 모색해 볼 수 있을 것이다.

1989년 11월 28일 발표된 '10개 조 통일강령'의 주요 내용은 동독주민들에 대한 구체적이고 신속한 지원(1조)과 모든 부문에서 동서독 간 협력 강화(2조)를 출발로 삼아 동독정치사회 체제의 전환(3조)을 전제로 동독 한스 모드로Hans Modrow 총리가 제안한 조약공동체를 수용하는 것(4조)을 전반부의 주요 내용으로 담았다.[382]

통일 후 단기 과제: 긴급조치 실행과 마스터플랜 수립

통일 후 가장 먼저 추진해야 할 국토 분야의 정책들은 북한지역의 안정적 관리와 관련한 정책들이다. 물론 이것은 국토 분야 정책과 사회복지 및 경제 분야 정책들을 상호 긴밀히 연계해서 추진해야 할 과제이기도 하다. 주요 단기 과제를 정리하면 다음과 같다.

남북 간 도로, 철도 등 육상 교통 분야의 단절 구간 연결과 긴급 물자 수송 등 남북 연결 인프라 구축을 착수하고 중장기적인 한반도, 지역, 도시 차원의 첨단 인프라 구축의 준비를 시작하는 것이다. 먼저 통일 직후 남북 철도망이 하나의 한반도 통합철도망을 형성할 수 있도록 조직을 구성하고, 시스템을 연계하는 긴급조치가 필요하다.

한반도의 단계별 철도망 구축 측면에서 미연결 철도 구간을 복원하고, 북한철도의 개량화 방안 수립, 북한 주요 간선의 복선화를 위한 단계별 기획 사업 등을 통일 직후 착수할 필요가 있다.[383] 통일 직후 지역별 물자 공급 수요 급증에 대응한 도로망 확보도 필요하다. 도로 분야의 긴급조치로서 남북 간 연결 도로망을 정상적으로 운영하는 것이 필요하다. 현재 경의선과 동해선 이외의 연결 구간 중 긴급하게 연결이 필요한 구간은 국도 3호선의 철원-평강(4.6㎞) 구간과 국도 43호선의 신철원-근동(7.9㎞) 구간이다.

북한지역 도로 등 교통망을 정비하기 위한 한시적인 특별법 제정도 필요하다. 우리나라가 도로망 구축의 초반기에 적용한 도로정비촉진법(1968)을 참고하여 단기적으로는 북한지역을 대상으로 한 특별법을 제정하는 것이 바람직하다. 아울러, 북한지역을 경유하는 중국, 러시아와의 도로 교통량 발생에 대응하여 아시안 하이웨이[384] 노선을 이용한 중국, 러시아와의 상호 차량 통행이 가능토록 국제협약을 추진하며, '도로 교통에 관한 국제협약' 미가입국 운전증명 발급제도를 시행하여, 우리나라 국민의 차량이 중국, 러시아에서 차량 운전이 가능하게 할 필요가 있다.

통일 직후에는 남북 간의 정기항로를 안정적으로 운영하는 조치와 북한의 주요 항만에 대한 항만관리 체계를 구축하는 것이 필요하다. 남북 간 물자의 원활한 수송을 위해 거점 항만 간의 정기항로를 확보하고 유지하는 것이 시급한 과제이다. 북한의 항만이 제 역할을 하기 위해 필요한 전력과 통신 그리고 하역시설의 확보 대책도 마련하여 시행하는 것이 필요하다. 북한의 항만들이 부족한 창고 등 물류 시설의 확보를 위한 단기 조치도 필요하다. 그리고 항만과 간선철도 및 도로를 연결하는 교통망 확보 조치도 필요하다.

통일 초기에는 러시아 및 중국 측과도 긴밀히 협력하여 이들 국가의 선박을 이용한 물자공급 방안도 고려할 필요가 있다. 경우에 따라서는 이들 국가의 선박을 이용한 물자 수송이 남한으로부터의 수송보다 효율적인 지역도 있을 수 있기 때문이다. 또한, 북한 항만이 본격적으로 국제 무역항의 역할을 하기 위해서도 이들 주변 국가와의 협력이 통일 직후부터 긴밀하게 이루어질 필요가 있다.

공항 분야에서는 북한의 핵심 공항인 순안공항의 관제시설을 안정적으로 확보하여 인천-순안공항, 김포-순안공항 간 정기항로를 안정적으로 운영하는 조치가 필요하다. 통일 초기에 신속한 인적, 물적 수송 측면에서 항공의 역할이 매우 클 것으로 예상된다. 이러한 측면에서 남북 간 정기항공로의 안정적 운영은 매우 중요한 과제이다.

통일 초기 폭주할 것으로 예상되는 순안공항의 여객 및 화물 처리능력 보강을 위한 긴급조치도 고려할 필요가 있다. 임시활주로의 확보, 임시 여객청사 및 화물처리시설의 건설 등도 우선 고려할 필요가 있다. 항만과 마찬가지로 공항 부분도 동북아의 주변국들과의 협력이 매우 중요하다. 따라서 중국, 일본, 러시아 등 주변국들과의 항공 운항 협력을 긴밀히 하는 것도 통일 초기부터 필요하다.

통일 초기에는 주민 생활에 위협이 될 수 있는 위해 요인들을 제거하는 것이 필요하다. 현재 북한의 국토는 사실상 제대로 관리가 이루어지지 못한 상태이다. 이 때문에 만성적인 홍수 피해나 산사태 피해 등 각종 자연재해에 노출되어 있다. 따라서 국토관리 측면에서 최우선적인 과제는 주민들의 안전을 확보하는 것이다.

우선 북한지역내 재해위험지역에 대한 실태 파악과 대응조치를 실시할 필요가 있다. 특히 인구 밀집 지역의 방재 관련 시설의 실태를 우선 파악하여 임시 대응조치를 세울 필요가 있다. 홍수, 산사태 위험이 있거나 화재 발생 위험이 있는 지역에 대한 대응이 통일 직후 필요하다.

주거환경의 개선 측면에서 가장 시급한 과제는 상하수도의 개선과 붕괴 위험이 있는 주택에 대한 정비일 것이다. 열악한 북한의 식수 공급 상황을 고려할 때, 일단 먹는 물의 개선을 위한 긴급조치가 추진될 필요가 있다. 정수장의 약품 공급을 통해 수질의 개선을 위한 긴급조치가 필요하고, 취수시설과 정수시설 가운데 개보수가 필요한 시설들에 대한 현대화가 시행될 필요가 있다.

그리고 '땅집'으로 불리고 있는 단층의 노후 주택들 가운데 시급히 보수가 필요하거나 붕괴 위험이 있는 주택들에 대한 조치가 필요하다. 특히 화재에 취약하고 붕괴 위험이 있는 아파트에 대해서는 안전진단을 우선 시행할 필요가 있다.

통일 초기에 토지와 주택의 안정적 관리체계를 구축하는 것도 중요한 과제이다. 통일 이후 가장 커다란 불안 요인은 북한 주민들의 대규모 남하라고 할 수 있다. 통일독일의 경우 1:1 화폐통합과 베를린으로의 수도 이전, 사회복지제도의 전면 시행에도 불구하고 적지 않은 동독지역 주민들이 서독지역으로 이주하였다.

따라서 북한 주민들의 현지 정착을 유도하는 부동산 사유화 정책을 추진하는 것이 필요하다. 이러한 측면에서 토지와 주택의 사유화 추진

방향은 통일 직전에 미리 제시하는 것이 필요하다. 어떠한 속도와 규모로 사유화를 추진할 것인지에 대한 구체적인 로드맵도 통일 후 빠른 시일 내에 제시하는 것이 필요하다.

이와 함께 한시적으로 북한지역 내 토지 및 주택의 거래를 동결하여 혼란을 방지할 필요가 있다. 사유화 대상 토지 및 주택의 범위, 사유화의 추진 시간 계획, 원소유권자에 대한 조치 등도 통일 초기에 공표할 필요가 있다.

북한지역에서 지적체계를 이른 시일 내에 구축하는 것이 필요하다. 이를 위해서는 전국 토지에 대한 측량이 다시 실시되어야 할 것이고, 이것을 기반으로 정확한 지적공부를 작성하는 것이 과제이다. 그리고 이러한 지적공부를 바탕으로 기존 주택의 거주자에 대한 소유권을 확립하는 것이 필요하다.

통일 직후 가장 중요한 조치는 북한 주민들이 현재 거주하고 있는 주택에서의 거주권을 소유권 구조가 재편될 때까지 보장함으로써 동요를 방지하는 것이다. 독일이 통일 이후 동독지역의 주택소유권을 원소유권자에게 반환하거나 사유화하는 정책을 추진하는 과정에서 동독 주민들의 주거 안정성이 크게 위협받는 문제가 발생하였던 사례를 교훈으로 삼아 주거권을 보장하는 것이 필요하다.

통일 초기에 한반도 전체를 아우르는 국토종합계획master plan과 이를 뒷받침할 국토관리 제도를 구축하는 것도 필요하다. 중장기적으로 추진할 국토개발의 큰 그림을 통일 초기에 수립함으로써 주민들과 시장의 동요를 억제하고 안정적인 개발의 토대를 마련할 필요가 있는 것이다. 장기적으로 효율적인 국토관리를 위해서는 먼저 정확한 국토 실태 파악을 위한 조사를 추진하고 통일 한반도의 국토종합계획 수립을 추진할 필요가 있다. 이를 위한 실태 조사에서는 토지이용 실태, 산림

자원 및 수역의 실태 등에 대한 세부적인 조사가 필요하다.

국토관리 제도 측면에서는 우리 측의 국토 및 도시 관련 법률이 즉각적으로 북한지역에서 시행되도록 하는 것이 필요하지만, 한시적으로 북한지역의 개발을 촉진하기 위한 특별한 제도적 수단을 특별법 형태로 시행하거나 기존 법률에 특별조항을 추가하는 개정 작업을 통해 도입하는 것을 적극 검토할 필요가 있다.[385] 이러한 측면에서 남북한의 민간, 공공 연구기관이 공동으로 '(가칭)국토 도시 분야 제도연구 공동위원회'를 구성하여 제도통합을 준비하는 것이 필요하다.

우리 측은 대한국토도시계획학회, 대한건축학회 등 민간 학술단체와 국토연구원 등 공공 연구기관이 이 공동위원회에 참여하고 북한 측에서는 과학원, 사회과학원의 관련 연구기관이 참여하는 것이 필요할 것이다. 이 위원회는 통일 이후 추진할 국토 분야 제도통합의 과제와 로드맵을 작성하는 역할을 담당하는 것이 필요하다. 이 위원회는 가장 먼저 국토 도시 분야에서의 남북 간 기술력과 각종 표준실태를 점검하고 즉시 통합이 가능한 부분과 조정이 필요한 부분을 파악하여 효율적인 통합 로드맵을 작성할 필요가 있다.

통일 초기에 가장 중요한 과제 가운데 하나는 북한지역의 인적 역량 부족을 고려한 정책 추진이 필요하다는 것이다. 독일의 경우 통일과 동시에 즉각 변경되었던 제도들에 비해 주민들의 인식과 일상 행태들은 느리게 변화하였다는 점을 주목할 필요가 있다. 특히 지방자치제도에 대해서는 많은 주민들이 통일 초기에 제대로 습득하고 반응하지 못하였다는 점을 주목할 필요가 있다.

마지막으로 통일 초기에 북한지역 개발을 전담할 정부의 종합지휘체계control tower를 구축하는 것이 필요하다. 독일의 특임관처럼 관련 정책을 종합적으로 조율하는 조직이 필요하다. 대통령 직속의 별도 조직을 만들어서 종합적인 계획 수립, 집행, 모니터링, 평가 등을 총괄하는 것도 시행착오를 줄이고 효율적으로 개발을 추진할 수 있는 지름길이 될 것이다.

통일 후 중장기 과제

단기적인 안정화 정책들이 성공적으로 진행될 경우, 북한지역의 국토개발을 본격 추진하기 위한 정책들이 진행될 필요가 있다. 이 단계에서도 국토정책을 교육, 사회복지, 금융, 화폐, 노동 등 관련 정책들과 서로 조율하는 것이 필요할 것이다.

첫째, 토지와 주택의 사유화를 본격 추진하는 것이 필요하다. 토지와 주택의 사유화를 위해 이를 관리할 별도의 기구로서 통일 직후 구성될 '(가칭)국토 자산관리청'을 본격적으로 가동할 필요가 있다.

이 기구는 다음과 같은 임무를 수행할 필요가 있다. 첫째, 기업, 토지 및 주택, 사회기반시설의 실태에 대한 조사 실시 및 지적 정리, 둘째, 영구적으로 국유화가 필요한 토지 및 사유화 대상 토지 분류, 셋째, 원 소유권 신고접수 및 처리, 넷째, 기업, 토지 및 주택소유권 개편 방안 수립 및 집행, 다섯째, 토지 및 주택 등 부동산가격 감정과 평가, 여섯째, 북한지역 부동산 관련 정보망 구축[386] 등이 바로 그것이다.

'(가칭)국토 자산관리청'의 운영도 독일의 신탁공사 사례를 참고로 하여 세부 방안을 모색할 필요가 있다. 즉, 기업, 토지, 주택, 농장 등 세부 업무영역별 추진 방안을 마련할 필요가 있다.

북한지역 토지의 사유화 과정에서 가장 우려되는 부분이 투기적 거래이다. 특히 북한 토지에 대한 투기적 수요의 범람은 북한 토지 가격을 급상승시켜 결과적으로 북한지역 주민들의 쾌적한 주거 생활에 결정적 장애요인으로 작용할 수 있다. 시장 혼란요인을 제거하고 건전한 부동산 거래 질서 확립을 위해서도 투기 방지가 필요하다.[387] 이러한 측면에서 특정 지역을 대상으로 토지거래허가제 시행 등 적극적인 투기 방지 대책이 시행될 필요가 있다. 토지와 주택의 사유화 과정에서 투기적 수요자가 아닌 실수요자들에게만 매각하도록 심사를 강화하는 것이 필요하다.

중장기적으로 도시 근교 녹지의 무분별한 개발을 방지하기 위한 정책적 수단도 필요하다. 평양 등 투자가 집중될 것으로 예상되는 특정 지역을 대상으로 일정 기간 개발을 제한하는 별도의 제도를 도입하는 것도 대안으로서 검토될 필요가 있을 것이다. 중장기적으로 국토의 불균형 개발이 심화할 가능성에 대해서도 선제 대응이 필요한 것이다.

둘째, 북한지역의 국토관리를 위한 대규모 사업을 본격적으로 추진할 필요가 있다. 북한지역의 산림자원 및 관리 현황 조사 결과를 토대로 황폐 산림 복구 사업을 추진할 필요가 있다. 또한, 주요 하천 유역의 종합적인 개발을 추진할 필요가 있다. 이것은 만성적인 홍수 피해의 방지와 용수의 안정적인 확보와 수력발전을 통한 전력의 확보 그리고 환경 개선 측면에서 매우 중요한 과제이다.

한반도의 종합적인 환경 개선 및 재난관리 개선 방안을 마련하여 추진하는 것이 필요하다. 방역, 산불 및 병해충 예찰 시스템 구축, 북한지역 내 수질오염 및 해양환경 보전, 폐기물 처리 등이 이러한 측면에서 추진되어야 할 주요 과제이다. 이것은 각 분야를 망라한 종합적인 대책이어야 한다. 따라서 행정, 국가안보, 국토, 재정, 환경 관련 부처 간의 긴밀한 공조가 필요하다.

셋째, 주거환경개선을 위한 본격적인 사업 실시가 필요하다. 미래 북한지역의 인구변화와 소득수준의 향상 등을 고려하여 적절한 수준의 주거환경을 조성하기 위한 계획이 수립되고 집행될 필요가 있다.

중요한 것은 적절한 인구 규모와 소득수준의 전망이다. 과도한 주거 부문의 투자가 이루어지지 않도록 수요예측을 해야 한다.

단계적으로 어느 지역부터 주거환경을 개선할 것인지, 이를 위한 재원은 어떻게 조달할 것인지에 대한 종합적인 대책이 마련될 필요가 있다. 일단 북한 개발의 파급효과가 클 것으로 예측되는 북한 서해안권의 주요 도시지역부터 주거환경 개선을 추진할 수 있을 것이다.

주택의 현대화와 관련해서는 시가지 정비와 연계하여 노후 주택의 정비를 본격 추진할 필요가 있다. 60%에 머무는 북한지역의 주택보급률을 고려할 때, 대규모 신규주택 건설도 추진될 필요가 있다. 다만 저출산 고령화와 남한으로의 이주 등을 고려하여 지역별로 적정량의 주택 공급을 추진할 필요가 있다.

넷째, 철도 현대화를 위한 단계별 전략과 과제를 포함한 한반도통합철도망을 본격 추진하는 것이 필요하다. 제1단계에 북한철도의 개량방안을 수립하여 착수하는 것이 필요하며, 경의선, 경원선, 동해선 등의 주요 노선 개량을 추진할 필요가 있다. 제2단계에는 북한 주요 간선의 복선화 사업을 추진하는 것이 필요하다.

한반도 통합철도망 운영을 위한 시스템 통합도 필요하다. 이를 위해서는 남북 철도표준통합, 남북한 철도 시스템의 신호통신 통합, 남북철도의 AC-DC 급전 시스템 통합 등이 필요하다. 장기적으로 서울-평양-신의주 고속철도 신설 등도 필요하다. 동북아 네트워크 구축 측면에서 한반도와 중국, 러시아와의 고속철도망 연계도 필요하다.

다섯째, 북한지역 도로망 장기 종합계획을 수립하여 단계적으로 추진하는 것이 필요하다. 한반도 도로망의 대표 구간이 될 수 있는 개성-평양 간 고속도로 162㎞ 구간의 현대화가 우선 필요하다. 중장기적으로 남북 간 교류 증대에 따른 도로 교통량 급증에 단계별로 대응할 필요가 있다. 북한지역 간선 도로망 시설개선을 위해 경의축을 우선 구축하고, 그 다음으로 동북아 대륙과의 연계 기능을 확보하며, 마지막으로 북한 내부 도로망의 고속화 및 동북아 연계 축 기능을 강화하는 것이 필요하다.

여섯째, 한반도 차원의 해운 항만 중장기 발전계획을 수립하여 추진하는 것이 필요하다. 장기적으로 한반도의 종합적인 교통물류 발전 방향에 맞게 해운의 역할이 규정될 필요가 있다. 해운 분야 종합발전 계획의 수립 시에는 중국 등 동북아의 항만물동량 변화 전망도 충분히 고려해야 할 것이다. 그리고 대륙철도 등 광역적인 동북아의 교통물류 네트워크 구축도 고려할 필요가 있다.

중장기적으로 기존 항만시설의 시설현대화와 새로운 항만시설 건설이 본격적으로 추진될 필요가 있다. 주요 무역항의 부두 하역시설 개선 측면에서는 기존 하역 장비의 현대화와 함께 필요 설비를 추가 투입할 필요가 있다. 항만의 준설사업도 추진할 필요가 있다. 향후 남북한 간 해상물동량의 급증, 중국, 러시아, 유럽 등지로의 해상물동량의 증가 등으로 새로운 항만개발이 필요할 것이다.

항만의 배후 권역을 고려하여 북한의 주요 무역항에 대한 특화 전략을 수립하여 추진하는 것이 필요하다. 중장기적으로는 '(가칭)동북아 교통물류협의체'와 같은 역내 협의체를 구성하여 이러한 협의체 내에서 각국 항만 도시 간의 상호 협력을 추진하는 것이 필요하다.

일곱째, 한반도의 통합적인 항공 분야 발전을 위한 종합계획을 수립하여 추진할 필요가 있다. 불필요해진 군사 공항의 정비와 기존 공항의 확장 여부도 이러한 종합계획의 틀 내에서 이루어질 필요가 있다. 이러한 종합계획 수립 과정에서 향후 한반도와 동북아의 항공 수요 전망이 반영될 필요가 있다. 향후 중국 및 한반도의 관광수요 증대 등을 종합적으로 고려하여 한반도 차원의 허브공항과 지역공항 간의 연계 발전이 추진될 필요가 있다.

중장기적으로 기존 공항의 국제화가 본격 추진될 필요가 있다. 평양 순안공항과 주요 외국 공항 간의 국제정기선 노선의 추가 확보도 추진할 필요가 있다. 중국, 러시아, 일본 등 주변국과의 항공, 공항 운영 관련 협력도 이 단계에 본격화될 필요가 있고, 국제항공기구 등과의 긴밀한 협조체제 구축도 추진될 필요가 있다. 특히 항공 수요가 많이 증가할 것으로 예상되는 중국, 일본 등과의 협력이 최우선으로 고려될 필요가 있다.

통일 이후 국토개발의 과제 전망

분야	단기 과제	중장기 과제
토지·주택 사유화	• 통일 직후 토지주택 사유화 기본 방향 제시 • 북한지역 모든 토지거래 한시적 동결 • 북한 주민들의 기존 주거권 보장 • '국토.자산관리청(가칭)' 설치	• 북한지역 내 안정적 부동산시장 형성을 목표로 토지·주택 사유화 본격 추진
국토 관리	• 국토종합계획(master plan) 수립 • 재해위험지역 실태 파악 및 대응조치 실시 • 정확한 국토 실태 파악을 위한 조사 추진	• 황폐산림 복구 본격 추진 • 주요 하천 유역의 종합적 개발 추진 • 한반도의 종합적인 환경 개선 및 재난관리 개선 방안 추진
주거 환경 개선	• 먹는 물 개선을 위한 긴급조치 • 노후 주택 안전 점검 및 보수 • 주거 실태 조사 • 보수가 시급한 취수시설, 정수시설, 오수처리시설 현대화 • 주거환경 개선을 위한 시범사업실시	• 신규 주택 공급 • 노후 주택 정비 본격 추진
철도	• 남북철도 시스템의 효율적인 연계 기본 방향 제시 • '남북철도공동운영위원회', '남북철도 합영회사' 구성 • 북한철도 현대화의 단계별 추진 및 국제철도운영 준비 • 남북철도 통합을 위한 미시적 종합연구 추진 • 효율적인 철도수송을 위한 남북철도 시스템 연계 방안 도출	• 신규 노선의 북한철도건설 • 남한에 구축된 고속철도와 연계 가능한 북한지역 내 고속철도망 구축 • 동북아철도운송협정 체결
도로	• 긴급 수송 기본방침 수립 및 실시 • 통일 한반도 도로프로젝트 수립 및 시행 • 남북 간 단절 도로 긴급 연결 • 북한지역 간선 도로망 시설개선 • 도로관리청 및 도로유지관리사무소 임시 설치 및 공동 운영	• 남북 간 연결 도로네트워크 시설개선 • 북한지역 간선 도로망 시설개선 • 중국·러시아와의 도로교통연계구축
항만	• 남북 간 항로의 안정적 운영을 위한 단기 항만관리체제 가동 • 항만 하역시설의 점검 • 주요 무역항인 나진항, 원산항, 청진항, 남포항, 흥남항의 부두 하역시설 개선	• 북한 항만시설의 전면적 현대화 • 새로운 항만개발 • 주요 무역항의 특화 개발 • 한반도 차원의 해운.항만 물류산업 중장기 발전계획 수립, 추진
공항	• 순안공항의 관제시설 안정적 확보 후 인천-순안 간 정기항로 운영 • 순안공항의 시설현대화 추진 • 관광거점공항으로 활용 가능한 삼지연(백두산관광), 갈마공항(원산관광) 현대화 추진 • 평양 순안공항과 주요 외국 공항간의 국제정기선 노선 추가 확보 • 남북항로 간의 항공관제 관련 시스템 통합	• 북한 지역 내 공항시설의 추가 건설 • 중국, 러시아, 일본 등 주변국과의 항공, 공항운영 관련 협력

우리의 통일 준비

독일의 통일이 가능했던 것은 무엇보다도 동독 주민들이 서독과 한 나라를 이루고 싶어 했기 때문이다. 서독 체제가 동독 체제보다 더 나은 체제라는 것을 동독 주민들이 분명하게 인식하고 그들의 미래를 서독에서 찾을 수 있다는 확신이 있었다. 그렇다면 우리에게 가장 중요한 통일 준비는 무엇이 되어야 할 것인지도 명확하다. 우리 한국이 믿을 만하고 살고 싶은 곳이라는 인식을 북한 주민들이 갖게 하는 것이다.

우리 국토를 살고 싶은 곳으로 만드는 것이 최선의 통일 준비일 것이다. 여기에서는 통일에 대비해서 지금부터 우리가 준비해야 할 구체적인 과제들을 살펴보았다. 통일 직후의 긴급조치와 중장기 국토개발 과제를 효과적으로 추진하기 위해서는 관련 정보의 축적, 세부 계획의 수립, 관련 기술의 개발, 인력 확보 등 많은 준비가 필요하다.[388]

정확한 북한 국토 실태 파악

통일에 대비해서 지금부터 해야 할 일 가운데 가장 시급하고도 중요한 것은 북한의 실태를 정확하게 파악하는 것이다. 통일 이후 북한지역 토지와 주택의 사유화, 국토 및 인프라 개발을 효율적으로 추진하기 위해서는 통일 이전부터 이 분야의 실태를 정확하게 파악하고 있어야 한다. 그렇지 못하면 불필요한 시간과 비용을 소모해야 할 것이다. 독일도 정확한 실태 파악을 위해 통일 이후 많은 시간과 비용을 치러야 했다.

지금부터 북한의 국토 실태에 대한 정확한 정보 구축 체계를 확보하는 것이 중요하다. 현재 통일부와 경제 분야의 부처별로 이루어지고 있는 정보 구축을 통합하여 보다 효율적으로 정보를 공유할 수 있는 체계를 만들 필요가 있다. 북한 관련 정보체계의 구축은 시스템의 구축만큼 정보의 지속적인 갱신이 중요하다. 이를 위한 재원을 확보하는 것이 필요하며, 이것은 범정부 차원에서 추진되는 것이 필요하다. 국토개발과 관련해서 정부는 인공위성 영상자료, 기타 정보 등을 종합해서 '북한 국토 정보시스템'을 준비하는 것이 필요하다. 토지 및 주택의 사유화 및 관리 방안에 관한 정책은 통일이 되면 바로 집행되어야 하는 만큼 지속해서 실태 자료를 수집하고, 관련 정책을 다듬어 가야 할 필요가 있다.

국토 분야의 기술, 제도 격차 해소를 위한 준비

통일 이전에 우리가 준비해야 할 중요한 과제 가운데 하나는 국토 및 인프라 분야에서 남북 간의 기술 및 제도의 격차를 축소하는 것이다. 이것은 통일비용을 절감할 수 있는 가장 기초적이고도 중요한 과제 가운데 하나일 것이다.

남북 간의 인프라 분야는 기술적으로 큰 격차를 보이는 부분이 많다. 이러한 상황에서 통일이 되면 현장에서 많은 혼란과 시행착오가 예상된다. 따라서 지금부터 남북 간의 교류를 통해 기술격차를 축소해 가는 노력이 필요하다. 설계와 시공 분야에서 각기 다른 표준과 용어를 통일하는 노력은 통일 이전부터 충분히 할 수 있는 과제이다.

예를 들어, 통일 직후 남북 철도 연계 및 직결운행에는 잠재적으로 많은 문제점이 있을 것으로 보이는데, 궤도 토목 관련 시설, 남북한 전철 전압 시스템, 신호 통신 시설, 남북한 철도 운영체계, 철도시설물 규정의 상이점 등과 같은 상당히 어려운 기술적 현안들이 있을 것으로 예상된다. 이러한 난제들을 해결하기 위해서는 북한철도 시스템에 대한 정확한 기술적 현황분석이 선행되어야 할 것이다.

인프라 분야별로 북한의 인프라를 현대화하는데 적은 시간과 비용을 소모하면서 성과를 거둘 수 있는 새로운 기술을 개발하는 것도 중요하다. 이것 역시 통일 이전에 충분히 준비할 수 있는 과제 가운데 하나이다. 산악지역이 많고 동절기가 긴 북한 현지의 특성과 여건을 반영한 적정 기술을 개발하여 통일 직후 실행할 수 있다면 인프라 개발의 시간과 비용을 크게 줄일 수 있을 것이다. 철도 분야의 경우 남북 간 철도 운영 효율성을 고려한 북한철도 현대화에 관한 연구와 한반도종단철도(TKR)를 시베리아횡단철도(TSR), 중국횡단철도(TCR) 등 대륙횡단철도와 연계하기 위한 핵심 상호 연계 기술개발도 필요하다.[389]

통일 이후 토지와 주택의 사유화, 국토 및 인프라 분야의 개발을 위한 제도를 즉각 실시하기 위해서는 지금부터 남북 간 관련 제도의 차이를 적절히 분석하고 통일 직후 현지 실정에 맞게 한시적으로 시행할 제도적 수단을 연구할 필요가 있다. 이러한 제도통합 준비를 더욱 효율적으로 하기 위해서는 정부 부처별로 별도의 준비 작업을 지금부터 착수할 필요가 있다.

개발 및 건설 관련 인적 역량 강화

통일 이후 남북 간 경제 및 국토 인프라 분야의 통합을 원만하게 추진하기 위해서는 물리적, 제도적 준비와 더불어서 관련 인적 자원의 확보가 필수적이다. 이러한 측면에서 정부 차원에서는 통일에 대비한 전문인력의 지속적 육성 및 관리가 필요하다.

현재 북한의 인프라와 관련한 인력의 양적 질적 수준은 우리보다 매우 낮다. 최신 기술을 보유한 기술자와 전문가가 남한에 비해 매우 부족한 실정이다. 북한의 관련 기술자나 전문가 양성을 위해 우리의 관련 기술을 전수하고 북한의 관련 기술자들과 전문가들이 기존의 사고방식과 인식을 전환토록 유도함으로써 남북 간의 격차를 축소해 가는 것은 매우 중요한 과제이다.

인적 역량 강화를 위한 남북 협력은 대북 제재가 진행 중인 현 상황에서도 가능하다. 직접적인 인적 교류와 더불어서 제3국이나 국제기구 등을 통한 인적 역량 강화도 함께 도모할 필요가 있다. 북한이 긴밀한 협력관계를 갖고 있는 중국과 러시아의 관련 연구기관 및 연구자들과의 협력관계를 활용하여 북한 인력의 역량을 강화하는 방안도 고려할 필요가 있다.

도시 자매결연 등 다양한 민간교류의 추진

남북한이 서로에 대한 이해와 신뢰를 키우는 데 가장 좋은 방법은 자주 만나고 함께 무언가를 하는 것이다. 분단 기간 이루어진 동서독 도시 자매결연이 중요한 의미를 지닌 것은 단순히 도시정부간의 친선교류 플랫폼을 만든 것 자체보다도 그러한 플랫폼 안에서 다양한 내용의 교류를 지속해 왔다는 것이다. 다양한 문화 및 체육행사를 통해 서로를 이해하고 공감대를 넓혀갔던 경험이 통일 이후 사회통합의 중요한 토대가 되었음은 이론의 여지가 없다.

우리도 이미 경기도와 강원도 등 지자체 차원에서 사회문화 분야의 남북 교류 경험이 있다. 올림픽 등 다양한 국제행사에 남북이 한 팀을 이루어 출전하거나 국제학술행사에 함께 참여한 경험도 많다. 도시 자매결연을 통해 이러한 사회문화 분야의 교류 경험을 더욱 넓혀가는 노력이 통일 기반 조성에 큰 도움이 될 것이다.

건설산업계의 준비

통일독일의 사례에서 볼 수 있듯이 건설업은 통일 초기 북한지역 국토발전을 위해 가장 중요한 역할을 할 산업이다. 통일수도 건설, 광역교통인프라 개발, 대규모 주택 건설 등을 통해 통일 초기 국토발전을 건설산업이 주도하게 될 것이다. 단순히 건설경기 활성화 측면만이 아니라 북한지역 주민들이 자신들의 고향에 정착해서 지역발전을 이끌어 갈 단초를 마련하는 데 건설업이 크게 기여를 할 수 있기에 그 중요성은 매우 크다고 할 수 있다.

낙후된 주거환경과 산업인프라의 개선을 위해 통일 직후에 추진될 건설 사업들은 현지 주민들에 대한 고용기회 제공과 더불어서 토착 기업 성장의 중요한 토대가 될 것이다. 독일의 경우 건설투자가 통일 초기에만 집중되고 그 이후에는 동독지역에서 침체를 보였다. 통일 후 북한지역이 지속적인 발전을 하기 위해서는 건설투자가 초기에만 집중되지 않고 지속해서 이루어질 수 있도록 하는 것이 중요하다.

이처럼 중요한 역할을 해야 할 건설업계에서도 통일에 대비한 준비가 매우 중요할 것이다. 변화된 여건에 맞게 북한지역에서 추진할 사업모델을 준비하고 해외사업의 경험을 토대로 통일 이전부터 가능한 남북경협사업 참여도 모색할 필요가 있을 것이다. 특히, 북한지역 국토개발 과정에서 독일의 경우보다 비중 있는 역할을 해야 할 민간 자본의 유치 측면에서 다각적인 컨소시엄 구축도 준비할 필요가 있다.

다양한 통일 시나리오에 대응한 구체적 실천 방안 연구

통일 직후 독일의 학계에서는 통일 관련 연구가 많이 진행되었다. 그 가운데 국토와 도시 분야에서는 1994년 동독지역 사회정치변화연구회KSPW에서 벤델린 스트류벨드Wendelin Strubelt 박사 등이 주축이 되어 진행한 연구가 돋보인다. 이 연구는 도시 주변 녹지 개발과 구 도심 정비 문제, 새로운 교외화 문제, 도시 내 주택공급 문제, 새로운 도시 내 사회적 괴리의 발생 문제, 지역간, 지역 내 사회적 차별 문제, 지역간(승자와 패자의) 불균형 문제, 사회적 기반 시설에 대한 새로운 수요 변화 문제, 지역간, 지역 내 인구이동 문제 등 다양한 주제들을 다루었다.[390]

우리 학계는 통일에 대비해 보다 심도 있는 정책을 정부가 준비할 수 있도록 실천적 연구과제들을 발굴할 필요가 있다. 특히 다양한 통일 시나리오에 대응한 준비가 중요하다. 예상치 못한 규모의 북한 주민 남하와 같은 상황도 완전히 배제하기 어려운 것이 미래의 통일 상황이다. 이러한 측면에서 추진해야 할 향후 연구과제들을 살펴보면 다음과 같다.

새로운 단기 조치 계획contingency plan을 준비할 필요가 있다. 최근 급변하는 국내외 상황을 반영한 실질적인 계획이 정부 차원에서 준비될 필요가 있을 것이다. 기존의 계획들을 전면적으로 재검토하여 변화된 환경에 맞는 계획을 국내외 모든 분야의 지식자원을 활용해 만들 필요가 있다.

토지와 주택의 사유화에 있어서 단계적으로 어떤 토지부터 사유화해야 할 것인지를 확정하는 것은 매우 중요한 의미를 지닌다. 이것은 토지 사유화의 효과와 비용에 대한 객관적인 분석 작업을 토대로 결정될 필요가 있다. 장기적인 국토계획 및 도시계획의 구도하에서 국가소유로 유지해야 할 토지를 확정한 후 나머지 토지를 사유화할 것인지, 사유화할 토지부터 특정한 후 나머지 토지들을 국유로 유지할 것인지 등에 대한 연구도 필요하다.

사전 계획 준비 측면에서는 북한의 부문별 지역별 특성에 맞는 '맞춤형 사유화 대안'을 미리 준비하는 것이 필요하다. 이것은 북한 주민들이 현지에 정착할 수 있는 일자리 창출과 안정적인 주거권 보장을 기준으로 준비될 필요가 있다. 토지 원 소유권의 처리, 사유화 전담 기구를 포함한 추진체계 및 관련 제도 등과 같이 통일 상황에서 시급하게 결정되어야 하지만 시일이 요구되는 사항에 대해서는 지금부터 세밀한 정책적 대안이 마련될 필요가 있다. 그리고 이러한 정책대안에 대한 국민적 이해와 동의도 필요하다.

통일 수도에 관한 연구도 필요하다. 통일 국토의 장기 발전과 남북통합 측면에서 기존의 서울이 통일 수도로서의 역할을 해야 하는 것인지, 아니면 다른 대안이 필요할 것인지에 대한 검토가 필요하다. 물론 이것은 단순히 국토관리 차원의 과제라기보다는 정치적, 사회적 통합 차원에서 큰 의미를 갖는 과제이기도 하다.

또한, 인구감소 추세를 고려한 국토 및 도시개발 방안에 관한 연구도 필요하다. 통일되더라도 저출산 고령화의 추세는 지속될 것이다. 따라서 북한지역의 개발에 있어서 이러한 추세를 고려하여 '적정 개발'을 도모하는 것이 주요 과제가 될 것이다. 독일의 경우 통일 이후의 인구감소 추세를 무시하고 실행된 과다한 주택 및 인프라 공급이 커다란 문제가 된 바 있다.

통일 이후 동독지역에 대한 장밋빛 정치공약이 국토 및 도시개발에 많은 부작용을 초래한 실수를 우리는 되풀이해서는 안 될 것이다. 이러한 맥락에서 주택과 기타 기반 시설의 과잉 공급을 막기 위한 종합적 연구도 필요하다.[391] 지금까지 통일 이후의 분야별 통합과 관련한 기존 연구들은 분야별로 제시된 연구 결과들이 서로 연계성을 갖지 못한 한계가 있었다. 통합 과정에서 수행될 과제들은 서로 긴밀한 연관관계가 있으므로 세부 과제별 대응방안 제시와 함께 통합적인 대응방안 제시도 필요하다.

맺음말

독일의 통일 과정을 살펴보던 중 가장 인상 깊었던 행사 가운데 하나는 1990년 6월 베를린에서 개최된 최초의 동서독 도시계획 전문가 회의였다. 당시에 법적으로는 동독 정부가 존재했기 때문에 참석자들은 동서독 양국의 동서 베를린 도시계획전문가와 행정가들이었다. 이 자리에서 논의된 주제인 베를린의 현재와 미래는 통일을 준비하는 지금의 우리에게 많은 시사점을 주고 있다. 우리가 독일처럼 '통일 과정'에 진입한다면 무엇을 해야 할 것인지 그들은 보여주고 있다.

독일의 통일 사례를 살펴보면서 흥미로웠던 부분 가운데 하나는 서독 정부가 동독 체제의 붕괴를 원하지 않았다는 점이다.[392] 오히려 통일에 대한 서독의 이러한 신중한 자세가 동독의 붕괴를 가속한 원인이 되지 않았을까 하는 생각도 들었다. 이처럼 통일은 우리가 원하면 오고 원하지 않으면 오지 않는 그런 것이 아니다.

우리가 바라는 것은 '바람직한' 통일이다. 그 누구도 '바람직하지 않은' 통일을 원하지는 않을 것이다. 북한이 개혁과 개방을 통해 국제사회의 정상 국가로 돌아오고 남북 간의 격차를 상당 수준 줄인 상태에서 평화적 합의통일이 된다는 것이 가장 이상적인 통일 시나리오가 될 것이다.

하지만 역사는 항상 '바람직한' 방향으로만 흘러가지 않는다는 것을 우리는 보아 왔다. 그래서 우리는 '바람직하지 않은' 상황에 대한 대비가 필요한 것이다. 독일이 우리에게 주는 가장 큰 교훈은 통일이 예상치 못한 시기에 예상치 못한 방식으로 올 수 있다는 것이다.

운명은 우리가 통제하기 어렵지만, 운명을 받아들이는 자세는 우리가 결정할 수 있듯이 통일이라는 예상치 못한 역사적 사건에 대해서도 준비는 중요하고 필요하다. 통일이라는 역사적 사건의 발생 자체를 우리가 통제하기는 사실상 어렵지만, 통일 이후의 상황에 적절히 대처하는 것은 우리의 노력으로 충분히 가능하다. 현재의 남북한 상태에서 독일식 통일이 진행된다면 우리 사회에 많은 부작용이 예상된다. 현재 상황에서 독일식 통일이 발생한다는 것은 우리가 겪게 될 최악의 통일 시나리오 가운데 하나가 될 것이다.

항상 최악의 상황에 대비하고 준비하는 지금의 노력이 미래의 피해를 최소화하는 첩경이 될 것이다. 좋은 정책이란 모자라지도 않고 과하지도 않은 결과를 만들어 내는 정책일 것이다. 통일 이후 서독지역에 비해 부족한 것이 많았던 동독지역을 발전시키는 과정에서 모자라고 과했던 부분이 눈에 들어온다. 균형발전은 여전히 부족한 성과를 보였고, 주택건설은 대표적으로 과한 사례였다.

국토개발에도 사회정치적 고려가 필요할 때가 있다. 균형발전을 위해 경제적 효율성의 기준보다 사회통합의 기준을 앞세워야 할 때가 있다. 하지만 통일 독일의 국토개발 과정을 살펴보면서 우리가 주목해야 할 가장 큰 교훈 가운데 하나는 바로 지나친 정치 논리와 경제 논리의 극복이다. 정치가 국토의 균형적이고 지속가능한 발전을 촉진할 수도 있지만 그렇지 않을 수도 있다는 점을 주목할 필요가 있다. 인구가 감소할 지역에서 정치적 고려로 과다한 개발이 진행되는 문제들은 지속가능한 한반도의 국토발전 측면에서 반드시 경계해야 할 것이다.

통일독일의 현장에서 동독지역 개발을 진두지휘했던 많은 정책담당자나 전문가들이 공통으로 지적했던 실수 가운데 하나는 동독지역 개발을 지나치게 경제 논리로 접근했던 측면이다. 사람보다는 물리적 건설과 비용에 몰두한 나머지 동독지역 주민들의 심리적 상실감을 도외시했다는 실수가 바로 그것이다.

우리의 지난 역사를 돌아볼 때, 가장 아쉬운 사실 가운데 하나는 같은 실수를 반복한다는 것이다. 실패한 정치적 시도를 반복하고, 잘못된 경제정책을 반복한 그 대가는 오롯이 우리 국민의 몫이었다. 통일 독일의 실수를 우리가 반복하지 말라는 법이 없다. 그래서 이것에 대한 경계는 아무리 강조해도 지나침이 없을 것이다. 실수를 반복하지 않기 위한 유일한 방법은 끊임없이 그들의 실수를 상기하는 것이다. 그래서 우리가 이렇게 독일통일의 경험을 반복적으로 되짚어 보는 것이다.

필자가 통일 독일의 국토개발 사례를 처음으로 연구해서 국토연구원에서 보고서를 발간한 것이 1997년이었다. 30년이 다 되어 가는 시점에 두 번째 책자를 집필하면서 다시 한번 깨닫는 것은 우리가 1990년대 독일과는 완전히 다른 환경에서 통일을 맞을 수밖에 없고 우리만의 길을 개척해 가야 한다는 것이다. 하지만 그 길을 가는 것이 두렵지 않은 것은 독일을 통해 통일의 미래를 먼저 볼 수 있었고 그들의 경험을 든든한 자산으로 갖고 있기 때문이다. 이러한 점에서 우리 한국은 축복을 받은 것이라는 생각을 하게 된다.

통일 독일의 국토개발 이야기는 여기에서 끝나지만 우리의 통일 이야기는 지금부터 만들어 가야 하겠다.

주석 및 참고문헌

| 주석 |

제1장 한반도 통일 준비와 독일통일

1 통일부. 2013. 구 동독지역 인프라 재건 분야 관련 정책문서. 독일통일총서 4. p14.

2 통일 이후 10년(1990-2000)의 시기에 나타난 변화상은 구체적인 시사점을 제공할 수 있을 것이고, 그 이후(2000-2010)의 시기에 나타난 변화상들은 포괄적인 측면에서 시사점들을 제공할 수 있을 것이다.

3 통일 후 어느 시기까지를 통일 관련 정책과 투자로 볼 것인지에 대해서는 논란의 여지가 있다. 1990년 정치적 통일 이후 이 글의 작성 시점(2025년)까지의 35년을 범위로 볼 수도 있고, 1990년부터 베를린으로의 연방정부 이전이 완료된 1999년까지 10년을 정책평가의 대상으로 볼 수도 있다. 독일 연방정부는 1999년까지를 통일 관련 비용지출의 주요 기한으로 보고 있다. 독일 내에서는 통일이 된 1990년 이후부터 1차 연대프로그램(Solidarpark Ⅰ)의 종료 시점인 2005년까지를 시간적 범주로 보는 전문가들도 많다. 가장 최근에 독일 연방정부가 산출한 통일 관련 지출 보고서에서도 1991년부터 2005년까지 15년간을 조사분석의 대상으로 삼은 바 있다.

4 독일에서는 통일 이후의 동독지역 주들을 신 연방 주(neue Laender)로, 서독지역의 주들은 구 연방 주(alte Laender)로 공식 표기한다.

5 독일연방건설·지역계획청(BBR, Bundesamt fuer Bauwesen und Raumordnung)은 독일연방건설교통부(BMVBW)의 산하기관으로서 국토 및 도시계획 관련 연구 및 조사, 역사적 건축물의 관리, 재외공관의 관리, 연방정부 차원의 주요 건축공사 관리 등을 주요 업무로 하고 있다. 이 기관은 1998년 1월 독일연방지리공간연구원(BfLR, Bundesforschunsanstalt fuer Landeskunde und Raumordnung)과 건설부의 연방건축관리청(Bundesbaudirektion)이 통합되어 탄생하였다. 우리나라의 국토종합계획과 비교할 수 있는 '국토공간정비보고서(Raumordnungsbericht)'를 2~3년마다 발간하고 있으며, 도시 및 지역 관련 연구보고서와 '공간정보(Informationen zur Raumentwicklung)', '공간연구와 공간계획(Raumforschung und Raumordnung)' 등 전문잡지를 출판하고 있다.

제2장 동독 체제와 동서독 교류

6 이 부분의 내용은 이상준. 1997. 統一과 國土開發의 課題 -獨逸統一의 境遇-. 국토개발연구원의 주요 내용을 정리한 것이다.

7 대한민국역사박물관. 2015. 독일에서 한국의 통일을 보다. p33.

8 Institut fuer Wirtschaftsforschung Halle. 2009. Ostdeutschlands Transformation seit 1990 im Spiegel wirtschaftlicher und sozialer Indikatoren. p9.

9 통일직전인 1989년 농업생산협동조합(LPG)은 농업인구의 84%를 고용하고 있었고, 전체 경작지의 82%를 차지하고 있었다. Wendelin Strubelt et. al. 1996. Staedte und Regionen. p226. 소련이 통제하는 동독시절(1945.9-1948.12)에 토지개혁이 단행되어 100에이커가 넘는 경지가 무상 몰수되어 국유지가 되었다. 이것은 농민에게 경작지로 분배되었는데, 이는 전체 경작지의 35%에 달했다. 대한민국역사박물관. 2015. 독일에서 한국의 통일을 보다. p45.

10 북한은 평양지역에 비해 낙후한 지방의 경제발전을 위해 매년 20개 군 지역을 선정하여 지방공업 공장을 건설하고, 이를 10년간 지속하는 정책을 추진 중이다.

11 서독은 프랑스(파리), 영국(런던)과 같은 단일 대도시 중심적 정주 구조를 가진 것이 아니라 인구 50만 이상의 12개 도시, 인구 10만 이상의 58개 도시, 그리고 수많은 중소도시로 구축된 다핵적 정주체계를 갖고 있었다. 동독도 서독과 마찬가지로 분산적 정주체계를 갖고 있었으나, 서독에 비해 상대적으로 지역간 균형성은 낮았다. Bundesministerium fuer Raumordnung. 1996. Bauwesen und Staedtebau, Raumordnung in Deutschland. Bonn. p13.

12 동독 정권은 남부 대도시들이 갖고 있던 교역 등 고유의 발전 잠재력을 살리기보다는 중화학공업 중심의 산업 발전을 추진하였다. 이 때문에 사회주의 시절에 도시성장이 성제되거나 퇴보하는 결과를 가져왔다.

13 김정은 정권이 이러한 문제에 대응하고자 최근 지방 발전 정책을 추진하고 있다. 북한의 지역 격차를 남한과 비교한 결과, 2020년 기준 북한의 지니계수는 0.50으로 남한의 0.32보다 지역 불균형이 심화된 것으로 나타났다. 특히 북한의 평양권(평양, 남포, 평안남도)과 비평양권 간 격차가 전체 격차지수에서 차지하는 비중이 남한의 수도권과 비수도권 간 격차 비중보다 높게 나타났다. 신혜원. 2025. 북한의 시공간 경제 분석-개발 정책, 지역 불균형 및 시장-. 서울대학교 대학원 박사학위논문. p119.

14 결과적으로 사회주의 동독에서는 높은 비율의 단일 산업(중공업 및 농업) 중심 지역 및 남부지역으로의 과도한 공업집중, 도시와 농촌 간의 심각한 주거지 격차 및 기존의 중심지에 대한 투자의 집중, 사회간접자본의 부족과 환경문제의 심화 등이 지역 개발의 주요 문제로 대두되었다.

15 이 부문은 Karolus Heil, Günter Puck, Max Welch Guerra(Hrsg.). 1992. Planung zwischen DDR und BRD. Berlin. 의 내용을 중심으로 정리한 것이다.

16 Wendelin Strubelt. 1996. "Regionale Disparitäten zwischen Wandel und Persistenz". Städte und Regionen. Opladen. p16.

17 동독의 지역생산은 사회주의 정권 수립 이후 구축되기 시작한 농업 및 공업의 단일산업지대(집단농장 및 콤비나트)와 환경오염이 심한 구 산업지대에서 이루어졌다. 동독 시기에 신규투자가 이루어진 콤비나트들과 구 산업지대 간의 성장 격차는 1970년대와 1980년대를 거치면서 더욱 확대되었고, 이에 따른 지역 간 불균형 성장의 문제도 발생하였다.

18 북한에서 전국적 차원의 국토계획은 국토환경성 등 중앙국토환경 보호기관이 작성하여 최고인민회의에서 승인받고, 지역적 차원의 국토계획은 각 도의 국토환경보호기관이 수립해 도 인민위원회 승인을 받게 되어 있다.

19 1948년 6월 7일 미국과 서유럽 국가의 대표들은 런던에서 서독의 국가 형식에 대해 합의했고 그것을 서독 정치가들에게 '권고'했다. 1949년 5월 8일 마침내 서독 주의회 평의회는 본에서 독일연방공화국을 만들 기본법을 통과시켰다. 1949년 5월 23일 독일연방공화국이 건국되었고 헌법을 대신한 기본법이 발효되었다. 1949년 10월 7일 독일민주공화국이 동독지역에 건국되었다. 이동기. 2020. 비밀과 역설. 아카넷. p28.

20 오재학, 주정렬. 1995. 통일에 대비하는 남북한연결 교통체계 구축 방안. 교통개발연구원. p40.

21 1972년 12월 21일 체결된 이 조약은 통일 직전까지 양독 간의 기본 관계를 설정한 장전으로서 그 효력을 발하였는데, 이 조약을 토대로 동서독 간의 평화공존 관계가 성립되었다. 통일원. 1995. 동서독 교류 협력 사례집. p21.

22 노르웨이 노벨위원회 의장인 군나르 베르게(Gunnar Berge)는 2000년 12월 10일 김대중 대통령의 노벨평화상 수상을 축하하는 연설에서 다음과 같이 빌리 브란트를 언급하였다.
"There can be little doubt that to date Kim Dae-jung has been the prime mover behind the ongoing process of detente and reconciliation. Perhaps his role can best be compared with Willy Brandt's, whose Ostpolitik was of such fundamental importance in the normalization between the two German states, and won him the Peace Prize. Brandt's Ostpolitik alone could not have led to German unification, but it was a prerequisite for the union which followed in 1989-90."

23 동서독은 상호 간에 당좌대월(當座貸越)처럼 신용 한도를 제공하기로 하였는데 이를 스윙(Swing)이라 한다. 이 제도는 1949년의 프랑크푸르트 협정부터 부분적으로 적용되었으나 본격적인 교역 활성화의 수단으로 등장한 것은 1959년 이후부터이다. 안두순. 1994. "남북협력기금에 대한 구 동서독 사례의 시사점". 통일경제 4월호.

24 서독은 1971년 2억 5,000만 마르크, 1983년부터 1990년까지 매년 2억 마르크를 지원하였다. 손선홍. 2025. "통일독일국토개발과 한반도의 국토전략" 세미나 토론자료.

25 1977년에는 1만 대의 골프(폭스바겐사의 대표적인 승용차) 공급 계약과 부속품 취급 중앙관리소와 차량 정비소 설치 계약이 체결되었고, 1984년에는 작센(Sachen)주 칼-마르크스시(통일 후 켐니츠로 개명) 소재 바르카스 인민 기업 공장에 엔진생산설비 계약이 체결되었다. 통일 직전인 1990년 5월 중순부터 츠비카우에 있는 조립공장에서 폴로 생산이 시작되었다.

26 현재 폭스바겐은 츠비카우에서 전기자동차를 생산하고 있다.

27 서베를린이 서독으로부터 약 170km 떨어져 있는 동독 내의 '섬'이나 다름없었기 때문에, 서베를린의 도시생존 차원에서 통행로 확보가 이루어졌다.

28 박훈민. 2015. 분단국가의 철도교통 협력법제 연구. 한국법제연구원. p34.

29 같은 해 12월 20일 서베를린시와 동독 정부간에는 서베를린 주민의 동독방문을 수월하게 하는 협정이 체결되었다.

30 황병덕. 1998. 분단국 경제교류·협력 비교연구. 민족통일연구원. p33.

31 안병민 외. 2014. 통일 준비 한반도 교통인프라 구축 전략 기획 연구. 한국교통연구원. p76.

32 동서독 간의 육로 수송 체계 구축을 위해 서독 정부는 통행 일괄금 지불 및 조세 지원을 하였는데, 1971년부터 1989년까지 서독과 서베를린 간 통과 시 징수되던 도로 사용료, 세금부담조정세, 사증 비용 등은 총 5,000만 마르크였다. 교통로 건설 및 유지 보수비용 지원 등 많은 지원을 하였는데, 허쉬베르그 부근의 잘레 교량 복구를 위해 서독 정부는 내독 간 지불 교류용 청산 계좌를 이용하여 총 550만 마르크를 지원하였다.

33 원동욱, 안병민. 2008. 북한 경제특구 개발에 따른 연계 교통망 구축 방안 연구. 한국교통연구원. p152.

34 1973년 6월 협정에 의거 서독 접경지역 주민들은 연간 60일간 동독지역 내의 친척이나 친지를 방문할 수 있었다.

35 엘베강, 오더강, 나이세강 등 동독의 주요 하천은 동부 및 서부의 인접국으로 흐르는 공유 하천이었다. 약 95%의 수량이 접경지역을 240여 회에 걸쳐 동독에서 서독으로 흘렀다.

36 이 갈탄 및 에너지 협력 사업은 1976년 이후 총 1,500만 톤(서독지역 550만 톤) 규모의 공동 갈탄 개발사업으로서, 공해를 유발하는 동독 하르브케의 화력발전소를 폐쇄하는 대신에 서독 헬름슈테트에 새로운 화력발전소를 건설하였다. 서독 측은 동독으로부터 갈탄을 수입하고, 그 대신에 전력을 동독 측에 공급하였다. 이상준. 2000. 통일독일의 지역 개발 경험과 북한의 지역 개발 과제. 국토연구원. p15.

37 Deutscher Staedtetag. 1992. Die innerdeutschen Staedtepartnerschaften. Koeln. p23.

38 https://de.wikipedia.org/wiki/Gemeindepartnerschaft(검색일 2016.5.10).

39 http://kommunalwiki.boell.de/index.php/St%C3%A4dtepartnerschaft(검색일 2016.5.10).

40 Franz Muentefering의 DIE ZEIT 대담, http://www.zeit.de/2016/02/staedtepartnerschaften- ost-west-muentefering-interview?...(검색일 2016.5.10).

41 http://www.zeit.de/2016/02/staedtepartnerschaften ost-west-muentefering-interview?...(검색일 2016.5.10).

42 항구도시들인 서독 브레멘(Bremen)과 동독 로스토크(Rostock)의 교류에 있어서는 학술교류가 물꼬를 텄다. 1987년 8월 자매결연을 한 양 도시의 교류 협력을 위해 같은 해 12월 서독 브레멘대학교의 헤르만 코데스(Herman Cordes) 교수는 다른 학자들과 함께 로스토크 대학을 방문하였다.

43 이상준. 2000. "동·서독 간의 도시교류 경험과 시사점". 도시문제.

44 서독 측이 도시주민들 간에 광범위한 접촉을 원했던 반면 동독 측은 '통제받지 않은 대중들 간의 접촉'을 허용하지 않았다. 이 때문에 진정한 의미의 도시주민 간 접촉은 이루어질 수 없었다. 또한, 동독 측은 이러한 도시 간 교류 협력을 통해 동독의 정치적 노선을 서독 도시들에 선전하고자 하는 의도도 갖고 있었다.

45 주요 발표 내용은 베를린 대도시권의 발전 전망, 베를린과 그 주변 지역의 주택정책 전망, 베를린의 건설(경제) 전망, 베를린 대도시권 계획의 경제적 측면과 인프라 측면, 베를린의 주택실태, 자력적 재개발(재생) 잠재력, 새로운 주택 및 토지소유권의 법적 측면, 서베를린의 도시재생 경험과 동베를린의 전망, 동베를린 도시재개발(재생) 상황: 사회정치적 측면, 동베를린 도심부의 발전 잠재력, 주민 참여, 계획 및 건설부문 지방자치행정에서의 조직과 업무 분장, 서독의 계획법 및 건설법 기초와 환경보호를 위한 법적 요구사항들, 베를린 건설 및 계획 행정의 과제, 구축, 경쟁력, 계획과정에서의 이해 당사자 참여와 법적 절차 등 다양한 과제와 관련한 것들이었다.

46 통일당시 주택의 규모와 질 측면에서 동서독은 큰 차이가 있었다. 1991년초 구 서독에서는 1인당 주거면적이 36.5m²이었고, 주택당 평균 면적은 85.5m²였는데, 구 동독의 경우 1인당 주거면적이 28.1m², 주택당 평균 면적은 64.4m²였다. 통일부. 2013. 구 동독지역 인프라 재건 분야 관련 정책문서. 독일통일총서 4. p46.

47 도시 차원을 넘어서 주정부 간에도 자매결연이 맺어졌다. 동독지역의 브란덴부르크주와 서독지역의 노드라인-베스트팔렌주는 통일 이후 자매결연을 하였고, 노드라인-베스트팔렌주의 공무원과 전문가 5천 명이 브란덴부르크주에 파견되어 주정부의 행정기구, 경제기구 전 분야에 투입되었다. 통일부. 2013. 구 동독지역 재건 특임관 분야 관련 정책문서. 독일통일 총서3. pp152-153.

48 브란덴부르크 도시 및 기초지자체 연합 홈페이지, http://www.stgb-brandenburg.de/987.html(검색일 2016.5.10)

49 이상준. 2000. 전게서.

50 베르네트와 레취러(Bernet/Lechler)는 동독지역 플라우엔시의 사례조사를 통해 행정공무원들의 전문적 수준이 너무 낮고, 이들이 행정절차에 대한 기본지식을 갖추고 있지 못하다는 문제를 지적하기도 하였다.

51 http://www.bpb.de/geschichte/zeitgeschichte/deutschlandarchiv/211058/deutsch-deut (검색일 2016.5.10).

52 브란덴부르크 도시 및 기초지자체 연합은 2015년에 도시자매결연 25주년과 첫 번째 민주 자치행정 선거 개최 25주년을 기념하였다. 브란덴부르크 도시 및 기초지자체 연합 홈페이지, http://www.stgb-brandenburg.de/987.html (검색일 2016.5.10).

제3장 통일 당시 동독지역 실태

53 1989년 가을부터 1990년 10월까지 전개되었던 통일 과정에서의 주요 사건, 행사, 결정 사항 등을 시기별로 정리하면 다음과 같다.

1989.10.9: 라이프치히에서의 대규모 시위, 1989.11.9: 베를린장벽의 붕괴
1990.3.18: 동독지역에서의 첫 번째 자유 총선, 1990.5.18.: 통화 경제 사회통합
1990.7.1: 독일-마르크의 공식 유통
1990.8.23: 동독이 10월3일 서독으로 편입되는 것에 대한 동독 의회 승인
1990.8.31: 통일조약 체결
1990.9.12: 전체 독일의 완전한 주권 인정을 위한 모스크바에서의 2+4회담
1990.10.3: 독일통일
1990.10.14: 5개 신 연방주 형성
1990.12.2: 통일독일의 첫 번째 총선 실시

54 니콜라이 교회에 기도 모임으로 모인 2천여 명과 촛불 시위를 위해 합류한 7만 5천여 명이 시민들이 국외여행 자유화, 자유선거 실시, 공산 정권 퇴진 등을 요구하였다. 손선홍. 2025. 30개 도시로 읽는 독일사. 다산북스. p374.

55 이동기. 2020. 비밀과 역설. 아카넷. p194.

56 통일 이전 시장에서 동, 서독 화폐의 교환 비율은 1:10이었다. 통일 이후 동, 서독 화폐의 적정 교환 비율은 1:4 정도로 평가되었으나 콜(Kohl) 정부는 임금, 연금 및 일정액의 저축에 대해서는 1:1로 교환하였다. 통일부. 2013. 구 동독지역 재건 특임관 분야 관련 정책문서. 독일통일 총서3. p37.

57 1990년 9월 12일 동서독+미국, 소련, 영국, 프랑스 회담이 개최되었다.

58 서독의 기본법 23조에서는 독일의 다른 주가 독일연방공화국에 가입하면 그 주에도 기본법은 효력을 발휘한다고 되어 있다. 이 조항에 근거해서 동독이 서독에

가입하는 형태로 통일이 된 것이다. 기본법 146조에는 통일 헌법 제정에 관한 내용이 있었으나 조속한 통일을 위해 23조에 근거한 통일이 된 것이다. 통일부. 2013. 구 동독지역 재건 특임관 분야 관련 정책문서. 독일통일 총서3. p14.

59 이러한 실태를 모르는 상태에서 통일을 맞은 서독 정부는 통일비용이 많이 소요되지 않으리라고 오판하였다.

60 Wendelin Strubelt. 1996. “Regionale Disparitäten zwischen Wandel und Persistenz”, in: Städte und Regionen. Opladen. p26.

61 동독의 교통 및 통신 시설에 대한 투자는 서독의 60% 수준에 그쳤다. 독일 경제사회통합 연구를 위한 단기조사단. 1990. 독일 경제사회통합에 관한 연구. p196.

62 https://de.wikipedia.org/wiki/Verkehrsprojekte_Deutsche_Einheit(검색일: 2025.6.20).

63 9개의 갈탄발전소에서는 12,740MW의 발전 용량을 보유하고 있었고, 5개의 수력발전소에서는 133.2MW의 용량을, 2개의 석유발전소(갈탄화력발전소에 부설)에서는 324 MW의 발전 용량을, 3개의 가스발전소(1개소는 석유발전소에 부설)에서는 672MW의 발전 용량을 보유하고 있었다. 이 외에 3개의 원자력발전소에 5,590MW의 발전 용량을 보유하고 있었다. 전체 발전 용량 19,459.2MW 가운데 갈탄발전의 비율이 65.5%로 가장 높고 그 다음이 28.7%의 원자력발전이었다. Felix Christian Matthes. 2000. Stromwirtschaft und deutsche Einheit. edition energy+umwelt.

64 1970년대 오일쇼크로 인해 서방 국가들의 경제가 크게 위협받게 되는 것을 본 동독은 자국 내 석탄 생산을 중심으로 에너지를 자급자족할 수 있는 산업구조를 구축하려고 했다.

65 통일 이전 동독 정부의 부채 280억 마르크와 통화 통합에 따라 발생한 화폐 교환 차액 보전액 750억 마르크 등 국가 채무는 1,030억 마르크에 이르렀는데, 이를 상환하기 위해서 연방정부는 ‘채무청산기금(Kreditabwicklungsfonds)'을 조성하였다.

66 손선홍. 2025. “통일독일국토개발과 한반도의 국토전략” 세미나 토론자료.

67 통일 직전 주택시장에 대한 동독정부의 입장은, 토지 소유권 없이는 투자를 위한 충분한 자극이 있을 수 없기에 통일조약 9항에 따라 민간 투자자들에 대한 토지 매각을 적극 추진하는 것이었다. 토지 사유화는 도시 정비에 실질적인 도움이 된다고 판단했는데 정비 수요와 주택건설 확장 수요를 충족시키기 위한 중요한 단계가 사유화라는 것이 당시 정부의 기본 인식이었다.

68 이러한 제안들은 서독 전문가들이 동독의 국유재산이 상당한 가치를 지니고 있다고 평가하는 시각을 반영하고 있다. 동독에서는 국유재산을 동독 주민들에게 어떻게 분배하는가에 초점이 맞추어진 논의들도 있었다. ‘즉시 민주주의(Demokratie Jetz(Democracy Now)’라는 단체는 국유재산의 약 1/4을 동독 주민에게 무상으로

분배해야 한다고 주장한 바 있고, 사민당은 3/4의 무상분배를 주장한 바 있다. 한국자산관리공사. 2012.

69 통일 이후 이러한 부동산의 원소유권 회복과 사유화는 1991년 연방헌법재판소의 이른바 '토지개혁판결(Bodenreform-Urteil, 1991.4.23)'에 따라 헌법적 근거를 확보하였다. 당시에 보상보다는 반환을 우선으로 하는 토지소유권 처리 원칙이 설정되었다. 그러나 '신의성실'의 원칙에 따라 정당한 절차로 소유권이 이전된 토지는 반환 대상에서 제외되었다.

70 Bernhard Bischoff. 1996. Grundstückswerte in den neuen Bundesländern. Berlin. p21.

71 Hartmut Häußermann. 1996. "Die Transformation des Wohnungswesens", in: Städte und Regionen. Opladen. p291.

72 1990년 3월1일 동독 인민의회 결정에 따르면, 기업의 사유화는 통일 이전인 1990년 6월 30일까지 완료되어야 하나 이것은 장기간이 소요될 것으로 전망된 바 있다.

73 29개의 인민 건설 콤비나트로부터 생성된 74개의 공기업 중 1990년 6월 기준으로 24개가 자본기업으로 전환되었다. 1972년 등장한 99개 기업의 47%인 46개 기업이 사유화를 신청했는데, 1990년 6월 기준으로 11개 기업의 사기업 전환이 완료되었다. 이처럼 사유화 조치는 공식적인 독일통일 (1990.10.3) 이전부터 진행되었다. 당시 사유화가 지체되는 이유는 토지와 동산의 소유권 문제, 콤비나트 기업의 임의적 구매 등으로 인한 복잡한 청산절차, 기업매입 신청 주체의 애매한 의지, 경제통합, 화폐통합의 예상치 못한 영향 등이었다.

74 1990년 5월 18일 '통화·경제·사회통합에 대한 국가조약'이 동서독 간에 체결되었고 이 조약에 따라 1990년 7월 1일부터 서독의 마르크(D-mark)화가 동독지역에서 공식적으로 유통되었다.

75 이하의 베를린 사례와 관련한 내용들은 Land Berlin. 1990. Kongressbericht –Erste Stadtkonferenz Berlin Planen, Bauen, Wohnen에서 발췌한 것이다.

76 당시 평균적으로 시민들이 소득의 5%를 임대료로 지출하였다.

77 서베를린의 주택건설회사와 주택조합의 주택 재고 관리 정책이 중요한 시사점을 줄 수 있다. 서베를린에는 공공 주택회사 소유로 약 30만 호가 있었다. 이 가운데 1/6인 5만 호만이 조합주택이고 25만 호가 도시 공공 주택공사 소유였다. 이것은 서베를린에서 공공 주택공사의 중요성을 보여주고 있다. 기업과 연결된 주택공사는 재단 자본을 가지고 회사직원들을 위한 주택을 건설하고 임대하였다. 이 과정에서 운영위원회와 근로자대표의 동의가 주택 배정과 임대료 결정에 큰 역할을 하였다. 주택공사는 지자체의 자체 자본으로 설립되었고 지자체 주택정책에서 주요 주체가 되었다.

78 1990년 6월까지 동베를린의 6개의 주택회사가 토지건물 유한회사로

전환되었다. 이렇게 진행이 느린 것은 전환된 회사의 조직과 소유권에 대한 신탁공사 측과 기존 회사 간의 견해 차이 때문이었다. 국유 주택을 매각하려는 정책은 1990년 6월 17일 결정된 신탁법에 근거하는데, 이 법에서는 기존 회사들을 자본회사로 전환하는 것과 관련된 특별한 규정을 담고 있지는 않았다. 이 때문에 동독 정부는 신탁법의 토대 아래에서 기존 회사들을 유한회사나 주식회사 형태로 전환하는 규정을 별도로 제정하였다.

79 이러한 변화는 도시행정의 책임 분할을 통해 진행되며, 행정을 독립적 민간 회사에 위탁하거나 부분적으로 자회사로 위탁하는 방식으로 이루어지게 되었다. 비록 동독 건축도시주택부가 이것을 위해 노력하였지만, 1990년 초반까지는 만족스러운 결과가 나오지는 않았다고 한다.

80 베를린 도시권의 주택정책 전망에 대한 동베를린 측 공무원 발표 Land Berlin. 1990. Kongressbericht –Erste Stadtkonferenz Berlin Planen, Bauen, Wohnen-. p33.

81 동베를린의 경우 통일 이전인 1990년 4월 30일 기준으로 지자체 소속의 11개 회사에 44만 3000호가 있었다. 이것은 전체 주택 65만 호의 68%에 해당하는 규모였다. 44만 3천 호 가운데 93.6%인 414,617호에 거주자가 있었다. 빈집인 28,275호 가운데 최소한 2,441호는 주거, 업무 등 다른 용도로 사용하기 위해 철거할 예정이었다. 시 정부로서는 기존 회사들이 이러한 업무를 수행할 수 있도록 권한을 갖도록 하는 것이 주요 과제였다.

82 동독 시절 20년 동안 200만 호가 넘는 주택들이 건설되었음에도 동서독 간에는 주거 공간 공급과 주택 수준에 있어서 큰 차이를 보였다.

83 대도시인 베를린의 경우 1990년 기준으로 1인당 주거 면적은 서베를린이 $37m^2$, 동베를린이 $30m^2$, 베를린 주변 지역이 $27m^2$였다.

84 1949년 이전에 건축된 40년 이상의 노후 주택

85 1918년 이전에 건축된 주택이 약 130만 호에 이르렀다. 이들 주택이 민간 임대주택과 공공 임대주택의 큰 부분을 차지하였다. 이들 주택 가운데 80만 호는 욕실이 없었고 100만 호는 실내 화장실이 없었다. 100만 호는 주택의 손상이 심했는데, 이것은 1980년의 두 배에 이르는 규모였다. 절반 정도만이 현대적 난방시설을 갖추었고, 이에 따라 환경오염(대기)을 일으켰다.

86 1990년 기준으로 동베를린에 1919년 이전 건설된 70년 이상 노후 주택이 20만 호였고, 이 가운데 10%인 2만 호는 화장실이 없고 3만 호는 욕실이 없었다.

87 동독 시절에 건물 개보수 사업과 100만 호의 주택현대화를 수행했음에도 불구하고 주택의 노후화를 막을 수 없었다. 1990년 6월 기준으로 동베를린에는 3만 7,000호의 빈집이 있었다.

88 독일 경제사회통합 연구를 위한 단기조사단. 1990. 독일 경제사회통합에 관한 연구. p194.

89 주독대사관. 1996. 통일독일 6년, 동독 재건 6년 - 분야별 통합성과와 향후 과제-. p350.

90 민족통일연구원. 1994. 북한의 사회간접자본 실태연구. pp8-9.

91 독일 경제사회통합 연구를 위한 단기조사단. 전게서. p196.

92 주독대사관. 전게서. p351.

93 Bernd Rhode. 1996. "통독 후 사회간접자본 확충 전략-교통부문 중심으로-(Strategien zur Infrastrukturentwicklung nach der deutschen Einheit mit dem Schwerpunkt Verkehr)". 한독국제세미나 발표 논문. 국토개발연구원. p7.

94 통일 당시 동서 베를린 간의 교통망 복원도 주요 과제였다. 베를린장벽 철거 이후 1990년 7월 1일까지 57개 도로 연결이라는 과제가 제기되었지만, 재원 조달 문제, 석면 제거 문제 등 토지의 토양 정비, 일부 장벽의 보전에 대한 시민단체의 민원, 소음방지 민원 등이 제기되었다. 이러한 문제들을 관료주의 없이 관련 부서의 협조하에 해결해야 하는 것이 과제였다. 분단 해소에 따른 도로 연결 시 도로 하부의 각종 인프라 공급망 건설도 검토 과제였다. 당시 도로 연결에 1억 7천만 마르크가 소요될 것으로 예상되는데, 1990년도에 서베를린 의회는 3천만 마르크만 승인하였다. 당시 재원 부족이 큰 문제였다.

95 동독지역의 중소도시들은 제2차 세계대전의 피해가 서독지역보다 상대적으로 적었고, 이 때문에 역사적 가치가 있는 건물들의 보존 사업도 도시개발에 있어서 커다란 의미를 지니게 되었다.

96 기존 시가지 내 토지이용의 주요 과제 가운데 하나는 공장용지 재활용 문제였다. 예를 들어 경쟁력 약화와 환경문제로 폐쇄될 공장용지의 활용이 주요 과제로 부각되었다.

97 예를 들면, 통일 당시 동베를린에서 시급한 과제는 도로망의 정비 등 구 도로의 재건이었고 동서 베를린을 연결하는 교량의 연결도 시급한 과제였다. 지하철역의 운영 재개, 지하철과 전철망의 연결 등도 시급한 과제였다. 기반 시설 측면에서 새로운 과제 가운데 하나는 건설폐기물의 재활용 문제였으며, 토양오염(Altlasten) 정비, 건설폐기물 재활용도 주요 과제였다.

98 본은 1949년 서독의 임시수도로 결정된 이후 도시성장을 이어왔다. 본격적인 수도건설은 1969년 사민당이 집권하고 행정구역 통합이 이루어진 이후 이루어졌다. 본의 명칭도 임시수도에서 연방 수도로 개칭되었다. 본은 제2차 세계대전 직후인 1945년 9만여 명의 소도시였으나 연방정부의 수도가 되면서 꾸준히 인구가 증가하여 통일 당시 약 30만 명에 이르렀다.

99 서독지역에서는 100만 마르크의 지원으로 12개의 일자리가 만들어지지만, 동독지역에서는 20개가 만들어질 수 있었다.

100 베를린의 경우 한 가지 특별한 문제는 통일 이후 베를린지원법 폐지에 따른

서베를린과 기타 서독지역 측 낙후지역간의 지원 격차(Foerdergefaelle) 문제였다. 통일 이전에는 서베를린의 유지를 위해 여러 가지 혜택을 기업과 종사자들에게 주었지만, 통일 이후 이러한 지원이 사라졌다. 이 때문에 서독지역 내 낙후 지역보다도 기업 입지 혜택 측면에서 베를린이 불리해진 것이다.

101 동독 시기에는 인구 2천 명 미만의 농촌 주거지 인구를 농촌인구로 파악하였다. 당시 평균 2천 명 미만의 농촌주민이 모여 사는 게마인데(Gemeinde)가 6,600개 있었다.

102 또한, 농업활동 인구는 전체 노동인구의 26%를 차지하였다. Andreas Kapphan. 1996. "Wandel der Lebensverhaeltnisse im laendlichen Raum". Staedte und Regionen -Raeumliche Folgen des Transformationsprozesses. Opladen. pp 219-225.

103 면적상으로 農村地域郡(laendliche Kreisen)이 포괄하는 면적 비율이 동독지역은 66.3%, 서독지역은 43.4%였다.

104 독일통일 과정에서 동독의 협동농장 시스템을 해체하면 동독 농민들이 개인 영농을 선호할 것으로 예상되었지만, 결과는 의외로 그 반대였다. 선택의 공간이 열린 상황에서 동독 농민 상당수는 개인이나 가족 영농이 아니라 집단 영농 시스템을 선택했다. 동독 시절 약 4,500개의 협동농장 가운데 약 3,000개가 집단 영농법인으로 전환됐다. SBS 뉴스 (https://news.sbs.co.kr/news/endPage.do?news_id =N1006495170&plink=COPYPASTE&cooper=SBSNEWSEND)

105 통일부. 2003. 독일통일백서(2002). p168.

106 Dietrich Kampe. 1991. "Zur Situation der Wasserinfrastruktur in den neuen Ländern", in: Raumentwicklung in den alten und neuen Bundesländern. Bonn. p100.

107 1990년 말 당시 서독 주민의 92%가 하수도 시설에 연결돼 있었으나 동독에서는 그 비율이 77%에 불과했고 산업시설도 폐수를 정화할 시설을 갖추고 있지 못하거나 충분히 갖추고 있지 못했다. 빈재익. 2012. 독일통일 과정에서 동독지역 건설산업의 변화 및 동향. 건설이슈포커스 2012-13. p20.

108 Akademie für Raumforschung und Landesplanung. 1995. Handwörterbuch der Raumordnung. Hannover. p1079.

109 구 동독의 환경보호를 위한 특별 조치: 신연방 주 내의 생태학적 발전의 결산 및 전망. 베를린 자유대학교의 위탁자료 33 제19권 문서번호 56.

110 주독대사관. 전게서. p462.

111 Institut für Umweltschutz. 1990. Umweltbericht der DDR. Berlin.

112 Stefan Schmitz. 1991. Luftbelastung und deren Verursacher in der Bundesrepublik Deutschland, in: Raumentwicklung in den alten und neuen Bundesländern. Bonn. p87.

113 독일 내의 약 4,700곳에 달하는 군비 폐기물 의심 지역 가운데 3분의 1

이상(1,632곳)이 동독지역 내에 소재하고 있으며, 그중 350곳은 구 소비에트 군대(WGT)가 사용한 토지에, 그리고 253곳은 구 동독의 인민군대가 사용한 토지에 있었다. 구 동독의 환경보호를 위한 특별 조치: 신연방 주 내의 생태학적 발전의 결산 및 전망. 베를린 자유대학교의 위탁 자료 33 제19권 문서번호 56.

114 시급한 것은 동독지역에서의 관리 교육 또는 부분적으로 서베를린과 서독지역으로부터의 관리자 투입이었다. 서베를린에서 운영되던 인력 전환 배치프로그램이 가능한 한 빨리 동베를린에서도 시행되어야 했다.

115 빠르게 연방 건설법전이 동독지역에 적용되어야 했지만, 현실은 그렇지 못하였다.

116 이러한 지역 격차의 해소를 위해 다양한 지역 개발 지원 수단들이 시행되었다. 그 가운데 가장 대표적인 것이 '지역경제구조의개선을위한공동과제에관한법(Das Gesetz ueber die Gemeinschaftsaufgabe "Verbesserung der regionalen Wirtschaftsstruktur:GRW")'이었다.

117 서독에서는 1960년대 이후 30년간 포괄적인 도시 건설적, 지역 계획적 정책 수단들을 만들어 왔다. 이러한 수단들을 통일 이후 베를린에 적용할지는 베를린지역에서의 합의 형성을 위한 정치적 의지에 달려 있었다. '베를린 대도시권'이라는 목적 연합체의 과제는 협력적 설계의 창출 여부에 달려 있었다. 새로운 "협력적 정체성"의 토대 위에 이 지역을 위한 공동의 입지 마케팅이 가능하였는데, 예를 들면 베를린-브란덴부르크 경제지원공사 또는 지역개발공사 등이 바로 그것이다. 또한 서독지역 루르 지역(Ruhrgebiet)의 토지 펀드와 같이 베를린 대도시권을 위한 토지 펀드 창설이 필요하다는 주장도 1990년 베를린에서 개최되었던 도시 회의에서 제기되었다.

118 동서독지역 간의 경제적 격차를 25%포인트 축소하는데, 1조 마르크(약 500조 원)와 7년이라는 시간이 소요되었다는 점을 고려한다면, 남북한 간의 경제력 격차축소에는 동서독의 경우보다 더 큰 비용과 시간이 소요 될 수밖에 없다.

119 북한은 1990년대 초반부터 중반까지 이어진 경제난과 자연재해로 전체 산업생산이 60~70%가량 감소한 것으로 추정되고 있다. 이러한 산업생산 감소는 통일 직후 동독지역에서 발생한 산업생산 감소와 거의 비슷한 규모이다. 북한지역에서 동독지역에서와 같은 급진적 산업구조재편이 발생할 때 더 심각한 경제문제가 발생할 가능성이 높다.

120 북한도 지역 균형발전 측면에서 양강도, 자강도 등 내륙 농·산촌 지역에서 공업개발을 추진하였으나, 진정한 의미의 지역균형개발을 달성하지는 못하였다.

121 평양과 남포를 포함한 평남지역은 북한 국토에서 차지하는 면적이 9.6%에 불과하지만, 1996년 기준으로 전국 인구의 32%, 전국 2,200여 개 주요 공장의 30%를 차지하고 있다.

제4장 동독지역 국토개발을 위한 연방정부 정책

122 김규륜 외. 2011. 통일의 편익과 비용. 통일연구원.

123 서독은 동독과의 1:1 화폐교환을 결정하였는데, 순수하게 경제적 관점에서 보면 비판받을 결정도 정치적 관점에서는 올바른 결정이었다. 1:1 화폐교환 결정은 임금과 연금, 보조금에도 적용되었는데, 서독의 7% 수준이었던 동독 근로자의 임금이 1년 만에 서독 임금의 35%, 그다음 해에는 50%까지 상승했다. 신성원. 2014. "통일 전후 독일 경제 상황과 독일통일이 한반도에 주는 함의". 주요국제문제분석. 국립외교원. p6.

124 통일기금은 애초 약 1,150억 마르크 정도로 예상했으나 총지출은 1,670억 마르크에 이르렀다. 통일부. 2013. 구 동독지역 재건 특임관 분야 관련 정책문서. 독일통일 총서3. p31.

125 편입 지역은 동독지역을 의미한다. 편입 주는 5개 동독지역 연방 주를 의미한다.

126 통일 이전 서독은 '사회적 시장경제(soziale Marktwirtschaft)'의 이념에 바탕을 둔 경제구조를 갖고 있었다. 이러한 경제이념은 통일 이후 동독지역의 재건을 위해 추진되었던 각종 공공정책에 반영되었고, 이러한 정책기조 하에 동독지역에서 새로운 경제적 기반이 구축되었다.

127 이것은 동서독지역 간의 경제적, 환경적 조건과 생활 기반 등을 균형 있게 발전시키는 것을 목표로 하고 있다.

128 이것은 1991년에 개정된 공간정비법(또는 국토계획법: Raumordnungsgesetz)에 제시되어 있다. 연방정부는 이를 위해 지역균형개발을 위한 기반 조성에 주력하고 있다. 이러한 독일의 공간정비정책은 개발(Entwicklung), 성장(Wachstum), 균형(Ausgleich), 질서(Ordnung)의 4개 주요 개념을 기반으로 지역 균형발전을 지향하고 있다.

129 Bundesregierung. 1993. Raumordnungsbericht. Bonn. p2.

130 국토공간체계의 구축은 중심지(Zentrale Orte: 상위 중심지, 중간 중심지, 기초 중심지)의 설정, 개발축(Entwicklungsachsen)의 설정, 개발우선지역(Vorranggebiete)의 설정 등을 통해서 이루어진다.

131 연방정부와 주정부들은 '공간정비를 위한 관계장관회의(MKRO)'를 통해 지역개발사업의 추진을 협의하고 있으며, 이 과정에서 더욱 적극적인 주정부들의 역할이 요구되고 있다.

132 이것은 1993년에 군 단위로 지역근로자들의 통근통행특성자료를 분석하여 편성되었다. Bundesforschungsanstalt fuer Landeskunde und Raumordnung. 1996. Mitteilungen und Informationen, Nr.3/Juli. Bonn. p4.

133 이것은 중심도시와 주변 지역의 균형발전을 위한 공간개발 개념으로서, 이 개념에 의한 대표적인 공간모델이 '중심도시 주변의 도시화(Verstaedterung am

Rande der Kernstaede)'이다. Bundesministerium fuer Raumordnung, Bauwesen und Staedtebau. 1996. Dezentrale Konzentration -Neue Perspektiven der Siedlungsentwicklung in den Stadtregionen?. Bonn. p124.

134 Carsten-Wilm Mueller. 1994. Auswirkungen der Grenzoeffnung zur DDR auf die verkehrlich-staedtebauliche Struktur niedersaechsischer Klein- und Mittelstaedte. Hannover. p177.

135 Fiona M. Smith. 1994. "Politics, place and German reunification: a realignment approach", in: Political Geography, Vol.13, No.3. p233.

136 Deutscher Bundestag. 1996. Fuenfundzwanziger Rahmenplan der Gemeinschaftsaufgabe "Verbesserung der regionalen Wirtschaftsstruktur" fuer den Zeitraum 1996 bis 1999(2000), Drucksache 13/4291. Bonn. p5.

137 1993년에 제정된 이 법의 원래 명칭은 '지원지역에서의 특별감가상각과 공제액에 대한 법(Gesetz ueber Sonderabschreibung und Abzugsbetraege im Foerdergebiet)'이었다. Thomas Toeben. 1996. Das Foedergebietsgesetz. Koeln. p66.

138 반환권리자나 투자가가 계획서를 제출하면, 보다 우수하고 전망이 있는 계획안이 선정된다. 두 개의 계획서가 같은 수준인 경우는 보통 반환권리자가 법에 따라 우선권을 갖게 된다. 그러나 반환권리자는 6주 내에 구체적인 계획서를 제출해야 하며 계획구상은 투자가의 총투자 규모와 비슷해야 인정을 받는데, 대부분 여러 필지를 대상으로 하는 경우가 많다. 그래서 일반적으로는 해당 신청자들이 모여서 경쟁력 있는 공동 구상을 내놓기가 현실적으로 어렵다. 그래서 이러한 반환 절차를 놓고 '제2의 재산몰수'라는 비판이 일었다.

139 이 법에 따르면, 계획 실행자가 그 계획을 청문(聽聞) 관청에 제출한 후에, 해당 관청에서는 1개월 이내에 행정절차법에 따라 다른 관청들로부터 견해 표명을 듣고, 기초지자체 내에 그 계획을 공개하도록 규정하고 있다. 해당 관청들은 자신들의 의견을 3개월 이내에 제출토록 규정하고 있다. 기초지자체들은 시행계획이 결정된 후 3주 이내에 그 계획을 공개토록 규정되어 있다. 연방행정법원은 이 법에 따른 계획을 위한 시행계획 확정 절차 및 계획 허가 절차와 관련해서 발생하는 모든 분쟁에 대하여 1심을 최종심으로 결정을 내리도록 규정되어 있다. 또한 이 법에서는 특정 토지에 대한 소유권의 관계가 불확실한 경우, 그 토지가 소재하고 있는 기초지자체의 지역 감독관청은 계획 허가 절차나 그 사전작업을 시행하기로 되어 있는 경우에 수용 관청의 신청이 있으면, 신청이 있는지 2주 이내에 소유권자의 대리인을 임명토록 규정하고 있다.

140 이 법은 동독지역과 베를린 내의 모든 연방 교통로(철로, 도로, 수로)에 적용되며, 공항 및 공공 근린여객운송교통(고가철도, 지하철을 포함한 전차)의 교통로에도 해당한다. 본 법은 모든 연방 교통 도로의 노선을 결정하는 권한을 연방교통부에 집중시키고 있다. 이 같은 결정 권한의 집중은 사전 조사와 노선

결정을 신속히 할 수 있게 하는 효과가 있다. 더 나아가 이 법에 의하여 형식적인 국토계획절차는 중단하고, 계획 수립 기간을 단축함으로써 시행계획의 확정 절차를 간소화하였다. 문서번호 33 구 동독과 베를린 주의 교통로 계획 촉진을 위한 법(교통도로계획촉진법 1991년 12월 16일). 연방법률관보, 제I부, 65호. 1991. pp2174-2176.

141 1990년 6월 25일 독일민주공화국과 독일연방공화국간 화폐·경제 및 사회통합을 위한 조약 제14조에 따라 1990년 ~1991년 경제 기반 시설 확충 및 접경지역의 경제 기반 시설지원에 필요한 재원 신청 및 승인에 대한 시행령, 1990년 8월 8일.

142 이 프로젝트는 동독지역(신 연방주)의 경제, 재정 독립성을 높이고 실업률을 감소시켜 동독지역의 생활 수준을 서독지역의 수준과 동등하게 만들기 위한 통일독일의 경제정책이다. 통일 이후 경제통합 목표는 10년 이내에 동, 서독지역의 평균 생활 수준을 동등하게 만드는 것이었다. 이 프로젝트는 연대협약 기금 I 을 통해 추진되었다. 통일부. 2013. 구 동독지역 재건 특임관 분야 관련 정책문서. 독일통일 총서3. pp10-11.

143 동독지역은 통일 초기에 건설업이 산업 성장의 중심(Schwerpunkt) 역할을 하였고, 전체적인 산업구조에 있어서는 노동집약적인 산업들이 쇠퇴하고 기술·자본 집약적인 산업이 성장하였다.

144 경쟁력이 없는 기업들에 대한 공공지원은 구조 재편 과정을 지연시키고 비용만을 증가시킨다는 것이 연방정부의 기본적인 시각이었다. 통일 당시 동독기업들의 일자리 가운데 8.2%만이 경쟁력을 갖추었을 뿐이라는 주장도 있었다. Gisela Kubon-Gilke. 1992. “Industrielle Reorganisation in Ostdeutschland: Versagt der Markt?”, in: Probleme der Einheit. Oekonomische und rechtliche Konsequenzen. Marbrug. p47.

145 대표적인 것으로 투자액에 대한 8～12%의 세금 공제, 재산세 및 투자거래세의 면제 또는 감면(통일 이후 1992년 9월까지 동독에서 이루어진 이들 투자보조금은 총투자액의 35%에 이를 것으로 추정) 등이 있다.

146 Bundesministerium fuer Wirtschaft. 1996. Bilanz der Wirtschaftsfoerderung des Bundes in Ostdeutschland bis Ende 1995, BMWi-Dokumentation Nr.396. Bonn. p9.

147 낙후 지역 내에서도 발전잠재력이 높은 도시지역에서의 민간투자에 대한 지원이 주요 내용이다.

148 공동과제(GA)사업의 주요 목적 가운데 하나는 지역의 기반 시설 확충 사업을 지원함으로써 지역발전 잠재력을 높이는 것이었다.

149 이와 함께 환경산업 부문의 투자에 대해서도 지원하고 있는데, 이 공동과제사업에 의한 재정지원을 받기 위해서는 모든 투자사업이 기본적인

환경보호 조건들을 충족해야 한다.

150 서독지역의 지원 대상 인구 비율은 1980년대 후반부터 감소하는 추세인데, 1986년은 서베를린을 제외한 서독 인구의 38%가 지원 대상이었지만, 이 비율이 1996년에는 18%로 감소하였다. Deutscher Bundestag. 1996. Fuenfundzwanziger Rahmenplan der Gemeinschaftsaufgabe "Verbesserung der regionalen Wirtschaftsstruktur" fuer den Zeitraum 1996 bis 1999(2000), Drucksache 13/4291. Bonn. pp9-10.

151 동베를린과 동독지역의 중소기업에 대해서는 15%의 추가 특별지원이 가능한데, 이에 따라 동독지역의 중소기업들은 최고 50%까지의 투자 비용 지원을 받을 수가 있었다. 중소기업은 고용인원 250인 이하, 연간매출 4천만 유럽통화(ECU, 1ECU= 1.86마르크) 이하 등의 조건을 가진 기업을 말한다. 이러한 중소기업의 조건을 갖지 못한 기업이라도 B지역에서 추가로 10%까지 비용경감지원이 가능하다.

152 이러한 지원 자금은 추가적(보조적)인 융자금의 성격을 갖는 것으로서 다른 공공 재정지원을 대체하는 것은 아니다.

153 농림업, 어업, 광업 관련 산업, 에너지 및 용수공급, 건설업, 소매업, 교통, 창고업, 의료, 위생업 등은 지원 대상에서 제외된다.

154 공동과제사업은 이들 기반 시설 건설사업의 계획 수립 및 시행과 관련한 비용 및 행정비용도 지원하고 있다.

155 1995년도에 연방경제부는 동독지역 주정부들의 4,500여 건에 이르는 지원 결정을 검토하여 279건의 승인 결정에 이의를 제기하였다. 이 가운데 136건은 주정부들의 추가적인 자료 제출로 이의를 취소하였지만, 나머지 143건은 주정부들에 의해 재검토되었다. Bundesministerium fuer Wirtschaft. 1996. Bilanz der Wirtschaftsfoerderung des Bundes in Ostdeutschland bis Ende 1995, BMWi-Dokumentation Nr.396. Bonn. p12.

156 각 주정부는 매년 연방경제부에 일반지원 및 특별프로그램별로 공동과제 추진실적 보고를 하도록 되어 있다. 공동과제사업의 평가는 연방과 주정부들이 역할을 분담하여 공동으로 진행하고 있는데 평가 과정에서는 주정부들의 역할이 큰 비중을 차지하고 있다.

157 공동과제 계획위원회에 따르면, 동독지역 전체 인구의 40%를 포괄하는 지역(베를린, 드레스덴, 라이프치히, 예나, 에어푸르트, 바이마르, 할레, 슈베린)이 경제적으로 양호한 지역이다.

158 2000년부터 2006년 사이에 유럽 연합-구조기금에 의해 동독지역 연방주에 376억 마르크가, 동베를린에 14억 마르크가 각각 지원되었다.

159 2000년 한 해 동안 동독지역에 30억 마르크가 기업혁신과 연구·개발 부문에 투자되었다. 'InnoRegio' 사업의 경우, 민간기업과 연구기관 및 고등교육기관 간의

유기적 연계를 통한 기술개발을 위해 2005년까지 5억 마르크가 지원되었다.

160 신성원. 2014. "통일 전후 독일 경제 상황과 독일통일이 한반도에 주는 함의". 주요국제문제분석. 국립외교원. p8.

161 연방지리·공간연구원(BfLR)이 동서독지역 간의 기반시설수준 변화를 비교하기 위하여, 208개의 노동시장지역들(Arbeitsmarktregionen)을 대상으로 통일 후 3년이 지난 1993년에 기반시설지표들을 조사한 결과, 동독지역은 통일 이후의 집중적인 기반시설 투자에도 불구하고 여전히 서독지역보다 낮은 기반시설 수준을 보였다. 이것은 기반시설부문이 장기적인 투자가 필요한 부문임을 시사한다.

162 주독대사관. 전게서. p352.

163 독일연방교통계획 1992(BVWP: Bundesverkehrswegeplan, 1992)는 서독지역 기존 교통망계획을 지속적으로 추진하면서, 동독지역 교통시설을 신속히 개선하는 것으로 목표로 하였다. 여기에서는 총투자액의 약 39%를 구 동독에 투자하는 것으로 계획되었다.

164 여기에는 연방철도 340억 마르크, 연방 장거리도로 170억 마르크, 연방 수로 10억 마르크 등이 각각 포함되어 있다. Bundesministerium fuer Wirtschaft. 1996. Aufbau Ost. Chancen und Risiken fuer Deutschland und Europa. Bericht der Bundesregierung, Nr.407. Bonn. p20.

165 이 계획은 1991년의 교통로계획촉진법(Verkehrswegeplanungbeschleunigungs-gesetz,1991년 12월 16일)에 의해 수립되었다.

166 이후 2001~2015년간(BVWP 2003) 철도, 도로, 해운에 대한 총 투자계획 규모는 약 1,500억유로에 달하였다. 이 중에서 서독지역과 동독지역 간의 투자 비율은 65:35이었고 수단별로는 도로 부분에 대한 투자가 52.1%로 철도보다 높게 계획되었다. BVWP 1992의 10년간 실제 투자 금액 역시 도로 부분에 대한 투자 비율이 계획과 달리 높게 나타나고 있다. 신규 투자에 있어서는 도로에 대한 투자 비율이 60.1%로 철도 38.5%보다 훨씬 더 높게 책정되어 도로에 대한 집중적인 투자계획이 수립되었다.

167 1999년 동독지역의 17개 교통프로젝트가 지원 대상 사업으로 선정되었는데, 베를린국제공항 건설사업, 중부연결 철도망 사업 등이 대표적 사례이다.

168 이것은 1995년 말 서독지역 통신망의 디지털화가 60% 정도인 것을 감안 할 때 매우 높은 수준으로 평가된다.

169 연방정부는 에너지 산업의 구조조정 측면에서 갈탄 생산 부문을 축소하였지만, 경쟁력을 갖고 있는 일부 기업들은 계속 유지하였다. 이와 함께 갈탄 생산과 관련한 환경 정화 부문에 대해 1997년까지 매년 15억 마르크를 투자하였는데, 이것은 1만 7,000명 이상의 고용 창출 효과도 동반하였다. Bundesministerium fuer Wirtschaft. 1996. Aufbau Ost. Chancen und Risiken fuer Deutschland und Europa, Bericht der

Bundesregierung, Nr.407. Bonn. p29.

170 신성원. 2014. "통일 전후 독일 경제 상황과 독일통일이 한반도에 주는 함의". 주요국제문제분석. No. 2014-03. 국립외교원. p13.

171 Hartmut Häußermann. 1996. "Die Transformation des Wohnungswesens", in: Städte und Regionen. Opladen. p293.

172 지자체들은 중앙정부의 지원 조치에 의존하고 있어서 지자체들이 스스로 건설을 결정하거나 재원 조달을 할 수는 없었다.

173 이와 함께 지방자치단체들은 동독 시기부터의 주택건설 관련 채무들도 부담하게 되었는데, 이것을 연방정부가 구 채무지원법(Altschuldenhilfegesetz)을 통해 지원하였다.

174 신규주택 건설 물량이 1988년에는 총 11만 호였는데, 통일 직후인 1991년도에는 2만 5000호로 급격히 감소하였다. Akademie fuer Raumforschung und Landesplanung. 1995. Handwoerterbuch der Raumordnung. Hannover. p1114.

175 1994년 말 기관 해체 시까지 신탁공사는 1만 5,000개 이상의 기업체(분할된 기업체 포함)를 매각하였으며, 이를 통해 총 2,110억 마르크의 신규 투자를 유치하였다. 주독대사관. 전게서. p265. 신탁공사에 대한 자세한 내용은 박성훈. 1993. 남·북한의 통일에 비추어 본 독일 신탁관리공사의 역할과 의의. 대외경제정책연구원 참조.

176 신탁공사는 총 190만ha의 농지를 관할하였는데, 주정부, 지자체, 원소유권자 등에 의해 반환소송이 제기된 60만ha를 제외한 130만ha의 농지 사유화를 추진하였다. Karsten Witt. 1996. Der Flaechenerwerb in den neuen Bundeslaendern. Koeln. p5.

177 신탁공사는 4년 동안 8,500개의 국유기업, 240만 ha의 농경지, 비밀경찰과 동독군의 부동산을 매각하였는데, 5,000억 마르크의 수익을 기대했던 당초 예상과 달리 2,400억 마르크의 적자를 초래하였다. 이것은 기업 사유화의 지연, 회계 조작, 헐값 매각, 담합입찰, 허위 투자 약속 등 부실한 사유화 때문이었다. 대한민국역사박물관. 2015. 전게서. p214.

178 이를 위해 '토지취득 및 시가지프로그램(Landerwerbs- und Siedlungsprogramm)'이 시행되기도 하였는데, 이것은 농지 및 임야를 제외한 토지취득이 더 유리한 조건으로 이루어질 수 있도록 지원하기 위한 프로그램이었다.

179 1995년 말부터 '통일에 따른 특별 과업을 위한 연방청(BvS)'의 100% 출자 자회사가 된 '토지이용관리회사(Bodenverwertungs- und -verwaltungs GmbH(BVVG)'는 '토지취득규정(Flaechenerwerbsregelung)'에 근거하여 '농지 및 임야(die ehemals volkseigenen Gueter, VEG)'의 사유화를 담당하였다. 이 회사는 '보상및형평유지법(Entschaedigungs- und Ausgleichsleistungsgesetz)'에 따라 신탁농경지의 80% 이상을 최장 18년까지 장기 임대하였고, 1994년 이후

신탁농경지의 사유화를 추진하였다.

180 그러나 농지의 실제 거래가격은 토지의 상태에 따라 차이를 보였으며, 임야의 경우에는 단위 가격이 농지의 절반 정도였다. Karsten Witt. 1996. Der Flaechenerwerb in den neuen Bundeslaendern. Koeln. p63.

181 재산법(Das Vermoegensgesetz)은 반환신청이 제기된 토지에 대해 처분 정지를 규정하고 있다.

182 거래허가신청의 폭주로 보통 거래허가 처리기간이 몇 달씩 소요되기도 하였으나 신탁청이 자체적으로 소유한 토지의 매각에는 몇 주 밖에 소요되지 않았다.

183 Achim Dübel. 1996. Privatisation and Restitution Principles and Process in the New Länder of Unified Germany. unpublished. p9, p26.

184 일자리 확보 또는 창출, 주거 공간의 신규 확충을 포함하여 미거주 주거 공간에 대한 재건축, 기반시설 구축과 관련된 토지 및 건물에 대해 특별투자 목적이 적용된다. 투자 우선 결정은 타 인허가 또는 동의를 대신하여 효력을 발생한다. 재산권 반환청구 시 투자우선순위에 대한 법(투자우선법Investitionsvorranggesetz, InVorG)) 1992년 7월 14일(문서번호 6).

185 세입자들에 대한 주택 매각은 다음과 같은 단계를 거쳐 진행되었다. 세입자들을 대상으로 매수 의사와 매수 능력에 대한 조사→주택의 법적 상태, 주택의 질적 상태, 세입자의 나이 및 수입구조 등을 고려하여 적합한 매각대상 주택 선정→수선 및 개선사업비용, 매매가격 등을 조사, 재원 조달계획 수립→세입자의 정보 추가→한 건물 내에서의 소유권 분할과 예상 비용 산정→세입자가 매각조건을 수용, 기본적인 재정지원을 획득→계약서 작성. Hartmut Haeussermann. 1996. 전게서. p313.

186 주독대사관. 1996. 전게서. p310.

187 주택의 사유화 추세를 시기별로 살펴보면, 통일 직후인 1991년에는 매각 실적이 매우 저조하였으나 1992년 이후에는 매각 실적이 증가하였다. 특히 주택조합의 경우에는 매각 실적의 증가율이 1993년 이후 증가하였다. 1994년부터는 주택 매각 시 세입자 우선 원칙이 적용되도록 매각 과정이 전문 감독기구에 의해 지도, 감시되고 있다. 이 때문에 1994년의 세입자 매수 비율은 공공주택과 조합주택 양 부문에서 모두 증가하였다.

188 독일경제연구소(DIW)의 추산에 따르면, 동독 시절 임대주택에 대한 연간 국가보조금은 120억~140억 마르크이며, 이것의 대부분은 지자체 임대주택과 조합 임대주택에 투입되었다. 이것은 전체 주택 720만 호 가운데 58.3%를 차지하는 것이었다. 주택 평균 면적은 63m² 이고, 월 보조금은 m²당 4.4~5마르크 수준이었다. 통일 이후 주택시장의 형성으로 인해 단계적인 임대료 인상이 불가피했는데, 이러한 인상 없이는 더 나은 주택을 공급하기 어렵기 때문이다. 단계적으로 소득 대비

주거비용 비율을 기존의 평균 5%에서 19%까지 올려야 한다는 방침이 수립되었다. 하지만 이것은 반드시 서독 수준으로 임대료 비율을 맞추자는 것이 아니고, 세입자의 수입 수준에 따른 임대료 비율 상승을 의미하는 것이었다.

189 1995년 평방 미터당 순 임대료는 3.45마르크였는데, 이것이 2008년에는 5.57마르크로 약 61% 증가하였다. 같은 기간 동안 난방비를 포함한 평방 미터당 총임대료는 4.66마르크에서 6.62마르크로 약 42% 증가하였다. Institut fuer Wirtschaftsforschung Halle. 2009. Ostdeutschlands Transformation seit 1990 im Spiegel wirtschaftlicher und sozialer Indikatoren. p153.

190 서베를린에서 기존 주택 보수에 소요 되는 비용이 월 임대료의 1/3 수준이며, 때에 따라 동일한 때도 있었다.

191 주택보조금(Wohngeld)을 통해 임대료 현실화를 단계적으로 추진해야 했다.

192 1990년 베를린에서 개최된 도시 회의에서 논의된 동독의 주택문제와 관련해서 두 가지 대안이 제시된 바 있었다. 첫째는 대규모 신규주택을 건설하는 것이고, 두 번째는 주택건설을 위한 특별한 노력을 하지 않는 것이었다. "통일 후 서베를린이 돈주들의 엘도라도(El Dorado)가 되거나 동베를린이 빈곤 지역이 되지 않도록 해야 한다"는 주장도 제기되었다. 지불가능한 주택프로그램, 지불가능한 임대료에 대한 논의도 있었다.

193 통일 이후 동베를린에서는 시의 관련 부서를 도시공사로 전환함으로써 36만 호의 주택을 사회주택 재고로 확보하였고, 강제로 몰수했던 개인 토지를 즉시 반환하였다. 동베를린지역에서는 1990년 기준 빈집 3만 호를 주택시장에 공급하였다. 하지만 서베를린에 적용되었던 주거지원 모델을 동베를린에 그대로 적용할 수는 없었고 동베를린의 상황에 맞게 적용해야 했다.

194 주택 등 생활 기반 시설은 기업의 유치와 인구이동의 주요 영향인자이다. 통일 이후 동독지역 도시개발의 핵심 과제는 부족한 주택의 건설 및 노후한 주거 기반 시설의 개선이었다. 이것은 사회주의 시절 주거 부문에 대한 국가의 투자가 극히 미미했기 때문에 나타난 문제였다.

195 이 프로그램의 자금신청자는 대략 7:3의 비율로 개인 신청자들이 공공단체들에 비해 많았으며 주로 농촌지역의 개인 신청자들이 많은 혜택을 받았다.

196 Bundesforschungsanstalt fuer Landeskunde und Raumordnung. 1992. Foerderung der Wohnungsmodernisierung. Materialien zur Raumentwicklung Heft 45. Bonn. p7.

197 주택개선 사업에 대한 연방의 지원계획은 총 600억 마르크였으며, 이 가운데 480억 마르크(80%)가 집행되었다.

198 주택개선과 함께 주택신축도 활발하게 이루어졌는데, 1991년부터 1998년 사이에 100만 호의 사회주택 건설(Sozialer Wohnungsbau)사업에 약 200억 마르크가 지원되었다.

199 라이프치히의 주택건물유지프로그램(Modernisierungsprogramm MOD-10: 1990-1992)에서는 건축비용의 60%가 장기저리(10년 상환)의 융자금으로 지원되었고, 20%는 반환하지 않아도 되는 보조금으로 지원되었으며, 자기부담비율은 20%였다. 평균적으로 1호당 1,000마르크가 지원되었다. 지원 대상 사업은 임대주택 및 가족기숙사의 보수 및 개선 사업, 주거 공간 확장 등이었다.

200 Bundesministerium fuer Verkehr, Bau und Stadtentwicklung. 2006. Ibid. p105.

201 주독대사관. 1991. 구 동독지역 농촌 주거환경 현대화 프로그램.

202 사회주의 체제하에서 무상으로 공급되던 많은 복지시설이 통일 이후 폐쇄되거나 재정비되었다.

203 Andreas Kapphan. 1996. Ibid. pp219-225.

204 22개의 농업지원프로그램 가운데 특히 '개별기업지원'(einzelbetrieblichen Foederungen)들이 질적, 양적으로 가장 실효성 있는 사업으로 나타났다. 이 사업은 1994년도에 서독지역에서 6억 2천만 마르크, 동독지역에서 4억 5천만 마르크의 지원 실적을 나타냈다. Andreas Kapphan. 1996. Ibid. pp219-248.

205 주독대사관. 1996. 독일통일6년, 동독재건6년. p469.

206 주독대사관. 1991. 신설 5개 주 환경재건 프로그램(요약).

207 특히 갈탄 사용에 따른 환경오염 문제에 대해서는 공간정비계획(Raumordnungsplanung) 및 주계획(Landesplanung)에서 다음과 같은 정책들이 추진되고 있다. 환경적, 에너지 정책적 측면에서 갈탄 공급을 축소, 갈탄 생산에 의존적인 지역들에 대한 새로운 개발 개념 수립, 광산개발 관련 경관 문제에 대한 대책 수립, 갈탄 생산과 연관된 토양오염 실태 파악과 정비, 갈탄 생산지역의 수량 변화에 대한 조사(특히 식수 공급 및 지표수에 대한 영향의 측면에서). Heinrich Reinhard. 1991. Zur Umweltsituation in den neuen Bundeslaendern und ihre Auswirkungen auf die raeumliche Entwicklung, in: Raumentwicklung in den alten und neuen Bundeslaendern Bonn. p86.

208 하지만 독일에서는 공식적으로 통일 비용이라는 단어를 정부가 사용하지는 않는다. 대신에 공공 이전 지출이라는 단어를 사용한다. 하지만 우리는 통상적으로 통일 비용이라는 용어에 익숙해 있어서 이 글에서는 통일 비용이라는 단어를 공공 이전 지출과 함께 사용하였다.

209 부문별로 추정된 투자소요액은 다음과 같다. 통신 부문 550억 마르크, 교통부문 2,770억 마르크, 도시재개발부문 3,700억~4,000억 마르크, 환경 부문 2,110억 마르크.

210 750만 명의 근로자를 위한 고정설비투자액(설비투자+건설투자)에 1조 마르크가 소요될 것으로 추정되었다.

211 부문별로 추정된 투자소요액은 다음과 같다. 주택건설 4,700억 마르크, 환경보호 2,110억 마르크, 에너지 공급 500억 마르크, 교통부문 2,100억 마르크, 우편·통신 부문 600억 마르크, 교육환경 700억 마르크, 농업구조 개편 지원금 70억 마르크, 의료시설 현대화 500억 마르크. 민족통일연구원. 1992. 통일독일의 재정 운용 실태연구. p6.

212 Institut fuer Wirtschaftsforschung Halle. 2009. Ostdeutschlands Transformation seit 1990 im Spiegel wirtschaftlicher und sozialer Indikatoren. p54.

213 Institut fuer Wirtschaftsforschung Halle. 2009. Ibid. p72.

214 통일 비용의 계산에 있어 그 복잡성으로 인한 기술적 어려움과 정치적 배경으로 인해 1999년 이후 독일 정부 차원의 공식적 통일 비용 발표가 이루어지지 않고 있고, 민간기관 및 경제전문가들만이 통일 비용 추정치를 발표하고 있다. 통일부. 2015. 통일 비용 분야 관련 정책문서. 독일통일총서 10. p17.

215 통일부. 2011. 독일통일 20년 계기-독일의 통일 통합 정책 연구. 제1권 분야별 연구. p443.

216 염돈재. 2010. 올바른 통일 준비를 위한 독일통일의 과정과 교훈. 평화문제연구소. p292.

217 독일 연방건설교통부에 따르면, 1991~2003년 간의 총통일 비용은 1조 2,800억 유로(1,920조 원)이며 이중 동독지역으로부터의 조세수입을 감한 순 통일 비용은 9,800억 유로(1,470조 원)이었다. 이는 연평균 약 985억 유로(약 150조 원) 수준으로 서독 GDP의 4~5% 규모(통일 이전 추정 비용은 GDP의 1.5%)였다.

218 양용석. 2009. "기존 추정분석 사례의 고찰을 통한 적정 통일 비용 산정 방안에 관한 연구," 군사논단, 제58호. p126.

219 이 가운데 486억 유로(약 60%)는 금융 수신, 336억 유로는 연방정부의 보조금(254억 유로)과 주정부(82억 유로)의 보조금을 통해 지원되었다.

220 이 외에도 동독지역에 대한 연방정부의 추가 재정지원은 성장 및 고용 촉진 사업, 오염제거 사업, 분단 때문에 초래된 구조적 결함(특히 인프라 등)의 제거 등을 위한 사업에 투입되었다. 예를 들면 연방-주정부 공동과제 "지역경제 구조의 개선", "농업구조 및 해안 보호의 개선" 등을 위한 연방정부의 지원 등이 바로 그것이다. 투자보조금(Investitionszulage)은 2013년에 종료, 연대지원금(Solidarpark Ⅱ)도 2019년에 종료되었다, 채무 제약(Schuldenbremse) 규정 때문에 2013년부터는 "공동과제 지역경제구조개선(Gemeinshaftsaufgabe "Verbesserung der regionalen Wirtschaftsstruktur")이 동독지역의 체제전환 종료를 지원하기 위한 재정의 원천이 되었다. Bundesministerium des Innern. 2010. Jahresbericht der Bundesregierung zum Stand der Deutschen Einheit 2010.

221 주독대사관. 1996. 독일통일 6년, 동독재건 6년 -분야별 통합성과와 향후 과제-. p236.

222 이 가운데 국토개발과 관련된 연방정부의 재원은 9,300억 마르크였다.

223 소득세 및 법인세에 대해서는 7.5%의 연대부과세(통일세)가 도입되었다. 주독대사관. 1996. 전게서. p243.

224 1991년도 총세수대비 부가가치세 비율이 27.5%를 나타내었는데, 이것은 통일 이전의 25%보다 높아진 수준이다. 민족통일연구원. 1992. 전게서. p54.

225 연방정부의 순 재정부담금 중 2/3는 예산 절감과 예산 항목 간 전용을 통해 조달되었는데, 이러한 예산 절감은 모든 지출 부문에서 이루어졌다. 주독대사관. 1996. 전게서. p243.

226 김유찬. 2014. 독일통일 전후 재정 운용의 특징과 시사점. 국회예산정책처. p42.

227 그러나 자본시장으로부터의 국가차입 방안은 금리 인상과 이에 따른 경제침체 등 부작용이 많아 세금을 인상하는 정책으로 바뀌게 되었다.

228 이것은 각 연방주 간의 재정 상태를 균형 있게 유지하기 위해 흑자재정을 보이는 연방주들이 적자재정 상태의 연방주들에 재정 이전(Finanztransfer)을 하는 제도로서 독일의 지역 균형발전의 토대가 된다. 통일 이후 동독지역과 베를린주는 서독지역과의 현격한 재정 격차 때문에 '통일기금' 등의 한시적인 특별 수단을 적용받았는데, 1995년부터는 서독지역과 마찬가지로 '재정 균형' 제도를 실시하게 되었다. 서독지역의 주정부들은 독일통일 기금이 해체된 후, 1995년부터 매년 21억 마르크를 추가로 부담하게 되었다. 주독대사관. 1996. 전게서. p246.

229 통일부. 2013. 구 동독지역 재건 특임관 분야 관련 정책문서. 독일통일 총서3. p11.

230 연방정부는 소득세 및 법인세에 7.5%씩 부과하는 연대 부가세를 1991년 7월 1일부터 1992년 6월 30일까지 1년간 시행하였으며, 그 이후 재정 부족으로 1995년 1월부터 다시 도입하였다. 1998년 1월부터는 세율을 5.5%로 인하하였다. 통일부. 2013. 구 동독지역 재건 특임관 분야 관련 정책문서. 독일통일 총서3. p32.

231 민족통일연구원. 1992. 전게서. p7.

232 2019년은 베를린장벽이 붕괴한 지 30년이 되는 해이다.

233 시사저널(https://www.sisajournal.com) 2025-02-15 1844호.

234 2019년 Solidarity Pact II는 만료되었으나 이 프로그램의 자금을 조달하는 데 사용된 연대부과세는 여전히 6백만 명의 고소득 시민과 50만 개의 대기업에 부과되어 연간 130억 유로를 징수하고 있다. https://taxfoundation.org/blog/germany-solidarity-surtax/(검색일: 2025.4.3)

235 2019년 독일 헌법재판소는 특정 납세자 그룹에 대한 연대세 면제가 불평등하다는 이유로 일부 위헌 결정을 내렸다. 이에 따라 독일 정부는 연대부과세법을 개정하여 대부분 납세자를 면제하고, 고소득자에게만 세금을 부과하도록 변경했다. https://gemini.google.com/share/10cff40ac251(검색일: 2025.4.3)

236 https://www.dw.com/en/german-top-court-upholds-reunification-solidarity-tax/a-72043077(검색일: 2025.4.3)

237 초기 투자 금액의 20%를 투자보조금으로 지급하였다.

238 이상준·최영순·박준엽 편역. 1996. 통일 후 동독지역의 공간구조 변화. 국토개발연구원. p10.

239 나라의 모든 자연 부원, 철도, 항공운수, 체신기관과 중요공장, 기업소, 항만, 은행은 국가만이 소유한다. 국가정보원. 2022. 北韓法令集. 上.

240 개인소유는 노동에 의한 사회주의분배와 국가와 사회의 추가적 혜택으로 이루어진다. 텃밭 경리를 비롯한 개인 부업 경리에서 나오는 생산물과 그 밖의 합법적인 경리 활동을 통하여 얻은 수입도 개인소유에 속한다. 유영학. 2021. 통일한국의 북한지역 주거환경 법제 연구.

241 개인소유는 근로자들의 개인적이며 소비적인 목적을 위한 소유로서 공민은 살림집과 가정생활에 필요한 여러 가지 가정용품, 문화용품, 그 밖의 생활용품과 승용차 같은 기재를 소유할 수 있다. 류인호. 2015. 북한 흡수통합에 대비한 토지 소유권의 귀속과 분배에 관한 입법적 대응방안.

242 박철수외. 2016. 통일 후 남북한경제 한시분리운영방안: 국유자산 분야.

243 남북한 모두 민법의 재산 관련 조항에서 사적 소유의 대상과 기준을 명시하고 있는데, 북한도 우리와 마찬가지로 주택과 동산의 사적 소유를 인정하고 있다. 공식적으로 북한은 사적 주택거래를 인정하고 있지 않지만, 실질적으로 주택 사용권의 거래 시장이 형성되어 있다.

제5장 통일수도 이전

244 독일 연방하원은 연방의회와 연방정부 등 수도 기능을 본에서 베를린으로 옮기는 문제를 놓고 12시간이 넘는 마라톤 토론 끝에 연방의회와 정부를 베를린으로 이전하는 동의안을 337대 320으로 가결했다.

245 본에 잔류하는 5개 분야('교육·과학·문화·연구·기술·통신', '환경과 건강', '식량, 농업과 산림', '개발 정책' 및 '국방')와 유관한 연방 부처들이 각기 분야별로 본 소재 UN 기구(기후변화, 사막화방지협약 등) 및 국제 NGO, 대형기업, 연구소들과 긴밀한 네트워크를 형성하고 있는 점 역시 6개 연방부처의 잔류에 중요한 고려 요소가 되었다.

246 독일 연방 건설교통부홈페이지. http://www.bmvbw.de.

247 Christian Bahr. 1999. Berlins Gesicht der Zukunft. Jaron. p6.

248 재무부는 히틀러 시절의 제국 항공부 건물(1935년 건축)에 자리 잡았다. 노동부는 구 선전부 건물을 개축하여 입주하였다. 제국해양청 건물은 본에 제1청사를 둔 국방부의 베를린 제2청사로 활용되었다.

249 연방정부의 경우 모든 부처를 베를린으로 이전하는 것이 아니라 베를린으로 이전하는 부처의 제2청사를 본에도 잔류시킴으로써 급격한 공적 기능 축소를 막은 것이 본의 일자리 유지에 도움이 되었다.

250 이전에 따른 지원 차원에서 청사 이전 배상금으로 약 28억 마르크가 지급되었다.

251 본에 자리 잡는 30여 개의 연방 廳 단위 기관 가운데 20여 개가 새로 이전해 왔는데, 연방카르텔청(베를린에서 이전), 연방 감사원(프랑크푸르트에서 이전), 독일개발원(DED), 연방은행감독청, 연방직업훈련원(BIBB), 연방헌법보호청(BfV), 연방정보기술보안청(BSI), 연방정치교육센터 등이 새로 이전해 왔다.

252 다만, 한국대사관 등 공관들이 많이 입주했던 본 인근의 바드-고데스베르그(Bad-Godesberg) 지역은 칼 슈타트와 같은 대형 쇼핑센터가 문을 닫는 등 국지적으로 경기침체가 나타나기도 하였다.

253 연간 출장비용이 470만 유로 발생, 건물임대비, 기자재비 등 연간 100만 유로가 추가로 행정부처 분할로 발생하는 것으로 독일연방의회 예산위원회에 보고(2007.4.25.) 되었다.

254 Prof. Axel Busch–TOPOS Berlin.

255 다시 통합해야 한다는 본 베를린 분할 폐지 측의 주장(베를린 언론, 납세자연합 등)은 드러난 비효율 때문에 모든 부처를 베를린에 배치해야 한다는 것이다. 낭비되고 있는 예산을 절감해야 한다는 것이다. 이들은 분할에 따른 비용이 최대 2,300만 유로에 이르며, 베를린으로의 완전 이주에 비용이 2억 유로 정도 소요될 것으로 추정하고 있다. 반면에 현상 유지 측의 주장은 연방 부처 분할이 독일의 분권화를 촉진하고 영상회의 활성화 등으로 초기의 문제점들이 극복되어 가고 있음을 강조하고 있다. 연방 부처를 다시 베를린으로 통합하기 위해서는 약 50억 유로가 소요되는데, 이러한 비용의 연간 이자가 부처 분할에 따른 연간 소요 비용(1,000만 유로)보다 크다는 것이다. 현상 유지가 재통합보다 비용 절약적이라는 논리이다. 이 외에도 베를린이 정치, 경제의 중심지로서 지나치게 성장함으로써 연방주의를 위협한다는 논리도 강조하고 있다.

제6장 통일 독일 국토개발의 성과와 과제

256 통일 후 10년 동안 일어난 주요 변화상을 살펴보면 다음과 같다. 1990.12.2: 첫 번째 통일독일 총선, 1991.1.1: 독일통일기금 조성 및 '동독부흥(Gemeinschaftswerk Aufschwung Ost)사업' 개시, 1991년 말: 동독지역 제조업체의 절반 이상이 파산, 1992년 중반: 노동시장 고용 여건이 최저점 기록(120만 명이 실업, 200만 명은 고용지원 정책에 의한 지원을 받는 등 320만 명이 사실상의 실업 상태에 놓임), 1994.12.31: 신탁공사(Treuhandanstalt)가 1만 5천 개의 기업을 사유화한 뒤 업무종료, 1995.1.1: 연대협약(I) 2004년까지 동독지역의 재정을 연대보조금을 통해 지원,

1999년 여름: 연방의회와 연방정부가 베를린으로 이전, 2000.5: 2004년 이후 실행될 연대협약(Ⅱ)을 위한 연방 총리(슈레더: 사민당)의 결정

257 통일연구원. 2008. 2006 독일통일백서. p21.

258 인구 고령화와 저출산 등으로 향후 2050년까지 동독지역의 인구가 2007년보다 24만 명 감소한 1,290만 명으로 전망되고 있다. 서독지역은 481만 명 감소한 6,222만 명으로 전망되고 있다. 독일연방건설·지역계획청(BBR).

259 같은 기간 동안 서독지역 대도시들 가운데에서는 구 공업지대의 에센(Essen)이 가장 높은 인구감소율을 나타내었다. 반면 서독지역의 프랑크푸르트(Frankfurt am M.)나 뮌헨(Muenchen)은 1990년부터 2000년 사이 인구가 증가하거나 약간 감소하는 추세를 보였다.

260 같은 규모의 서독지역 코블렌츠(Koblenz)나 트리어(Trier)는 미미하게 인구가 감소하거나 오히려 증가하였다.

261 Institut fuer Wirtschaftsforschung Halle. 2009. Ostdeutschlands Transformation seit 1990 im Spiegel wirtschaftlicher und sozialer Indikatoren. p68.

262 Institut fuer Wirtschaftsforschung Halle. 2009. Ibid. p68.

263 독일연방지리공간연구원(BfLR). 1995. Regionalbarometer neue Laender. Zweiter zusammenfassender Bericht. Bonn.

264 동독지역의 23개 공간정비지역(Raumordnungsregion)을 대상, 시점은 1992년 기준, 전입 인구수와 전출 인구수 간의 차이인 순 이동 인구수를 종속변수로, 인구 밀도, 실업률 등 17개 변수를 독립변수로 한 회귀분석의 결과이다. 이상준. 2000. "통일 이후 동독지역의 인구이동 요인에 관한 연구", 국토계획 제35권 통권 110호. p23.

265 장거리 이동의 주요 요인은 일자리 및 교육 기회의 선택 등이고, 근거리 이동의 경우에는 더 나은 주거 생활환경이 주요 요인이 되고 있다. 독일연방건설·지역계획청. 2000. Raumordnungsbericht 2000. Kernaussagen. p5.

266 통일 초기 청년층의 동독지역 유출은 대학생 수의 변화로도 확인된다. 18세부터 35세 사이의 주민 100인당 대학생 수가 1991년에 7.4인으로 7.5인의 서독지역과 별다른 차이가 없었는데, 1992년 3.8인(서독지역 8.3인), 1993년 3.6인(서독지역 9.4인), 1994년 4.5인(서독지역 7.7인)으로 3년 동안 약 40%가 감소하였다. Der Spiegel 36/1995. p133.

267 주민 1인당 생산액의 경우 1991년부터 2007년 사이에 동독지역은 191% 향상(서독지역 42%)되었고, 근로자 1인당 생산액은 210%(서독지역 40%) 향상되었다.

268 Institut fuer Wirtschaftsforschung Halle. 2009. Ostdeutschlands Transformation seit 1990 im Spiegel wirtschaftlicher und sozialer Indikatoren. p32.

269 정형곤. 2020. "독일통일 30년: 경제통합의 성과와 과제". KIEP 오늘의 세계

경제 2020년 9월 28일 Vol. 20 No. 23. p7.

270 동독지역의 생산성이 서독지역보다 낮은 이유는 여러 가지가 있는데, 자본력을 갖춘 대기업 부족, 기업의 평균 자산 미약, 상대적으로 낮은 생산성을 가진 업종(농업, 건설업)이 전체 노동 시장에서 차지하는 높은 고용 비율, 연구개발 분야 기업의 부족, 기타 시장 진입 과정에서의 높은 비용 부담 등이 바로 그것이다. 그러나 이렇게 서독지역보다 낮은 동독지역의 생산성도 주변 동유럽 국가들에 비해서는 높은 편이다. 폴란드의 생산성은 동독지역의 절반에도 미치지 못하고 있으며, 체크와 헝가리는 대략 동독지역의 2/3 수준에 머물고 있다. 한편 동독지역에서 임금수준이 생산성보다 빠르게 서독 수준에 근접해 갔던 것은 통일 당시의 정치적 합의로부터 연유한 측면도 있다. 통일 당시 동서독의 노동조합은 동독의 임금수준을 1995년까지 서독 수준으로 끌어올린다는 데 합의하였다. 박병관. 2000. "통일 독일 10년에 비추어 본 남북통일 이후 경제·사회상", LG주간경제. p5.

271 Institut fuer Wirtschaftsforschung Halle. 2009. Wirtschaftlicher Stand und Perspektiven fuer Ostdeutschland. p57.

272 Institut fuer Wirtschaftsforschung Halle. 2009. Ibid. p61.

273 통일부. 2013. 구 동독지역 재건 특임관 분야 관련 정책문서. 독일통일 총서3. p40.

274 신성원. 2014. "통일 전후 독일 경제 상황과 독일통일이 한반도에 주는 함의". 주요국제문제분석. No. 2014-03. 국립외교원. p14.

275 박선화. 2009. "통일독일 이후 경제정책과 외국인직접투자(FDI)". 독일학연구 제25호(2009.12). p9.

276 같은 기간 동안 서독지역 기업들의 경우 수출 비중이 1.6배 증가하였다. Institut fuer Wirtschaftsforschung Halle. 2009. Ostdeutschlands Transformation seit 1990 im Spiegel wirtschaftlicher und sozialer Indikatoren. p57.

277 Institut fuer Wirtschaftsforschung Halle. 2009. Wirtschaftlicher Stand und Perspektiven fuer Ostdeutschland. p62.

278 이러한 문제를 인식한 연방정부는 건설업으로부터 제조업 및 제조업관련 서비스 부문으로 정책적 지원의 중심을 옮겼으나, 이미 많은 문제가 발생한 후였다. 과다한 건설업 부문의 고용 비율은 동독지역 경제성장에 커다란 부담이 되고 있다.

279 이해정, 조호정. 2015. "독일통일 25주년의 경제적 성과와 한계 - 통일 리스크에 대한 사전 준비 강화 필요". VIP리포트 15-35(통권 632호). p4.

280 2006년 기준으로 항만물동량은 로스토크가 약 200만 톤인 데 비해 함부르크는 약 1,160만 톤으로 약 6배에 이른다. 독일연방건설청. 2007.

281 Hauptverband der Deutschen Bauindustrie e. V.. 2023. BAUWIRTSCHAFT IM ZAHLENBILD. p1.

282 하지만 2022년 이후 건자재 가격상승과 경기 전망 불안정으로 건설투자는 침체하고 있다. 2022년의 1인당 건설투자액은 3,855유로로 1991년보다는 6% 높으나 1994년보다 11% 낮은 수준이다.

283 빈재익. 2012. 독일통일 과정에서 동독지역 건설산업의 변화 및 동향. 건설이슈포커스 2012-13. p13.

284 호흐티프(Hochtief)는 1874년에 설립됐는데 아테네 국제공항과 독일 최초의 원자력발전소 등을 건설하였다. 2017년 해외 건설 전문지 ENR이 뽑은 글로벌 시공사 순위에서 2위에 올랐다. 독일통일 이후 사회간접자본(SOC)에 대한 투자가 급증했기 때문에 독일 건설업계는 큰 수혜를 입었고, 호흐티프는 이때 세계 1위 건설사로 도약하기도 했다. 1989~1993년에 호흐티프의 시가총액은 40% 이상 증가하였다. 하지만 독일이 건설산업에 지출하는 투자 금액을 줄이기 시작하자 급격히 몸집을 불렸던 호흐티프는 경영난을 겪게 된다. 결국 호흐티프는 스페인 건설사인 ACS 그룹에 2011년 인수됐다.

285 Forbes Korea 201806호 (2018.05.23.). https://jmagazine.joins.com/forbes/view/321445.

286 통일 전 동독의 건설산업은 21개 중앙 관리 콤비나트와 31개 지방 관리 콤비나트, 협동조합의 형태였으며 지역적으로 분산되어 영업하던 소규모 기업 그리고 주로 보수공사를 전담하던 1인 기업들로 구성됐었다. 통일 후 3년 동안 민영화를 실시한 결과, 동독지역 건설산업은 종업원 200인 이하의 중소 건설기업의 비중이 95% 이상인 구조로 변화했다. 200인 이상 대기업은 기업 수 비중으로는 3%에 불과하지만, 건설산업 총고용의 34%를 차지해 그 중요성이 적지 않았다. 빈재익. 2012. 독일통일 과정에서 동독지역 건설산업의 변화 및 동향. 건설이슈포커스 2012-13. p14.

287 이렇게 우호적인 제도적 환경에서, 1991년과 1992년 동독지역에서 시공이 이루어지는 연방정부, 주정부, 그리고 지방자치단체가 발주하는 공사의 90% 내지 97%가 지역기업에 배분됐으며, 특히 지방자치단체 발주 공사의 경우 70% 이상이 지역 중소기업에 할당됐다. 빈재익. 2012. 독일통일 과정에서 동독의 건설산업 동향과 역할. 대한경제 2012.10.9. https://www.dnews.co.kr/uhtml/view.jsp?idxno.

288 Institut fuer Wirtschaftsforschung Halle. 2009. Ostdeutschlands Transformation seit 1990 im Spiegel wirtschaftlicher und sozialer Indikatoren. p59.

289 이상준. 1999. "체제전환이 도시공간에 미친 영향에 관한 연구". 국토계획 제34권 제5호 통권 104호. p9.

290 Markus Hesse. 1999. "Mobilität und Verkehr in Ostdeutschland". Kommune 12/1999.

291 통일 이후 동베를린에서는 국영기업의 폐쇄나 민영화와 같은 구조조정

과정에서 제조업의 고용이 많이 감소세(-50.7%)를 보인 반면에 건설(71.7%)과 은행 보험(80.9%) 등 민간 서비스 부문의 고용은 많이 증가하였다. 이러한 변화는 도시경제의 중심이 제조업 부문으로부터 서비스 부문으로 전환하고 있음을 반영하는 것이며, 제조업체의 교외 이전과도 연관되어 있다.

292 독일연방건설청(BBR) 만프레드 휴리히(Dr. Manfred Fuhrich)와의 인터뷰. 2006년 6월 28일.

293 The Economist, 2000.9.30. 주간경제, 제2000-39호에서 재인용.

294 Institut fuer Wirtschaftsforschung Halle. 2009. Wirtschaftlicher Stand und Perspektiven fuer Ostdeutschland. p6.

295 그러나 동독지역에 비하여 상대적으로 서독지역의 기반 시설 부문이 별다른 발전을 보이지 못하는 문제도 있었다. 1990년 이후 서독지역은 동독지역에 비해 기반 시설의 신규투자가 저조하였다. 동독지역의 철도, 도로 부문의 시설 자산들은 40~50% 이상이 1990년 이후에 건설된 것인데 반하여 서독지역은 1990년 이후 건설된 시설재 비율이 10%~20% 수준을 보이고 있다. DIW. 1996. Wochenbericht, 50/96. pp812-813.

296 최기철. 2000. "독일 통신통합 사례 및 대응방안", 통신 교류 활성화와 통신통합 방안 수립을 위한 Workshop. 한국통신.

297 산업투자 부문에서는 476억 마르크의 자금을 지원하여 980억 마르크의 민간 자본을 유치하였고, 공공부문에서는 83억 마르크를 지원하여 149억 마르크의 자금이 투자되도록 하였는데, 하수처리와 댐, 저수지 건설 등 약 3,600건의 인프라건설에 이 자금이 사용되었다. 주택현대화 부문에서는 499억 마르크의 자금지원으로 731억 마르크의 민간투자를 유발함으로써 동독 전체 주택의 42%인 290만 호의 주택 개보수와 7만 호의 주택을 신축하는 성과를 가져왔다. 한국산업은행. 1997. 통일시대에 대비한 우리 금융기관의 역할. p107.

298 이상준, 김원배, 이문원외. 2004. 북한의 공업지역 개발을 위한 국제협력 방향 연구 - 구동독과 폴란드의 사례를 토대로. 국토연구원. p78.

299 작센 삼각주의 핵심 5개 도시지역은 인구가 380만 명 규모이며, 기타 주변 도시들까지 포함한 인구는 470만 명, 외곽 농촌지역까지 포함하면 총인구는 700만 명에 이른다.

300 통일연구원. 2008. 독일통일백서 2006. p29.

301 이상준. 1998. "세계의 도시 베를린". 월간 국토 8월호.

302 이산화황의 경우 1989년 주민 1인당 319kg에서 1992년 209kg(서독지역 13kg)으로 감소하였고, 먼지는 1989년 135kg에서 1992년 63kg(서독지역 7kg)으로 감소하였다. Der Spiegel 36/1995, p135.

303 일부 생산 부문은 해외 수입으로 대체되기도 하였다(시멘트 생산, 칼리 생산, 집약적인 동물사육, 농업생산물, 종이, 가죽, 섬유산업 등).

304 Bundesministerium fuer Umwelt, Naturschutz und Reaktorsicherheit. 1990. Eckwerte der oekologischen Sanierung und Entwicklung in den neuen Laendern. Bonn.

305 Der Spiegel 36/1995. p135.

306 Bundesministerium fuer Wirtschaft. 1996. Bilanz der Wirtschaftsfoerderung des Bundes in Ostdeutschland bis Ende 1995, BMWi-Dokumentation Nr.396. Bonn. p7.

307 환경보호 활동과 고용 문제는 밀접한 관련을 맺고 있다. 환경보호 사업들은 일부 환경오염 유발기업들의 활동 정지를 전제로 하는데, 이를 통해 발생하는 유휴인력은 환경정비사업에 재투입될 수 있었다.

308 독일연방건설청(BBR)의 윌프리드 궤르머(Dr. Wilfried Goermar: Bundesamt fuer Bauwesen und Raumordnung)박사와의 인터뷰. 2006년 5월 23일.

309 물론 동독지역이 급속한 통화 통합으로 인해 임금 상승 등 입지 경쟁력이 약화한 것도 한 원인이 되었다.

310 하지만 이러한 특수에 따른 고용 증가는 오래 지속되지 못하였다. 1992년부터 제조업의 생산 수요가 감소하기 시작하였고, 건설 부문은 1994년부터 감소하기 시작하였다. 통일 이후 서독지역의 산업생산성 증가는 업종별로 다소 차이를 보였는데, 제조업의 생산성 증대가 뚜렷하지만 건설 및 서비스 부문은 상대적으로 저조하였다.

311 통일부. 2011. 독일통일 20년 계기-독일의 통일·통합 정책 연구. 제1권 분야별 연구. p464.

312 안예홍, 문성민. 2007. "통일 이후 남북한 경제통합방식에 대한 연구". 금융경제연구 제291호. 한국은행 금융경제연구원.

313 기센(Giessen), 윌젠(Uelzen) 그리고 마리엔펠데(Marienfelde) 등에 설치된 탈동독자 수용소 유지 및 탈동독자 현금지원을 말한다.

314 독일은 1970년대 이후 석탄, 철강 중심의 북부 독일지역이 산업구조 조정에 따라 침체하였던 반면에, 남부 독일지역이 새로운 경제중심지로 주목받았다. 이에 따라 남-북 격차 문제가 발생한 것이다.

315 1990년에 동독의 1인당 국내 총생산액은 서독지역의 32%에 불과하였으며, 가구 수입은 63%, 노동생산성은 35% 수준에 머물렀다. Deutsch-Franzoesisches Institut. 1994. Raumordnungspolitik in Frankreich und Deutschland. Stuttgart. pp66-67.

316 Institut fuer Wirtschaftsforschung Halle. 2009. Wirtschaftlicher Stand und Perspektiven fuer Ostdeutschland. p62.

317 직, 간접적 지원을 모두 포함한 동독지역 이전액 1조 8천억 마르크 가운데 4천억 마르크(22%) 정도가 조세 등 각종 명목으로 서독지역에 재이전되었고,

동독지역에 진출한 기업들의 순수익을 감안한다면, 서독지역으로 재이전된 금액의 비율은 더욱 높아질 것이다.

318 유럽연합(EU)은 EU의 조화로운 발전을 진흥시킨다는 목적하에, 지역 격차를 축소 시키고 저발전 지역을 개발하기 위해, 1994년부터 구조기금을 집행해 왔다. 변필성. 2007. "EU의 구조기금: 2007년~2013년". 한국경제지리학회지 제10권 제1호. 연구노트. p81.

319 Der Spiegel. 40/2000.

320 Der Beauftragte der Bundesregierung für Ostdeutschland. 2024. Ost und West. Frei, vereint und unvollkommen. Bericht 2024. pp50-51.

321 브란덴부르크(Brandenburg)주 북동부의 우커마르크(Uckermark)의 실업률은 22%에 이르고 있다.

322 Achim Duebel. 1996. Privatisation and Restitution Principles and Process in the New Laender of Unified Germany. unpublished. p9.

323 공공은 산업 부문과 사회간접자본 부문에 비해 상대적으로 도시개발 부문에 투여할 재원이 부족하였고, 동독지역의 민간 자본력도 미약하였기 때문에 대규모 자본을 동원한 서독지역의 투자자들이 동독지역의 도시개발을 주도하는 현상이 나타났다. 풍부한 자금력을 갖춘 서독지역의 투자가들은 동독지역 도시들의 개별 필지들을 매입하여 대규모 개발사업들을 추진하였다. 드레스덴(Dresden)시 도심의 경우 25ha 규모의 토지가 단일 투자가의 소유이기도 하였다. 이제 도심의 토지들은 더 이상 수공업자들이나 소상인들의 것이 아니라 대자본을 보유한 투자자들의 것이 된 것이다. Hartmut Haeussermann. 1996. Ibid. p302. 라이프치히(Leipzig)시의 경우에는 도심지 반환 소송자의 80%는 대규모 건설회사나 개발업자들이었다. Achim Duebel. 1996. Ibid. p12.

324 오정택 외. 2019. 동독에서의 일주일을. 가쎄. p147.

325 이상준. 1996. "통합적 도시개발 모형의 수립을 위한 기본 방향". 국토연구 제25권. p38.

326 통일 이후 시급해진 주택건설 문제를 해결하기 위해 1997년 말까지 한시적으로 건설법전-사업법(BauGB-Massnahmengesetz)이 시행되었다. 이 법에는 각종 주택건설을 포함한 도시건설 사업의 추진을 더 쉽게 할 수 있도록 상세계획 수립 절차의 간소화, 선매권의 확대, 주택건설 가능지의 확대 등 특례적인 내용이 포함되어 있다.

327 통일 직후 베를린과 인접한 포츠담시의 경우 많은 자금을 투입하여 중앙역사시설을 개보수하였지만, 5년 후 중앙역의 기능 조정으로 대규모 확장공사를 하게 되어 중복투자라는 지적을 피할 수 없었다.

328 지원지역법에 따른 세제 혜택과 교외화 현상, 임대주택정비를 위한

주택건설지원 등의 영향으로 수요보다 많은 주택이 건설되었다.

329 Institut fuer Wirtschaftsforschung Halle. 2009. Ostdeutschlands Transformation seit 1990 im Spiegel wirtschaftlicher und sozialer Indikatoren. p143.

330 Institut fuer Wirtschaftsforschung Halle. 2009. Ibid. p143.

331 Der Spiegel. 7/1995. p50.

332 행정, 재정의 비효율은 지역발전을 선도할 서비스중심지(업무 상업)의 육성 부진과도 연관되어 있다. 베를린을 제외한 대부분 지방 중심도시가 지역 내 상업·업무서비스의 중심지 역할을 제대로 하지 못하는 실정이다. 이것은 앞에서 문제로 지적된 민간투자의 불균형 및 지자체의 미약한 조세수입과도 연관된 문제이다.

333 독일인들은 동독지역 경제 재건을 위한 자금 마련을 위해 5.5%의 통일세를 납부하였다. 그러나 서독지역 주민들은 자신들의 세금에 의해 동독경제가 재건되는 데 대해 불만을 표시하였다. The Economist, 2000.9.30. 한국은행. 2000. 주간해외경제, 제2000-39호에서 재인용.

334 소득세 및 법인세에 7.5%의 세금을 가산하였고, 유류세, 천연가스세, 담배세 등의 세금 인상이 이어졌다.

335 부가가치세는 14%에서 1998년 4월 16%로 인상되었고, 2007년 1월에는 19%로 다시 인상되었다.

제7장 통일 독일 국토개발의 시사점

336 이러한 측면에서 남한 수도권의 인천과 평안남도의 남포, 전라남도 목포와 황해남도의 해주 또는 평안북도의 신의주, 전라북도의 군산과 평안북도의 신의주 또는 황해남도의 해주 간에 도시 자매결연을 체결하여 상호 교류와 협력을 확대하는 것이 고려될 수 있을 것이다. 북한 해주시와 남한 군산시의 경우 어업 분야의 특성을 살려 자매결연을 추진할 수 있을 것이다. 이 경우 공동어로나 수산가공 단지 조성 사업을 함께 추진할 수 있을 것이다. 고용권. 2000. "남북 지역단체 간의 결연과 어업 협력 방안". 원광대학교 통일세미나.

337 2024년 12월 우리나라가 초고령사회에 본격 진입한 가운데 2025년 1월 기준 남한의 생산연령인구 비중이 하락하고 65세 이상 고령인구 비율은 20%를 초과하였다. 국회예산정책처. 2025. NABO 인구·고용동향 & 이슈 (제1호).

338 제2차 세계대전 이후 극우 정당이 얻은 가장 높은 득표율로 2021년과 비교하면 약 두 배 늘었다. 조선비즈. 2025.2.24.

339 신탁공사의 사장이었던 Birgit Breuel은 신탁공사가 만성적인 업무 과잉에 시달렸다고 토로하였다. Helmut Schmidt. 1993. Handeln fuer Deutschland. Wege aus der Krise. Berlin. p108.

340 손선홍. 2025. "통일독일 국토개발과 한반도의 국토전략" 세미나 토론자료.

341 한반도 통일 시 거시경제정책 수립에 있어서 통일 특수에 의한 일부 산업 분야의 과잉 투자 등을 적절히 조절하고 경기변동에 선순환적 역할을 하도록 대비를 해야 한다. 예를 들어, 건설업 분야의 과잉 투자 등을 적절히 조절하고 건설업이 경기변동에 선순환적 역할을 꾀할 수 있도록 풍세지향적 경기 조절 정책 방안을 모색할 필요가 있다. 김창권. 2011. "독일통일 후 구동독지역 산업구조 변화와 한반도 통일시 정책적 시사점". 경상논총 제29권 3호. 한독경상학회. p45.

342 통일부. 2013. 구 동독지역 재건 특임관 분야 관련 정책문서. 독일통일 총서3. p48.

343 1990년대 당시에는 EU의 지원금도 도시개발에 투입되었는데, 이에 대한 평가는 불필요했다. 하지만 지금 EU의 자금을 지원받기 위해서는 통합적인 구상이 먼저 제시되어야 한다. 현재에는 독일의 주정부들도 자금지원을 할 경우 이러한 구상 제시를 요구하고 있다.

344 2006년 4월 7일 포츠담대학(Potsdam Universitaet)에서 개최된 전문가 세미나 "도시재개발 평가-어떻게?(Stadtumbau evaluieren - aber wie?) 토론 내용. 이 회의에는 독일 시청, 대학, 연구소의 도시개발 전문가 100여 명이 참석하였다.

345 이러한 조치가 이루어지기 위해서 지원을 공간적으로 조정하는 것에 대한 계량적인 효과를 먼저 증명해 보일 필요가 있다.

346 동독(Ost)에 대한 노스탤지어 현상인 '오스탈기(Ostalgie)'는 1990년대 후반부터 시작되어 2004년경 정점을 찍었다. 갑작스러운 통일로 인한 동독 주민들의 공포감, 줄어들지 않는 경제적 격차에 대한 박탈감, 사회의 엘리트층을 서독 출신이 독식하고 있는 데에 대한 부당함과 '이등 국민'이라는 낙인에 대한 불만 등이 오스탈기 현상의 원인으로 꼽힌다. 김리아. 2024. "독일 공영방송은 통일을 어떻게 기억하고자 하는가-ARD의 '타게스샤우' 뉴스를 중심으로- "북한연구학회보 제28권 제2호. p114.

347 통일 이후 동독지역의 환경시설은 집중적 공공투자에 힘입어 많이 개선되었고, 가시적인 환경오염 저감 효과도 나타나고 있다. 그러나 대기나 수질 부문에 비해 토양 부문은 여전히 장기적인 해결 과제들을 안고 있다. 북한도 각종 산업시설과 군 시설의 정비 과정에서 토양오염 등 각종 환경적 위해 요인들을 적절히 제거할 수 있도록 정책적으로 노력하는 것이 필요하다.

348 수상실의 조정관이 매주 화요일 아침 7시에 개최한 실무회의에는 외무부를 제외한 동독지역 재건 업무와 관련된 모두 부처의 차관과 국장이 참석하였는데, 경제부처와 건설, 사회복지, 노동부 등이 중요한 부처였다. 통일부. 2013. 전게서. p122.

349 통일부. 2013. 전게서. p23.

350 통일부. 2013. 전게서. p24, p107.

351 각 부처 간 동독지역 재건 업무를 처리하는 데 서로의 협력, 조정이 힘들었을

뿐만 아니라 부처 이기주의, 어려운 업무 서로 회피하기, 유사한 업무의 중복 집행 등 관료주의 폐단이 나타났다. 통일부. 2013. 전게서. p26.

제8장 통일에 대비한 우리의 국토전략

352 '1국가 2체제'는 북한의 연방제 통일안과 유사한 측면이 있다. 북한의 통일안은 통일국가의 형태를 '연방제'로 규정하고 있다. 남북한이 동등한 권한과 의무를 갖고 '지역자치제'를 실시하고 '비동맹중립노선'을 대외정책의 기초로 표방하는 등 북한의 기존 대외정책을 통일 정부의 정책으로 주장하고 있다.

353 포용적 국토라는 규범은 국토정책의 넓은 영역에서 부분적으로 적용되는 규범이 아니라, 장기적인 국토발전의 지향점, 혹은 우리 국토의 미래 비전을 형성하는 정책기조(政策基調)로 이해되어야 한다. 포용적 국토를 "공간의 물리적 개발을 통한 성장을 넘어 누구나 어디서나 안전 쾌적 편리하게 살아갈 수 있고, 모든 사회적 계층 지역 간의 격차 배제 갈등을 최소화할 수 있으며, 그 기회의 균등, 잠재 능력 증진과 행복을 추구하는 사회의 모든 구성원이 적극적 권리 추구와 자발적 참여를 실천하는 삶의 터전"으로 정의할 필요가 있다. 문정호외. 2016. 포용적 국토 실현을 위한 정책과제 연구. 국토연구원. 요약 p6.

354 예를 들어서 도시영역에서 연방정부는 1990년부터 연구프로그램 "실험적인 주택 및 도시건설Experimenteller Wohnungs- und Staedtebau(ExWoSt)"을 지원해 왔다.

355 급진적 통일 이후 북한지역으로부터 남한지역으로의 총 이동인구는 경제력의 격차로 인해 최소 140만 명(구성렬 1997)에서 최대 620만 명(김홍배 1997)에 이를 것으로 전망되고 있다.

356 통일 이후 투자가 집중될 가능성이 높은 지역(평양남포개성 주변 지역)과 지역 침체가 예상되는 지역(자강도양강도 내륙지역, 함경남북도지역)에 대한 특별대책이 필요하다.

357 이상준. 1999. "체제전환 이후 동유럽 국가의 지역 공간 변화에 관한 연구". 국토연구 제28권. p26.

358 균형적 지역 개발이 추진되기 위해서는 남북한 당국 간의 긴밀한 협력이 무엇보다도 중요한데, 민간기업의 특정 지역 투자집중을 조절할 수 있는 정책적 수단은 남북한 당국이 행사할 수 있기 때문이다.

359 북한에서는 148만여 가구(6백여 만명)가 협동농장에 소속되어 있는데, 협동농장의 농업생산량이 북한 전체 농업생산량의 90%에 이르고 있다. 북한 내에서도 황해남도 지역에 협동농장 소속 가구가 가장 많고(25만 가구), 그 다음으로 평안북도와 함경남도(각각 21만 2천가구) 등이 많은 것으로 알려지고 있다. 따라서 이들 지역이 통일 초기에 농업구조개편의 영향을 가장 크게 받을 가능성이 높다.

360 통일 이전인 1987년 동독에서는 전체 주택의 41%가 국가 소유, 18%는 조합

소유였고 개인소유의 임대주택은 17%, 개인소유의 자가주택은 24%였다. 또한 주택 소유구조는 지역적으로도 차이가 났는데, 1989년 도시지역의 개인소유 자가주택 비율이 10% 정도였던데 반해 농촌지역은 이 비율이 50%였다. Wendelin Strubelt et. al. 1996. Staedte und Regionen. p170. 한편 통일 이후 동독지역 주택의 사유화 과정에서 많은 주택의 소유권들이 서독인들에게 넘어갔는데, 1994년 동독지역의 개인소유 주택의 절반 이상이 서독인들의 소유가 되었으며, 이것은 전체 주택의 23%에 해당하는 규모이다. 반면에 동독인들의 개인소유 주택규모는 총 주택의 약 20%에 그치고 있다. Hartmut Haeussermann. 1997. "동독지역의 주거환경개선을 위한 도시개발정책 Die Stadtentwicklungspolitik zur Verbesserung der Wohnbedingingen in Ostdeutschland". 통일 후 도시정책에 관한 한독 국제회의. 국토개발연구원. p120.

361 서독지역 바이에른(Bayern)주의 에드문트 슈토이버(Edmund Stoiber)총리는 신연방지역(동독지역)을 특별법 적용 구역으로 선포하여 신속하게 법적 행정적 절차를 완료할 수 있도록 하자고 제안하였다. 통일부. 2013. 구 동독지역 재건 특임관 분야 관련 정책문서. 독일통일 총서3. pp102-103.

362 기존 경작자를 중심으로 농지를 사유화한다는 측면에서 사유화의 전 단계로 현재 경작자를 중심으로 임대차하고, 점진적으로 유상 분배(불하) 또는 매각하는 방안도 고려할 필요가 있다. 농지 사유화의 경우 사유화 농지의 면적은 농지 소재지(면)의 전체 농지 면적과 가구, 가족 수 등에 따라 결정하되 사유화 가격은 경작자의 생활 안정을 위해 낮게 책정할 필요가 있다.

363 주택, 소규모 상점 등 생활편의 시설의 정비도 기업의 정비와 연계하여 추진할 필요가 있다. 동독의 경우와 마찬가지로 북한의 경우에도 대규모 국영기업이 주택 등 주민 생활시설의 운영을 책임지고 있기 때문에 노후주택 및 생활시설의 정비는 기업 민영화와 병행될 수밖에 없을 것이다.

364 현재 북한에서는 경제특구라 할 수 있는 나진 선봉지역에서도 외국기업의 진출입이 까다로운 실정이다. 외형적으로는 외국인에 대한 무사증제도가 실시되고 있으나 실질적으로는 북한 측 해당 기관의 초청장이 있어야 하며, 세관 통과 절차가 복잡하고 느리다. 김철. 2000. "두만강 유역 중조 연계 지역 개발 현황 및 당면한 문제". 한·중·조 협력을 통한 지역개발방안 연구. 국토연구원. p102.

365 독일에서 통일초기에 추진되었던 동독부흥(Aufschwung Ost)프로그램 형태의 특별프로그램을 이러한 측면에서 고려할 수 있다.

366 김성렬 부산외국어대학교 교수는 2025년 4월 17일 개최된 '통일독일 국토개발과 한반도 국토전략 세미나' 패널토론에서 북한이 이미 설정해 놓은 경제개발구를 특별구역으로 지정하여 관리하고 발전시키는 것도 고려할 것을 제안하였다. 이와 함께 경제개발구간 교통망 구축이 지역 균형발전에 큰 도움이 될 것이라고 지적하였다. 김 교수는 경제개발구 활용과 교통망 구축이 통일 후 북한지역

개발의 출발점이 될 것으로 전망하였다.

367 통일 이후 동독지역의 대도시들에서 나타난 가장 커다란 공간적 변화는 도시 교외화였다. 그러나 우리는 동독지역에서 나타난 도시 교외화가 다른 서구 도시들의 그것과 다른 배경을 갖고 있다는 점을 주목할 필요가 있다. 서구 도시들의 경우에는 교통수단의 발달과 쾌적한 주거환경의 선호 등이 교외화의 주요 원인이었지만, 동독지역의 경우에는 토지소유권의 원소유권회복이라는 정책이 도심지역의 토지에 대한 소유권분쟁을 일으켰고, 이것이 교외 지역의 개발을 촉진한 측면이 있는 것이다.

368 인프라 규모와 경제성장의 관계 추정식에 '2050년 북한의 1인당 GDP 기준액'을 적용하여 2050년 북한의 인프라 투자 규모를 추정하고, 이에 단가를 곱해 산출된 투자액이다. 국회예산정책처. 2019. 북한 인프라개발의 경제적 효과. p179.

369 시설별 투입 비용은 주택 106조 8,156억 원, 전력·에너지 25조 7,972억 원, 도로 43조 784억 원, 철도 41조 4,332억 원, 항만물류 8조 5,328억 원, 공항 1조 6,477억 원, 산업단지 72조 1,200억 원, 관광단지 5조 1,053억 원, 농업개발 1조 6,800억 원 등으로 개략적으로 산정되었다. 박용석. 2018. 북한의 주요 건설 수요와 한반도개발 기금조성 방안 연구. 한국건설산업연구원.

370 중단기에는 81조 1,000억 원, 장기에 143조 5,000억 원 등 20년에 걸쳐서 총 224조 6,000억 원의 소요가 예상된다. 부문별로는 도로, 철도, 항만, 공항, 전력, 통신 등 기반 시설에 57조 1,000억 원, 개성공단 2단계 등 산업단지건설에 2조 8,000억 원, 산림녹화, 용수개발 등 환경 및 자원관리 분야에 31조 원, 주택 개보수 및 신규주택 건설 등 주거환경 개선에 75조 원, 백두산 관광 등 관광개발에 2조 8,000억 원이 각각 소요될 것으로 전망되었다. 이상준, 김성일, 김근용, 안홍기, 조진철. 2008. 한반도 공동 번영을 위한 국토 분야의 대응방안. 국토연구원. p112.

371 우리나라의 국가 재정을 둘러싼 쟁점은 크게 세 가지이다. 구체적으로 보면 ① 내년 재정적자의 누적, ② 국가 채무의 가파른 증가, ③ 장차 국민연금 등 지급 재원의 고갈 가능성. 2023년 기준 세수입은 정부가 예상한 400조 원보다 56조 원 부족한 344조 원에 그쳤다. 정부가 국회에 제출한 예산안에 따르면 2025년 국가 채무는 1,277조 원으로 2024년보다 81조 300억 원이 늘어나며, 2028년도에는 1,512조 원에 이른다고 한다. 2023년 기준으로 보면 GDP 대비 50.4%에 상당하는 금액(국민 1인당 국가채무액은 2,178만 8천 원)이다. 안창남. 2024. "현세대가 풀어야 할 국가 재정과 세금 문제". KPI Issue Brief 2024.11.

372 박광작외 2인 공역. 1994. 새로운 출발을 위한 전환전략. p21.

373 국제통화기금(IMF)의 재정점검보고서 발표자료. 연합뉴스 2024.4.18.

374 김희철. 2012. 통일비용 어떻게 마련할 것인가?-통일상품권-. 선인. pp151-171.

375 박용석 박사는 북한 인프라 개발에 306조 원이 필요할 것으로 추정되며, 북한 인프라 건설시장은 전 세계가 주목하고 참여하는 건설시장이 될 것이라는

가정하에 남한이 북한 인프라건설의 1/4을 담당한다면, 총 76.5조 원, 연간 7.6조 원이 필요하다고 추정하였다. 박용석. 2024. “북한 건설산업의 현황과 주요 건설수요 및 정책과제”. 한백통일경제연구 05. 한라대학교. p98.

376 통일 이후의 북한지역 도시개발사업은 본질적으로 현재 우리 도시개발 방식인 국토개발계획 수립 및 시행과 크게 다르지 않을 것이다. 국토종합계획 실천 전략에서 제시된 재원은 국비 및 지방비를 기본으로 하되, 민자 연계가 가능한 사업은 민간 재원 투자를 수용하도록 되어 있다. 김중호, 김민관. 2024. “통일 이후의 북한 도시개발을 위한 재원 조달 방안”. 통일을 대비한 북한도시 개발 구상. 보문당. p337.

377 예산을 통해 충분히 개발 재원 조달이 가능했던 독일과 달리 통일 이후에는 정부의 예산 부족이 매우 심각할 것으로 보이며, 이를 보완하기 위한 적극적인 민간투자 유인책이 필요할 것으로 전망된다.

378 국제사회로부터의 투자를 확보하기 위해서는 남한경제에 대한 국제사회의 신인도 제고가 선행될 필요가 있다. 독일재건은행(KfW)의 경우 1990년대 중반 이후 동독지역에 대한 투자재원의 30%가량을 해외시장에서 조달하고 있는데, 이것은 독일재건은행의 국제 신인도가 높기 때문이다.

379 아시아인프라투자은행(AIIB)은 중국 주도로 2016년 설립된 신생 국제금융기구(다자개발은행)로서 주로 아시아 지역 인프라 확충에 투자하고 있다.

380 글로벌 ESG 투자 펀드 규모는 2020년 하반기에 최초로 1조 달러를 넘어선 것으로 평가되고 있으며, 2020년 12월 초까지 세계의 녹색채권 누적 발행 총액은 1조 달러를 돌파한 것으로 파악되고 있다. 이시연. 2021. “국내외 ESG 투자 현황 및 건전한 투자 생태계 조성을 위한 시사점”. KIF 금융조사리포트. pp13-18.

381 일본은 배상금 논의에 앞서서 인도적 지원과 납치자 문제 해결에 관심을 갖고 있는데, 북한의 대일 부채(원금 300억엔, 이자포함 2000억엔) 이자 처리를 인도적 지원과 상쇄하는 방안이 검토되고 있다. 일본 정부는 국교 정상화 후 무상자금협력, 저리장기차관제공 등을 검토하고 있는데, 식민지 과거청산을 배상방식이 아닌 경제협력 방식으로 진행하고자 한다. 반면에 북한은 과거 역사 배상(보상) 및 경제협력(2002년 평양선언)의 실시를 요구하고 있다.

382 뒷부분에서 서독 콜 총리는 미래의 통일독일이 유럽 평화와 안보 및 자결권과 인권의 규범과 원칙을 따를 것임을 천명하며(6조) 구체적으로는 동독을 비롯한 동유럽 국가들에 유럽 공동체(EC)를 개방할 것(7조)과 유럽안보협력회의(KSZE)-프로세스의 발전(8조) 및 군축과 군수 통제 논의의 진전(9조)을 약속했다. 마지막으로 10조에서 콜은 독일이 유럽 주변국들의 이익을 고려하며 그들과 평화공존을 이루면서 동시에 독일인들의 자유로운 자기결정권에 기초해 연방 국가로의 통일을 달성해 갈 것임을 선언했다. 이동기. 2020. 비밀과 역설. 아카넷. p186.

383 한반도 종단 철도망은 실현 가능한 것부터 단계별로 추진하는 것이 필요하다. 북한철도의 경우 초기에는 저비용의 파급효과가 큰 시범사업부터 추진하고,

중장기적으로 국제투자가 가능한 민간 참여의 대규모 사업으로 확대하는 단계별 전략이 필요하다.

384 http://www.unescap.org/our-work/transport/asian-highway.

385 단기적으로 우리의 국토 및 도시개발과 관련한 제도들의 시행을 매우 신중하게 추진할 필요가 있다. 때에 따라서는 한시적인 시행의 유보도 고려해야 한다.

386 독일의 경우 통일 이후 부동산 관련 정보망 구축과 관련하여 지리정보관련 문서 준비에 대한 규정(1990.3.16)을 마련한 바 있다.

387 이미 북한 내에서는 주택의 음성적 매매가 이루어지고 있으며, 주거에 있어서 '부익부 빈익빈'의 문제가 발생하고 있다. 북한에서는 공식적으로 주택의 사적 소유가 허용되고 있지 않지만, 비공식적으로 주택 이용 허가증을 통한 주택 매매가 진행되고 있으며, 주택거래 알선업도 성행(매매가격의 10% 거래 알선료 수수)하고 있다고 한다. 주택의 비공식적 매매가 비교적 자유로우며, 원산의 경우 호당 4,000~4,500달러에 거래되고 평양의 일부 지역은 수만 달러에 거래된다는 증언도 있다. 집을 2채 이상 소유한 부유층이 형성되고 있으며, 이러한 부유층들이 고급 주택단지를 형성하는 경향도 나타나고 있다. 부유층들이 투자가치로서 주택을 구매하고, 주택을 매매하게 되면서 자연스럽게 '부자들의 주택단지'가 형성되고 있는데, 이들 '부자 주택단지'는 "역전에서 가깝고 장마당하고 가깝고 교통에 유리한 곳"에 형성되는 경향이 있다고 한다. 조정아 외. 2008. 북한 주민들의 일상생활. 통일연구원. p101.

388 통일 준비는 모든 분야의 준비가 중요한데, 좀 더 중요하다고 생각되는 10개 분야로는 통일에 대한 의지와 국가의 역량, 갑작스러운 통일에 대한 대비, 북한에 관해 잘 알기, 국제사회의 지지와 협조를 얻기 위한 외교활동, 북한과의 대화와 교류 확대, 북한 주민들의 심리적인 문제, 통일비용 문제, 북한 내 몰수된 재산의 소유권 문제, 북한 주빈의 이주 문제, 남북한 통화 통합 문제 등이다. 손선홍. 2016. 독일통일 한국통일-독일통일에서 찾는 한반도 통일의 길. 푸른길. pp265-266.

389 교통인프라 분야에서는 노후한 북한 철도 노선의 현대화를, 최신기법을 통해 저비용으로 단기간에 추진할 수 있는 기술개발 방안에 관한 연구도 필요하다. 장기적으로 필요한 대륙철도와의 연계수송시스템구축 방안에 관한 연구도 필요하다. 노후한 북한철도 역사 시설의 복합개발 방안에 관한 연구와 접경지역의 환적 시스템 구축 방안에 관한 연구도 필요하다. 도로 분야에서는 북한 고속도로의 입체화 방안과 도시 내 도로의 입체화 방안에 대한 연구가 필요하다. 또한, 동절기가 긴 북한지역의 특성을 고려한 도로포장기술개발에 관한 연구도 필요하다. 산악지역이 많은 북한의 지향적 특성을 고려한 터널 건설 및 도로건설 기술개발도 필요하다. 항만 분야에서는 남북 해운관련 기술 표준화와 관련한 연구가 필요하다. 시급히 개선이 필요한 주요 항만시설의 현대화 방안에 관한 연구도 필요하다. 향후 급증할 것으로 예상되는 해운 수요에 대응한 선박의 확보 방안, 관련

전문인력의 확보 방안에 관한 연구도 필요하다. 북한의 주요 항만들에 대한 현대화 사업의 추진 우선순위와 재원 조달 방안에 관한 연구도 필요하다. 공항 분야에서는 남북통합관제시스템구축방안에 대한 연구가 우선 필요하다. 노후한 공항시설의 현대화를 위한 기술 개발연구가 필요하다. 향후 북한지역의 항공 수요에 대한 검토를 바탕으로 현대화해야 할 공항과 폐쇄해야 할 공항 그리고 신설해야 할 공항을 확정하는 종합계획연구가 필요하다. 이러한 연구 결과를 바탕으로 현대화해야 할 공항의 경우 기존 활주로의 확장, 계류장의 확장, 여객터미널의 확장 등을 위한 세부 계획이 필요하며, 단계적인 현대화 사업추진에 대한 연구가 필요하다. 폐쇄할 필요가 있는 공항의 경우 적절한 용도로의 부지 활용 방안에 관한 연구도 필요하다. 이와 함께 북한 내 항공 및 공항관리관련 전문인력의 육성 및 확보 방안에 대한 연구가 필요하다.

390 이상준·최영순·박준엽 편역. 1996. 통일 후 동독지역의 공간구조 변화. 국토연구원. pp5-6.

391 이것은 중앙정부와 지방정부간의 긴밀한 협력 방안과 함께 검토될 필요가 있다. 지방정부로서는 최대한 많은 투자를 요구할 것인데, 이것을 합리적인 방향으로 조정하기 위해서는 중앙정부가 국토의 장기 발전계획을 토대로 적극적인 설득 노력을 기울일 필요가 있다.

392 통일 직전인 1989년 당시 서독의 콜 정부에 중요한 것은 동독 내정 개입이나 민족 통일 토론이 아니라 동독의 정치 발전이 폭력 상황이나 물리적 충돌로 치닫지 않도록 그것을 통제하며 조정 가능한 길로 이끄는 것이었다. 그렇기에 10월 18일 호네커의 실권으로 동독 사통당의 새 총서기가 된 에곤 크렌츠가 여전히 사통당의 권력 독점과 지도권을 포기하지 않고 "교조적 성격"을 담은 입장을 발표했을 때도 콜과 참모들은 동독의 새 실권자와 대화하고 협력할 준비가 되어 있었다. 동독 체제의 붕괴 당시까지 콜 정부는 어떠한 통일구상도 갖고 있지 않았다. 이동기. 2020. 비밀과 역설. 아카넷. p45, p176.

| 참고문헌 |

고용권. 2000. "남북 지역단체간의 결연과 어업협력 방안". 원광대학교 통일세미나.

국가정보원. 2022. 北韓法令集. 上.

국회예산정책처. 2019. 북한 인프라개발의 경제적 효과.

_ _ _ _. 2025. NABO 인구·고용동향 & 이슈 (제1호).

김규륜외. 2011. 통일의 편익과 비용. 통일연구원.

김리아. 2024. "독일 공영방송은 통일을 어떻게 기억하고자 하는가 -ARD의 '타게스샤우' 뉴스를 중심으로- ". 북한연구학회보 제28권 제2호.

김연규. 2000. "경의선 철도연결에 따른 현안과제의 극복방안과 파급효과". 민주평화통일자문회의 전문가 세미나.

김영찬. 2022. 미완의 독일통일-독일통일 30년을 돌아보며. 한울.

김유찬. 2014. 독일통일 전후 재정운용의 특징과 시사점. 국회예산정책처.

김중호, 김민관. 2024. "통일 이후의 북한 도시개발을 위한 재원조달 방안". 통일을 대비한 북한도시개발구상. 보문당.

김창권. 2011. "독일통일후 구동독지역 산업구조 변화와 한반도 통일시 정책적 시사점". 경상논총 제29권 3호. 한독경상학회.

김철. 2000. "두만강유역 중조 연계지역 개발현황 및 당면한 문제", 한 중 조협력을 통한 지역개발방안 연구. 국토연구원.

김희철. 2012. 통일비용 어떻게 마련할 것인가?-통일상품권-. 선인.

권영섭. 2009. "독일의 과학기술산업도시, 드레스덴의 성공사례와 시사점". 국토정책 Brief 제253호.

대한민국역사박물관. 2015. 독일에서 한국의 통일을 보다.

독일 경제사회통합 연구를 위한 단기조사단. 1990. 독일 경제사회통합에 관한 연구.

류인호. 2015. 북한 흡수통합에 대비한 토지 소유권의 귀속과 분배에 관한 입법적 대응방안. 충북대학교 박사학위논문.

문정호외. 2016. 포용적 국토 실현을 위한 정책과제 연구. 국토연구원.

민족통일연구원. 1992. 통일독일의 재정운용 실태연구.

_ _ _ _. 1994. 북한의 사회간접자본 실태연구.

박광작 외 2인 공역. 1994. 새로운 출발을 위한 전환전략.

박병관. 2000. "통일 독일 10년에 비추어 본 남북통일 이후 경제 사회상". LG주간경제.

박선화. 2009. "통독일 이후 경제정책과 외국인직접투자(FDI)". 독일학연구 제25호 (2009.12).

박성조. 1989. "동서독간 교류 및 협력형태와 남북한교류에 주는 시사점". 통일문제연구 제1권 4호.

박성훈. 1993. "남 북한의 통일에 비추어 본 독일 신탁관리공사의 역할과 의의". 대외경제정책연구원.

박용석. 2018. 북한의 주요 건설수요와 한반도개발기금 조성방안 연구. 한국건설산업연구원.

박철수 외. 2016. 통일 후 남북한경제 한시분리운영방안: 국유자산 분야.

박훈민. 2015. 분단국가의 철도교통 협력법제 연구. 한국법제연구원.

변필성. 2007. "EU의 구조기금: 2007년-2013년". 한국경제지리학회지 제10권 제1호.

배진영. 1994. 통일이 동,서독의 산업입지와 산업구조에 미친 영향. 대외경제정책연구원.

빈재익. 2012. 독일 통일 과정에서 동독 지역 건설산업의 변화 및 동향. 건설이슈포커스 2012-13.

손선홍. 2016. 독일 통일 한국 통일 -독일 통일에서 찾는 한반도 통일의 길. 푸른길.

_ _ _ _. 2025. 통일독일 국토개발과 한반도의 국토전략 세미나 토론자료.

_ _ _ _. 2025. 30개 도시로 읽는 독일사. 다산북스.

송태수. 2012. "통독 후 구동독 국유재산의 사유화 실태와 정책에 대한 검토". 한국자산관리공사주최 제1차 북한 국유재산 관리 방안 연구 포럼.

신성원. 2014. "통일 전후 독일 경제 상황과 독일 통일이 한반도에 주는 함의". 주요국제문제분석 No. 2014-03. 국립외교원.

신혜원. 2025. 북한의 시공간 경제 분석-개발정책, 지역 불균형 및 시장-. 서울대학교 대학원 박사학위논문.

안두순. 1994. "남북협력기금에 대한 구 동서독 사례의 시사점". 통일경제 1994년 4월호.

안병민 외. 2014. 통일 준비 한반도 교통인프라 구축전략 기획 연구. 한국교통연구원.

안예홍, 문성민. 2007. "통일 이후 남북한 경제통합방식에 대한 연구". 금융경제연구

제291호. 한국은행 금융경제연구원.

안창남. 2024. “현 세대가 풀어야 할 국가 재정과 세금 문제”. KPI Issue Brief 제51호.

양용석. 2009. “기존 추정분석사례의 고찰을 통한 적정 통일비용 산정방안에 관한 연구”. 군사논단 제58호.

염돈재. 2010. 올바른 통일준비를 위한 독일통일의 과정과 교훈. 평화문제연구소.

오정택 외. 2019. 동독에서의 일주일을. 가쎄.

오재학, 주정렬. 1995. 통일에 대비하는 남북한연결 교통체계 구축방안. 교통개발연구원.

유영학. 2021. 통일한국의 북한지역 주거환경 법제 연구.

이동기. 2020. 비밀과 역설. 아카넷.

이상준. 1996. “통합적 도시개발모형의 수립을 위한 기본방향”. 국토연구 제25권.

_ _ _ _ . 1997. 統一과 國土開發의 課題 -獨逸統一의 境遇-. 국토개발연구원.

_ _ _ _ . 1998. “세계의 도시 베를린”. 국토 1998년 8월호.

_ _ _ _ . 1999. “도시내 낙후 공업지역의 재개발모델”. 도시문제.

_ _ _ _ . 1999. “체제전환 이후 동유럽국가의 지역공간 변화에 관한 연구”. 국토연구 제28권.

_ _ _ _ . 1999. “체제전환이 도시공간에 미친 영향에 관한 연구”. 국토계획 제34권, 통권 104호.

_ _ _ _ . 2000. “동 서독간의 도시교류 경험과 시사점”. 도시문제.

_ _ _ _ . 2000. 통일독일의 지역개발 경험과 북한의 지역개발 과제. 국토연구원.

_ _ _ _ . 2000. “통일 이후 동독지역의 인구이동 요인에 관한 연구”. 국토계획 제35권 통권 110호.

이상준, 김성일, 김근용, 안홍기, 조진철. 2008. 한반도 공동번영을 위한 국토분야의 대응방안.국토연구원.

이상준, 김원배, 이문원외. 2004. 북한의 공업지역 개발을 위한 국제협력 방향 연구-구 동독과 폴란드의 사례를 토대로. 국토연구원.

이상준·최영순·박준엽 편역. 1996. 통일 후 동독지역의 공간구조 변화. 국토연구원.

이시연. 2021. “국내외 ESG 투자 현황 및 건전한 투자 생태계 조성을 위한 시사점”. KIF 금융조사리포트. 한국금융연구원.

이해정, 조호정. 2015. “독일통일 25주년의 경제적 성과와 한계 - 통일 리스크에 대한 사전 준비 강화 필요”. VIP리포트 15-35(통권 632호). 현대경제연구원.

원동욱, 안병민. 2008. 북한 경제특구 개발에 따른 연계교통망 구축방안 연구. 한국교통연구원.

정형곤. 2020. "독일 통일 30년: 경제통합의 성과와 과제". KIEP 오늘의 세계경제 Vol.20, No.23.

조정아 외. 2008. 북한 주민들의 일상생활. 통일연구원.

주독대사관. 1991. 구 동독지역 농촌주거환경 현대화 프로그램.

_ _ _ _. 1991. 신설5개주 환경재건 프로그램(요약).

_ _ _ _. 1996. 통일독일 6년, 동독재건 6년 - 분야별 통합성과와 향후과제.

최기철. 2000. "독일 통신통합 사례 및 대응방안". 통신교류 활성화와 통신통합방안 수립을 위한 Workshop, 한국통신.

통계청. 1996. 통독전후의 경제사회상 비교.

통일부. 2003. 독일통일백서(2002).

_ _ _ _. 2011. 독일통일20년 계기-독일의 통일 통합 정책 연구. 제1권 분야별 연구.

_ _ _ _. 2011. 독일통일20년 계기-독일의 통일 통합 정책 연구 제2권 부처 지방정부 연구.

_ _ _ _. 2013. 구 동독지역 인프라 재건 분야 관련 정책문서. 독일통일총서 4.

_ _ _ _. 2013. 구 동독지역 재건 특임관 분야 관련 정책문서. 독일통일총서 3.

_ _ _ _. 2015. 통일비용 분야 관련 정책문서. 독일통일총서 10.

통일연구원. 2008. 2006 독일통일백서.

통일원. 1989. 통일문제연구 제1권 4호.

_ _ _ _. 1993. 동서독 교류협력 사례집.

_ _ _ _. 1995. 동서독 교류협력 사례집.

한국산업은행. 1997. 통일시대에 대비한 우리 금융기관의 역할.

한국수출입은행. 2009. 2009 독일통일백서.

황병덕. 1998. 분단국 경제교류·협력 비교연구. 민족통일연구원

Akademie für Raumforschung und Landesplanung. 1995. Handwörterbuch der Raumordnung. Hannover.

Bahr, Christian. 1999. Berlins Gesicht der Zukunft. Jaron.

BBR. 2000. Raumordnungsbericht 2000. Kernaussagen.

Beck/dtv. 1997. Jahrbuch der Bundesrepublik Deutschland.

Bischoff, Bernhard. 1996. Grundstückswerte in den neuen Bundesländern. Berlin.

Bundesamt für Bauwesen und Raumordnung. 1999. Regionale Aspekte des wirtschaftlichen und sozialen Wandels in den neuen Ländern. Arbeitspapiere 8/1999.

_ _ _ _. 2000. Raumordungsbericht 2000.

_ _ _ _. 2004. Regionalbarometer neuer Länder. Fünfter zusammenfassender Bericht.

_ _ _ _. 2005. Raumordnungsbericht 2005.

Bundesforschungsanstalt für Landeskunde und Raumordnung. 1992. Förderung der Wohnungsmodernisierung. Materialien zur Raumentwicklung Heft 45. Bonn.

_ _ _ _. 1995. Regionalbarometer neue Länder. Zweiter zusammenfassender Bericht. Bonn.

_ _ _ _. 1996. Mitteilungen und Informationen Nr.3/Juli. Bonn.

_ _ _ _. 1997. Informationen zur Raumentwicklung Heft 1/2. Bonn.

Bundesministerium des Innern. 2010. Jahresbericht der Bundesregierung zum Stand der Deutschen Einheit 2010.

Bundesministerium für Raumordnung Bauwesen und Städtebau. 1996. Dezentrale Konzentration - Neue Perspektiven der Siedlungsentwicklung in den Stadtregionen?. Bonn.

_ _ _ _. 1996. Raumordnung in Deutschland. Bonn.

_ _ _ _. 1993. Raumordnungsbericht. Bonn.

Bundesministerium für Umwelt. 1990. Naturschutz und Reaktorsicherheit(Hrsg.). Eckwerte der ökologischen Sanierung und Entwicklung in den neuen Ländern. Bonn.

Bundesministerium für Verkehr. 2006. Bau und Stadtentwicklung.

_ _ _ _. 2019. Sachstandsbericht Verkehrsprojekte Deutsche Einheit (Stand: Juni 2019).

Bundesministerium für Verkehr und digitale Infrastruktur. 2017. Verkehr in Zahlen 2017/2018 46. Jahrgang.

Bundesministerium für Wirtschaft. 1996. Aufbau Ost. Chancen und Risiken für Deutschland und Europa, Bericht der Bundesregierung Nr.407. Bonn.

_ _ _ _. 1996. Bilanz der Wirtschaftsförderung des Bundes in Ostdeutschland bis Ende 1995. BMWi-Dokumentation Nr.396. Bonn.

Das Land Berlin. 1990. Erste Stadtkonferenz Berlin-Planen, Bauen, Wohnen-. Kongressbericht.

Der Beauftragte der Bundesregierung für Ostdeutschland. 2024. Ost und West. Frei, vereint und unvollkommen. Bericht 2024.

Der Spiegel. 7/1995.

_ _ _ _. 40/2000.

Deutscher Bundestag. 1996. Fünfundzwanziger Rahmenplan der Gemeinschaftsaufgabe "Verbesserung der regionalen Wirtschaftsstruktur" für den Zeitraum 1996 bis 1999(2000). Drucksache 13/4291. Bonn.

Deutscher Städtetag. 1992. Die innerdeutschen Städtepartnerschaften. Köln.

Deutsch-Franzoesisches Institut. 1994. Raumordnungspolitik in Frankreich und Deutschland. Stuttgart.

Dübel, Achim. 1996. Privatisation and Restitution Principles and Process in the New Länder of Unified Germany. unpublisched.

German Housing Industry Association. 1996. Treuhandanstalt, Office for the Regulation of Open Property Issues. Dübel.

Häußermann, Hartmut. 1996. "Die Transformation des Wohnungswesens". Städte und Regionen. Opladen.

_ _ _ _. 1997. "Die Stadtentwicklungspolitik zur Verbesserung der Wohnbedingingen in Ostdeutschland", 통일 후 도시정책에 관한 한독 국제회의, 국토개발연구원.

Hauptverband der Deutschen Bauindustrie e.V. 2011. BAUWIRTSCHAFT IM ZAHLENBILD. GRAFIK2.

_ _ _ _. 2011. BAUWIRTSCHAFT IM ZAHLENBILD. GRAFIK16.

_ _ _ _. 2011. BAUWIRTSCHAFT IM ZAHLENBILD. GRAFIK21.

_ _ _ _. 2023. BAUWIRTSCHAFT IM ZAHLENBILD.

Heil, Karolus, Puck Günter, Guerra, Max Welch. 1992. Planung zwischen DDR und BRD. Berlin.

Hesse, Markus. 1999. "Mobilität und Verkehr in Ostdeutschland". Kommune 12/1999.

Institut für Umweltschutz. 1990. Umweltbericht der DDR. Berlin.

Institut für Wirtschaftsforschung Dresden. 2009. Bestandsaufnahme der Wirtschaftlichen Fortschritte im Osten Deutschlands 1989-2008. Dresden.

Institut für Wirtschaftsforschung Halle. 2009. Ostdeutschlands Transformation seit 1990 im Spiegel wirtschaftlicher und sozialer Indikatoren. Halle.

_ _ _ _ 2009. Wirtschaftlicher Stand und Perspektiven fuer Ostdeutschland. Halle.

Jurczek, Peter. 2009. "National and Regional Strategies of Germany Focusing on its Eastern Part". 한독국제세미나 발표자료(2009.9.24).

Kampe, Dietrich. 1991. "Zur Situation der Wasserinfrastruktur in den neuen Ländern". Raumentwicklung in den alten und neuen Bundesländern. Bonn.

Kapphan, Andreas. 1996. “Wandel der Lebensverhältnisse im ländlichen Raum”. Städte und Regionen. Opladen.

Kubon-Gilke, Gisela. 1992. “Industrielle Reorganisation in Ostdeutschland: Versagt der Markt?”. Probleme der Einheit. Ökonomische und rechtliche Konsequenzen. Marbrug.

Kühn, Manfred. 2014. “Ostdeutsche Städte seit der Wiedervereinigung Schrumpfung und Wachstum, Sub- und Reurbanisierung”. Vortrag auf dem Workshop “Verstädterung und Stadtgeographie Koreas”. Koreanologie der Universität Wien.

_ _ _ _. 2016.“ Metropolregion Berlin: zwischen Urban Sprawl und Grüngürtel-Plänen”. Vortrag auf dem Workshop “Verstädterungsprozesse in Korea und Mitteleuropa”. Koreanologie der Universität Wien.

Leibert, Tim. 2014. “Abwandern nach dem Abi ist quasi ein Muss: Wanderungsmuster und -motive junger Ostdeutscher”. Workshop “Verstädterung und Stadtgeographie Koreas”. Koreanologie der Universität Wien.

_ _ _ _. 2016. “Trends der Bevölkerungsentwicklung in Deutschland: Ein Blick in die Glaskugel für Südkorea”. Vortrag auf dem Workshop “Verstädterungsprozesse in Korea und Mitteleuropa”. Koreanologie der Universität Wien.

Lessenich, Stephan . 2010. “Die Kosten der Einheit”.

Matthes, Felix Christian. 2000. Stromwirtschaft und deutsche Einheit. edition energy+umwelt.

Mueller, Carsten-Wilm. 1994. Auswirkungen der Grenzöffnung zur DDR auf die verkehrlich-städtebauliche Struktur niedersächsischer Klein- und Mittelstädte. Hannover.

OECD. 1991. Main Economic Indicators.

Reinhard, Heinrich. 1991. “Zur Umweltsituation in den neuen Bundesländern und ihre Auswirkungen auf die räumliche Entwicklung”. Raumentwicklung in den alten und neuen Bundesländern. Bonn.

Rhode, Bernd. 1996. “Strategien zur Infrastrukturentwicklung nach der deutschen Einheit mit dem Schwerpunkt Verkehr”. 한독국제세미나 발표논문. 국토개발연구원.

Schatz, Klaus-Werner. 1997. “Experience of the Unified Germany and Its Implication for Korea”. 통일시대 한반도 국토개발구상 국제세미나. 서울.

Schmidt, Helmut. 1993. Handeln für Deutschland. Wege aus der Krise. Berlin.

Schmitz, Stefan. 1991. “Luftbelastung und deren Verursacher in der Bundesrepublik Deutschland”. Raumentwicklung in den alten und neuen Bundesländern. Bonn.

Schön, Karl-Peter. 2019. “Cross-border cooperation cases in Germany and Europe”.

DMZ International Forum.

Simons, Harad. 2023. “Die Entwicklung ostdeutscher Städte seit der Wiedervereinigung”. vhw-Schriftenreihe Nr. 45.

Smith, Fiona M. 1994. “Politics, place and German reunification: a realignment approach”. Political Geography Vol.13, No.3.

Stadt Leipzig. 2004. Bericht zur Stadtentwicklung, Beiträge zur Stadtentwicklung 42.

Statistisches Bundesamt. 1990, 1991. FAZ-Informationsdienste.

Stille, Frank. 1996. Transfers und Infrastruktur -Entwicklung und Perspektiven in den neuen Bundesländern-. Halle

Strubelt, Wendelin. 1996. “Regionale Disparitäten zwischen Wandel und Persistenz”. Städte und Regionen. Opladen.

Töben, Thomas. 1996. Das Fördergebietsgesetz. Köln.

UNCTAD. World Investment Report 1995, 2000, 2002, 2004.

Wessel, Karin. 1997. “The German Unification and Its Influence on the Economic and Regional Development in Eastern Germany”. 국토연구 제26권. 국토연구원.

Witt, Karsten. 1996. Der Flächenerwerb in den neuen Bundesländern. Köln.

인터넷 검색

https://www.deutschlandinzahlen.de/tab/bundeslaender/infrastruktur/verkehr-und-transport/verkehrsunfaelle

http://www.zeit.de/2016/02/staedtepartnerschaften-ost-west-muentefering-interview

https://de.wikipedia.org/wiki/Gemeindepartnerschaft

https://de.wikipedia.org/wiki/Verkehrsprojekte_Deutsche_Einheit.

http://kommunalwiki.boell.de/index.php/St%C3%A4dtepartnerschaft

http://www.bpb.de/geschichte/zeitgeschichte/deutschlandarchiv/211058/deutsch.

https://www.destatis.de/DE/Themen/Gesellschaft-Umwelt/Bevoelkerung/Bevoelkerungsstand/Tabellen.

http://www.unescap.org/our-work/transport/asian-highway

http://www.zeit.de/2016/02/staedtepartnerschaftenost-west-muentefering-interview